环境正义研究

崔建霞 著

中国环境出版集团·北京

图书在版编目（CIP）数据

环境正义研究 / 崔建霞著. —北京：中国环境出版集团，2023.3

ISBN 978-7-5111-5448-4

Ⅰ.①环… Ⅱ.①崔… Ⅲ.①环境科学–伦理学–研究 Ⅳ.①B82-058

中国国家版本馆 CIP 数据核字（2023）第 037211 号

出 版 人　武德凯
责任编辑　王　琳
封面设计　金　山

出版发行　中国环境出版集团
（100062　北京市东城区广渠门内大街 16 号）
网　　址：http://www.cesp.com.cn
电子邮箱：bjgl@cesp.com.cn
联系电话：010-67112765（编辑管理部）
010-67112739（第三分社）
发行热线：010-67125803，010-67113405（传真）

印　　刷　玖龙（天津）印刷有限公司
经　　销　各地新华书店
版　　次　2023 年 3 月第 1 版
印　　次　2023 年 3 月第 1 次印刷
开　　本　787×1092　1/16
印　　张　16.25
字　　数　282 千字
定　　价　52.00 元

目　录

导　　言

自 20 世纪 70 年代起，人类由环境意识（Environmental Awareness）觉醒发展到对环境意识的普遍诉求。1972 年联合国人类环境会议（UN Conference on the Human Environment）发表《人类环境宣言》，呼吁人类有责任保护和改善自己的环境，建议各国认可并推进。由此，各国政府无一例外地认为，提高环境意识是解决环境问题由认识到行动的关键。

但长期以来，环保理念存在单纯强调保护生态自然而忽视环境问题对人类社会差别性影响的特点，导致环境恶化趋势并未因环境意识的普遍提高而减缓。环境问题若不与社会正义联系起来便不会得到有效的解决，因为尽管人人生而平等，但是并非所有人都同样承受环境退化的负担，一部分人是受害者，另一部分是受益的人。自 20 世纪 80 年代以来，由环境问题引发的人与人之间的正义关系问题，即环境正义（Environmental Justice）受到各派学者的普遍关注和热烈争论。1987 年美国联合基督教会种族正义委员会（United Church of Christ Commission for Racial Justice）正式将环境正义问题推到了环境保护前沿，指出少数族裔社区所承担的有毒废弃物带来的环境负担远远高于白人中产阶层社区。由此，由 1990 年最初在环境种族主义（Environmental Racism）的层面界定环境不正义，发展到所有的正义都是分配正义，因此，所有的环境不正义都是环境权利和环境义务的不公平分配问题，继而，如果正义是得其所应得，而怎样给予每个人以“应得”，涉及的就是程序正义问题。那么，程序正义作为环境正义的基本内容就成为逻辑的必然。所以，尽管相关研究呈现多重维度，但分配正义和程序正义作为环境正义的主要内容还是获得了各派学者的多数承认。也有学者认为由于环境权利和环境义务的不公平分配，人们也会感到因自身的尊严和价值没有得到应有的承认而激起对于正义的渴望，所以，环境正义应该包含分配正义和承认正义两方面的内涵。但环境正义比较基准的背后隐藏着强烈的价值判断，实际存在着富裕国家的环境正义与贫穷国家的环境正义的分野。相应地，与西方学者致力于解决其国内环境正义问题而更多强调国内正义实现的特点不同，我国学者很长一段时期内更多关注国际正义的实施，提出建立在人类共同利益的观照下适合发展中国家环境与发展特质的环境正义。简言之，各国学者围绕环境正义的含义、向度、原则等问题进行了各自的话语表达与理论建构，环境正义已成为当前国际政治哲学研究、环境伦理学研究的一个重要内容。但目前环境正义只有“环境权利和环境义务的公平分配”或“环境利益和环境负担的公平分配”一个核心内涵被世界普遍接受，环境正义理论体系尚未建立。而且，历次世界气候大会各国在温室气体排放“责任共担”上的分歧，表明环境正义作为新的环境意识，由关注到承认、继而从意识到行动还面临严峻的挑战。可以说，40 多年间西方学术界对环境正义的研究，大致经历了由实证主义转向解释主义并最终向社会批判主义发展的三种主要研究范式或阶段。在中国，则经历了引介西方学者研究成果、关注国际正义的实施，以及研究呈现着力解决本国环境冲突的理论与现实问题的本土化意识和努力三大阶段。

本书内容共分为八章。确定这一基本思路的历史逻辑、理论逻辑在于：首先从世界环境正义运动历史发展入手，通过分析环境保护运动诉求的“正义”转向和环境正义研究的多元视角，力图厘清环境正义“从哪里来”，以及将会“向哪里去”，从中探寻值得反思的环境正义之路。其次，在借鉴国内外相关研究的基础上，围绕环境权利和环境义务公平分配以及如何分配这个环境正义核心，力求建立以环境正义实质、环境正义共同体、环境正义的权利与义务问题、环境正义的程序问题、环境正义主要类型、环境正义理论基础以及环境正义基本原则为内容的环境正义理论框架体系。

本书尝试在以下几个方面做出富有特色的探讨。首先，对环境正义核心概念“环境权利”与“环境义务”的基本内涵做了进一步确证。环境权利作为“当代和后代人生活在对健康和福利都适宜的环境中的权利”，实质上是基本人权的重要组成部分。环境权利要从根本上得到切实尊重和保障，必须以人权的理论视域赋予“环境权利”新的阐释。依据环境对人类生活的影响度，狭义上的环境权利主要包含环境生存权和环境发展权这两个实质性权利；而广义上的环境权利是指与环境有关的权利,它是由上述实质性环境权利与公民参与国家环境管理的程序性环境权利两部分构成的权利体系。其中，程序性环境权利主要包括环境知情权、环境参与权和环境监督权。它既属于环境权利的基本内容与范畴，也是实现环境权利的具体措施、制度和途径。此外，拓展了“环境义务”的传统理解，提出以“人对自然的义务”与“人对人的义务”为重心的二元环境义务范式，既强调在更广泛意义上保护生态环境,又高度重视环境保护行为是否关注了人与人之间的正义关系，即平等地对待这一环境正义问题。其次，以程序正义为理论基础，对环境正义的程序性环境权利（包括环境知情权、环境参与权和环境监督权）进行阐释，重点说明正义不仅应得到实现，而且要以人们看得见的方式加以实现。再次，针对国内外学术界普遍认为罗尔斯的正义论是环境正义的必要理论基础，提出马克思主义中克服一部分人对其他人的剥削，在贫富之间设置正义、平等和合理分配的伟大洞见，对于解决环境受益和责任分担问题的重要理论参考价值。他们的思想对我们的启示至少应有以下三点：（1）既然人与自然的和解与人与人的和解两个问题紧密地连在一起，那么，我们在研究环境正义问题时，应该遵循马克思、恩格斯为我们提供的解决环境问题的辩证致思路径：将自然问题的解决与人的问题的解决结合起来。（2）既然经济关系是分配关系的基础，那么，我们在研究环境正义问题时，不应只停留在环境权利与环境义务如何分配，而应注重是什么造成了分配不公，追问环境非正义产生的社会根源。（3）既然不同阶级对公平问题持有不同的看法，那么，首先要认真考虑一下“公平是谁的公平”，到底代表哪个阶级的利益这个关键问题。最后，针对环境正义原则确立存在的诸多争议，在诸善权衡下，确定环境正义三个基本原则：公平原则、共同但有区别的责任原则以及补偿原则，对“如何分配”这一环境正义理论核心问题做出回答。

概言之，探讨环境正义议题被“问题化”的经过，揭开隐藏在环境正义研究中的各种“价值”，明晰作者的理论话语与价值立场，成为进行这一研究的核心任务。研究目的和意义大致具有下列几点考虑：（1）环境正义是环境意识的新形态和新发展，对它的研究有助于纠正那种把环境正义排除在环境意识之外的偏见，帮助我们建立一个解决环境问题的崭新视角。毕竟，环境正义问题不仅拓展了人与自然关系发展变化的新格局，也标志着对生态危机成因及其解决之道的认识或反思的深化。（2）为我们反思建构马克思主义生态正义观提供了启示。

马克思主义生态观已然内含着环境意识的两个正义尺度，表现为人类同自然的和解以及人类本身的和解。解决好人与自然间的物质变换关系问题，有助于建立合理的劳动关系、经济关系、交往方式，亦有助于人和人的和解；反过来，要达到上述目的，前提是建立真正自由人的联合体，建立公平、正义、自由的社会状态，人们之间按照“真正人”的方式结合，并按“真正人”的方式与自然结合，就会实现人与自然的和解。（3）论述环境正义的论争虽然直接涉及的是环境正义问题，但同时也深化了学术界对马克思主义自由、平等、公正、正义这些范畴的研究，尤其是对于我们解决当前面临的社会公平问题具有有益的启示。（4）对于解决当前我国面临经济发展与环境保护双重压力，以及在不平等的国际环境格局中日渐成为国际生态环境治理的重要维护者、贡献者和引领者的形势下建设生态文明社会的议题有积极作用。

第一章　环境正义运动与研究的历史发展

以公众不同的环境诉求为标准，世界环境保护运动分为两个阶段：从20世纪60年代开始的种际正义阶段，其宗旨着重于如何保护自然；从20世纪80年代初肇始的环境正义阶段，环境保护运动诉求发生“正义”转向，更强调人类自身内部的不平等是破坏自然环境的重要原因，吁求实现环境权利与环境义务的公平分配。40多年间西方学术界对环境正义的研究，大致经历了由实证主义转向解释主义并最终向社会批判主义发展三个主要阶段。在中国，则经历了引介西方学者研究成果、关注国际正义的实施以及研究呈现着力解决本国环境冲突的理论与现实问题的本土化意识和努力三大阶段。通过上述梳理分析，力求厘清环境正义议题“从哪里来”，又将“向哪里去”。

第一节　世界环境保护运动发展历程

如果说环境运动肇端于社会大众的环境觉醒，那么，环境正义运动则进一步深化为对不同主体环境权利与环境义务公平分配的正义诉求。围绕“环境是谁之环境”“自然是谁之自然”“公平是谁之公平”这些时代议题，对环境权利享有与环境义务担当问题上存在的不公平问题发出了正义呐喊。

一、种际正义阶段

20 世纪 60 年代至 70 年代末，环境保护运动处于种际正义阶段，重心表现为在人与自然的关系中保护自然，关怀被破坏的自然环境，实现人与自然之间的和谐。

20 世纪后 50 年全球环境遭到严重破坏和污染，一些生态学家、政治家称其为 20 世纪人类犯下的三大愚蠢行为之一和“第三次世界大战”。“世界地球日”发起人盖洛德·尼尔森认为来自自然的威胁（生态危机）是比战争更为危险的挑战，从德国和日本的发展历程中我们知道一个国家可以从战争的创伤中恢复起来，但没有一个国家能从被毁坏的自然环境中迅速崛起。全球生态环境的严重破坏正残酷地撕毁人类关于未来的每一个美好愿望和梦想，这一影响不仅会殃及一代人、两代人，而且将影响几代人甚至几十代人的生存繁衍。

对生态危机的关注迫使人类重新审视人类与自然之间的关系。1962 年美国生物学家蕾切尔·卡逊（Rachel Carson）《寂静的春天》一书横空出世，该书成为人类生态意识觉醒的里程碑以及西方现代环境运动发端的标志。她强烈呼吁人类走出征服自然的恶性循环，第一次就环境问题的严重性向世界敲响了警钟。时任美国总统肯尼迪因此倡议次年为联合国自然保护年。1972 年罗马俱乐部发表《增长的极限》，对正处于高增长、高消费黄金时代的西方世界发出了关于“人类困境”的警告，提出“无限的经济增长”是当今全球环境恶化的根源，如果不改变现行工业国家的生产方式，世界人口和经济将会发生非常突然和无法控制的崩溃。罗马俱乐部“只有一个地球”的口号成为 1972 年斯德哥尔摩联合国人类环境会议的重要背景并逐渐成为人类共识。这些精神火炬助燃了全球性绿色生态运动热潮。20 世纪 60 年代开始，世界各国尤其是西方一些发达国家掀起了一场场轰轰烈烈、风起云涌的生态运动。1970 年 4 月 5 日，美国爆发了大规模以保护环境为主题的 30 万人示威游行，标志着现代环境保护运动第一个高潮的到来，“世界地球日”由此而立。1972 年，第一个绿色政党（价值党）诞生于新西兰，欧洲国家相继建立了各自的绿色政党，发达工业国家纷纷建立环境管理机构。总体来看，环境恶化使得人类面临难以生存这一残酷现实，迫使人类重新审视原有的思维方式、环境理念、生产方式、消费方式以及发展模式，保护地球这个共有的人类家园成为社会发展新趋势和人类命运新关切。

二、环境正义阶段

然而，这种单纯强调保护生态自然，而忽视环境问题对人类社会差别性影响的特点，导致环境恶化趋势并未因环境意识的普遍提高而减缓。人们逐渐认识到，环境问题不仅反映出人与自然关系的失调，而且越来越反映出人与人之间社会关系的失调，这已成为环境问题加剧的重要原因。进入 20 世纪 80 年代，环境保护运动呈现出“正义”转向，由关注人与自然之间的正义转向更强调人类自身内部的不平等，这种不平等是环境恶化的重要原因，环境保护运动多为如何实现提高自身生活质量的“正义”邻避运动，环境权利和环境义务、环境权益和环境负担的公平分配成为运动的主要诉求。实质上，相对于前一阶段保护自然的生态运动，它更多的是一种主张人与人之间正义关系的环境民权运动。

这场环境正义运动首先发端于美国并迅速在全世界蔓延，运动导火索主要与废弃物处理以及种族问题相关。1982 年，发生于美国北卡罗来纳州沃伦县的沃伦抗议（Warren County Protest）正式拉开了环境正义运动的序幕。沃伦县居民试图阻止政府将该地作为污染物多氯联苯废物填埋场，500 多名黑人示威者进行了抗议运动，他们试图阻止填埋场的施工，但未能如愿，最后发生警民冲突，多人遭到逮捕。整个运动看似失败，却引起了美国公众和政治人物对环境风险不平均分配问题的重视。由于这一地区的居民主要是有色人种和低收入人群，所以，沃伦抗议第一次把种族、贫困与工业废弃物的环境后果联系到了一起。1983 年，代表沃伦地区的议员建议美国国家统计局（US General Accounting Office）调查美国境内大型掩埋场的分布情况①，分析污染与少数民族社区之间的关系。最终，调研报告显示，美国东南地区四座最大的填埋场有三座建在穷苦的非洲裔美国人社区。由此认定，有毒废弃物处理厂的厂址与种族和收入之间存在高度关联。②由环境问题引发的种族歧视这一新现象引起人们关注，环境种族主义以及政府在处理环境问题中的不公正对待催生了一场以有色人种为主角的新环境运动，环境正义运动大幕正式拉开。同年，《必由之路：为环境正义而战》正式

---

① 黄之栋，黄瑞祺. 环境正义的“正解”：一个形而下的探究途径[J]. 鄱阳湖学刊，2012（1）：80-91.

② US GAO（US General Accounting Office）. Siting of Hazardous Waste Landfills and Their Correlation with Racial and Economicstatus of Surrounding Communities[M]. Washington，D.C.：U.S. General Accounting Office，1983：4.

出版，这本仅有 28 页的小书介绍了沃伦县居民的示威活动，并且首次使用了“环境正义”（Environmental Justice）一词。由此，一个标志着环境运动的新概念出现在人们视野并逐渐被广泛采用。

可见，环境正义一开始即打上了种族主义烙印并表现为种族正义的延伸。环境种族主义与环境非正义（Environmental Injustice）、环境不公平（Environmental Inequities）作为同等内涵的概念，用来描述环境领域的种族歧视或阶级歧视，通常表现为将有毒废弃物填埋场、污染工业、核废料堆放场或其他危害环境的设施设立在有色人种社区或贫困人口社区。但是，拉夫运河案展现了种族因素之外的美国社会中白人和蓝领的环境维权运动，说明“美国社会中经验事实的重要维度——种族因素被忽视了”[①]。

案例：拉夫运河案[②]

拉夫运河位于纽约州，在距离尼亚加拉河上游的尼亚加拉大瀑布 5 英里[③]处。这条未竣工的运河本来是被设计为环尼亚加拉瀑布的贸易路线，20 世纪 40 年代干涸后被废弃。1942 年，美国胡克化学（Hooker）公司购买了这条大约 1 000 米长的废弃运河，当作垃圾仓库来倾倒大量工业废弃物，其中包括多氯联苯和二噁英，时间持续了 11 年。

1953 年，这条充满各种有毒废弃物的运河被公司填埋覆盖好，胡克化学公司用不透水的黏土将其密封，后来这个地方被尼亚加拉教育董事会强行购买。胡克化学公司意识到将来可能遭到诉讼，于是，为交易制定了象征性的 1 美元估价，并在合同中写明免除自身的法律责任。在随后的 20 年中，纽约市政府在这片土地上陆续开发了房地产，盖起了大量的住宅和一所学校，而这些建筑地基的施工导致有毒废弃物垃圾场黏土层的破坏。该案例中的污染并非源于埋藏不当，而是由于后续的房屋、排水和下水道建设而导致的。这一事件提出了谁该负责和负什么样的责任问题。然而，新来的居民不

① 马克·史密斯，皮亚·庞萨帕. 环境与公民权：整合正义、责任与公民参与[M]. 侯艳芳，杨晓燕，译. 济南：山东大学出版社，2012：18.

② 案例来源：马克·史密斯，皮亚·庞萨帕. 环境与公民权：整合正义、责任与公民参与[M]. 侯艳芳，杨晓燕，译. 济南：山东大学出版社，2012：12-17.

③ 1 英里≈1.61 千米。

知道有毒物质正在渗入他们的社区。那些化学废料逐渐渗出地面，威胁着人们的健康。从 1977 年开始，这里的居民不断发生各种怪病，孕妇流产、儿童夭折、婴儿畸形、癫痫、直肠出血等病症也频频发生。1987 年，这里的地面开始渗出含有多种有毒物质的黑色液体。一个令人不安的事实被曝光：从 1942 年到 1953 年，胡克化学公司在运河边倾倒了 21 000 吨化学物质。

拉夫运河小区的居民们意识到必须团结起来给州政府施加压力，使其有所行动。家庭主妇洛伊斯・吉布斯（Lois Gibbs）挺身而出，通过“拉夫运河私房拥有者协会”发起了运动，调查事情的真相。洛伊斯・吉布斯有两个孩子，5 岁大的儿子麦克患有肝病、癫痫、哮喘和免疫系统紊乱症。5 年来，她绝大多数时间是在医院儿科病房度过的。她不明白为什么儿子小小年纪竟会患上这么多奇怪的病症。有一天，她偶然从报纸上得知，拉夫运河小区曾经是一个堆满化学废料的大垃圾场，于是她开始怀疑儿子的病是不是由这些化学废料导致的。当她把自己的怀疑说给邻居们听的时候，许多人也产生了同样的怀疑。通过调查，他们吃惊地发现了一个又一个家庭都曾出现流产、死胎和新生儿畸形、缺陷等经历。此外，许多成年人体内也长出了各种肿瘤。事实逐渐浮出水面，也令小区居民震惊不已。他们走上大街游行示威，要求政府进行更加详细的调查，并做出合理的解释和相应的措施。随着拉夫运河案的公开传播，洛伊斯・吉布斯接到来自美国各地的、面临着相似健康危险个体的电话，这使她决定成立“危险废弃物公民信息交换所”（Citizens Clearing House for Hazardous Waste），并于 1981 年更名为“健康、环境和正义中心”（CHEJ）。这个非政府组织，为超过 1 万个地方社区运动提供组织支持和技术帮助，发动了针对日常环境危险品［如聚氯乙烯（PVC）产品］的运动，并组织了在更广泛层面上分享知识和协调策略的活动。拉夫运河运动逐渐成为后来鲜明体现市民参与的、反对地方环境危险物运动的范本（同时作为对工业污染影响的政治与法律的挑战）。1978 年 4 月，纽约卫生局局长罗伯特・万雷前往视察，他注意到以前埋在地下的金属容器已经露出地面，流出像是重油一样黏糊糊的液体，又黑又稠。

“我想知道我的孩子是否能够正常地长大成人。”

“我们家的小珍妮是死胎。我请求你们查明原因，千万不要让悲剧再次发生。”

> “我们要搬出去!离开这里!”
>
> “我们当然知道，这些污染和毒害市民的行为是合法的，但这显然还不够。我们可以得到一些经济补偿，但你们又如何补偿那些死去的孩子——那根本无法补偿……因此，法律体系不能起作用，我们需要做的是把它引入政治领域，我们需要组织起来……我们只是普通的蓝领阶层，每年只能赚到10 000 美元，只享有有限的正式教育，因而需要让美国总统了解我们的状况，并对我们重新安置。我们的社区有 900 个家庭，发出我们的抱怨，提高我们的呼声，团结在一起并要求政府做出正确的决定。”
>
> 在受害居民的抗议下，4 个月后，纽约卫生局宣布小区处于紧急状态。但是政府因为担心引起纽约西部所有人的恐慌，而拒绝对小区居民进行疏散。义愤填膺的拉夫运河小区的居民们扣留了美国环保局代表作为人质，要求白宫答应帮助他们解决问题，疏散居民，并宣布这里是重灾区。各路媒体也表现出了惊人的一致，纷纷发表文章谴责政府，支持居民的行动，呼吁政府就这一丑闻尽快做出解释并妥善解决。几天后，卡特总统颁布了紧急令，允许联邦政府和纽约州政府为尼亚加拉瀑布区的拉夫运河小区近 700 户人家实行暂时性的搬迁。7 个月后，总统颁布了划时代的法令，创立了“超级备用金”，这是有史以来联邦政府资金第一次被用于清理泄漏的化学物质和有毒垃圾场。

拉夫运河事件唤醒了世界对化学废弃物的认识，检验了人们过往认识的局限，也强化了对未来的警惕。拉夫运河中的有毒成分种类繁多，大致包括五大类[①]：一是二噁英。这是一种人类已知的毒性最强的化学物质，可引起实验室动物癌症、出生缺陷、突变和死亡。二是四氯乙烯。这是一种对中枢神经系统和肝脏产生不利影响的致癌物质。三是三氯甲烷。这是一种能引起中枢神经系统麻醉、肝细胞破坏、肾脏损坏和心脏问题的致癌物质。四是二氯乙烷。这是一种能引起中枢神经系统紊乱、不调，神经性厌食症，肾脏和肝脏功能障碍的毒性致癌物质。五是林丹。这是一种能攻击肝脏、中枢神经系统，对生育有不利影响的致癌物质。污染导致的严重人身损害、公民环境意识的觉醒以及强力抗争对于我们深入认识

---

① 马克 · 史密斯，皮亚 · 庞萨帕. 环境与公民权：整合正义、责任与公民参与[M]. 侯艳芳，杨晓燕，译. 济南：山东大学出版社，2012：14.

环境正义问题的复杂性提供了诸多启示。其一，废弃物的运输、储藏和处理往往与“最低限度的抵抗”相伴而生，它常常发生在被边缘化或社会地位弱势区域与群体中。其二，环境正义由种族歧视向阶级歧视扩展，凸显出环境正义绝不仅仅是种族问题，而是更广泛地表现为强势群体与弱势群体之间的公正问题。其三，彰显了公民参与并对政治决策产生影响的集体合力，表明不仅要认清环境非正义的存在，更要担负起维护自身环境权利，改变环境不公的责任。

1987 年，美国联合基督教会种族正义委员会就少数民族和穷人社区面临的环境问题，展开了更加深入的调查。该委员会分析了美国所有邮区和县级行政单位有毒废弃物填埋场的分布情况，发表了一篇题为《有毒废弃物与种族》的研究报告，这份报告正式将长期隐藏于美国社会底层的环境正义问题推到了环境保护关注的前沿。报告指出，少数族裔社区所承担的有毒废弃物带来的环境负担远远高于白人中产阶层社区，美国境内的少数民族社区长期以来不成比例地被选为有毒废弃物的最终处理地点，如非洲裔美国人和拉丁裔美国人聚集区。在有色人种社区建造商业性有毒废弃物填埋场的可能性是白人社区的 2 倍；大约 60%的非洲裔、西葡裔美国人生活在建有被禁有毒废弃物填埋场的社区；全国 5 个最大的有毒废弃物填埋场中的 3 个，其容量占全国所有填埋场的 40%，建在非洲裔美国人占绝大多数的社区里；1 500 万非洲裔、800 万西葡裔美国人生活在有 1 个以上有毒废弃物填埋场的社区；在有毒废弃物填埋场最多的 6 个城市中，黑人人口均大大多于白人人口。环境危险废弃物不成比例地分布于非洲裔美国人和拉丁裔聚集区这一现象，引发对种族因素、社会等级因素认知的强化，引起了美国公众对环境正义问题的广泛关注，环境正义运动迅速在美国各个地区兴起，学术界出现环境正义问题研究热潮。

进入 20 世纪 90 年代，环境运动、非政府组织和学术界中最时髦的词汇之一就是环境正义，美国环境正义运动也进入蓬勃发展时期。环境保护实践中的“环境不公正”问题，特别是强势群体和弱势群体在环境保护中权利与义务的分配不对等问题日益严重，环境正义运动不但在西方，而且在全球范围内得到了广泛响应。

1991 年 10 月，美国“第一次全国有色人种环境领导高峰会”（People of Colour Environmental Leadership Summit）在华盛顿召开，将美国环境正义运动推向高潮。会议突出有色人种环境保护组织的自主性和发言权，提出了著名的环境正义十七条基本原则（Principles of Environmental Justice）。环境正义原则把环境问题同社会问题联系起来，比较全面地反映了环境正义基本理念或内涵，即在强调人们应该消除对环境造成破坏行为的同时，肯定保障所有人民的基本生存权及自决权也同样是环境保护的一个重要维度。一方面，它关怀被人类破坏的自然环境，另一方面更强调人类自身内部的不平等是破坏自然环境的重要原因。它使越来越多的人认识到，长期以来，有色人种社区以及经济地位低下的群体，确实承受着不合理的环境负担，遭受了极大的环境损害，然而，造成这种环境不公平的根源，并非源于偶然，而是特定群体有意识、有目的、有计划的设计与选择。一是政府机构决定了污染企业、有毒废弃物堆放场、放射性物质储存仓库和其他危害性设施的选址。政府在做决策时主要吸取当地白人男性意见，把污染设施建在黑人居民区便成了自然而然的结果。二是普通白人也希望把污染设施建在黑人社区。长久以来，"不要建在我的后院"（NIMBY），而是"建在黑人的后院"（PIBBY）反映了白人至上主义的邻避诉求。应当说，这是一个颇有意味的现象，每一个人都谴责环境不公正，但针对自己时又都想让别人承担不公正，而自己享有公正。总之，会议所涉种族与环境损害发生之间的关系等环境正义问题，特别是环境正义原则所涉内涵宽广，推动人们对环境正义的认识进一步清晰，大批学者投身于对环境正义问题的研究之中，环境正义理论得到进一步丰富和发展。

1992 年，联合国环境与发展大会召开并通过《21 世纪议程》，作为 20 世纪 90 年代国际环境保护最重要的进展，该议程对世界各国环境保护产生深远影响，极大地推动了"享受良好环境并进行支配的权利"这一人权议题并产生持续影响。该议程第 6 章 40 款明确提出各国环境保护"总体目标是减少公害和维护环境，使人类健康和安全不受减损或危害"。[①]除此之外，该议程对保障公众环境参与权给予了实质性支持，要求"建立或改善机制，促使有关个人、团体和组织参与各级决策"[②]，提倡在国家层面上，帮助每个人获得社区中环境方面有害物质和有害活动的信息,并且保障利益相关者在当地环境政策制定过程中的参与机会。据此推动，环境权逐渐成为世界范围的道德共识，促使各国逐渐转化环境保护议题的核心，把原本只重视环境保护的重点，甚至过分偏执于保护

① 国家环境保护局译. 21 世纪议程[M]. 北京：中国环境科学出版社，1993：38.
② 国家环境保护局译. 21 世纪议程[M]. 北京：中国环境科学出版社，1993：59.

荒野原生态的“荒野迷恋”[①]，渐次扩展到环境损益与风险的公平分布之上，在致力于环境正义实现的同时强化了社会公平。这一转向的根本标志表现为各国政府深入反思环境保护的目的，纷纷把环境权新理念纳入国家政策之中。

20 世纪 90 年代中期之后，美国政府机构在设置上做出反应，逐渐制度化为政府建制的一部分，成为环境管制中的一种参与机制。1992 年美国环保局顺应环境时代潮流，将原有的环境公平办公室（Office of Environmental Equity）改称为环境正义办公室（Office of Environmental Justice）。1994 年设立了环境正义华盛顿办公室。同年，克林顿政府公布 12898 号行政命令，标示着环境正义运动从街头运动走向政府认可并提供具体制度支持的环境民权运动。行政命令要求所有联邦机构在实施项目、制定政策、采取行动时，要把实现环境正义作为自己的使命，并且建立了一个由美国环保局牵头的跨部门的“环境正义工作组”，其主要职责包括：（1）就确定给少数民族和低收入居民造成的不良环境影响的标准向联邦机构提供指导；（2）与各个联邦机构合作，为其提供指导并充作信息交换中心，制定环境正义战略，确保其项目、行动、政策的连续性；（3）支持各联邦机构之间的合作研究工作；（4）支持各联邦机构合作收集数据；（5）核实有关环境正义的现有数据和研究材料；（6）举行有公众参加的会议，查明事实，接受公众评论，进行有关环境正义的调查；（7）开发可以表明联邦机构之间进行合作的跨部门的环境正义模范工程。1994 年 12 月，非营利性组织“备选政策中心”首次编写发表了《环境正义模范法典》（*Model Environmental Justice Act*），试图推进环境正义议题制度化。一是环境影响高危地区确认制度。环保局局长应当组织人员就每个县（或其他适当的地理单位）有毒化学品对人身健康产生的风险程度进行评估。二是社区救济制度。采用各种措施帮助处于环境影响高危地区的社区。三是有毒化学品用量减少制度。环保局局长应当要求各州所有有毒化学品工厂制订并执行有毒化学品用量减少计划。四是防止有毒化学品工厂集中设立的制度。禁止在现有工厂一定范围内批准设立或经营新的有毒化学品工厂。

在制度建制之外，将经济活动与环境责任和可持续发展相结合，成为政府和大众对企业的新关切。企业漠视环境责任的行为开始发生改变，“最便宜的可用

---

① 琼·马丁尼兹—阿里尔（Joan Martinez Alier）将过分偏执于保护荒野原生态的环境思想称为“荒野迷恋”。

技术，最大限度地避免被控告”这一多数企业的传统思路与实践面临正义的挑战。1995 年，美国杜邦公司在肯塔基州东部释放了含有硫酸的化学雾霾，被美国司法部和美国环保局依据《清洁空气法》发起了法律诉讼，该公司在 2000 年不仅支付了 85 万美元的罚款，而且投资 65 万美元在该州的 10 个县建立了早期预警紧急通知系统。这一事件释放出强烈的新信号，当企业因忽视环保责任导致生态损害时，政府会依法责令企业担负起赔偿、恢复责任。

世界各国以各种方式掀起了维护自身环境权益的正义浪潮。在南半球的澳大利亚，最激烈的抗议运动在 1981 年达到白热化。澳大利亚公众对塔斯马尼亚水力发电委员会在富兰克林河上筑坝表示愤慨。环境保护主义者把这条河珍视为“最后一条原始河流”。人们宣称，拦河筑坝必然导致这一区域的河水泛滥，将会淹没石灰岩洞穴，而这里有着澳大利亚最丰富的考古遗址。抗议者对这一水坝的建设进行阻挠，最终有 1 340 人被捕。1983 年这一拦河筑坝方案最终被迫放弃。①但争端并未结束，1986 年，有人建议在塔斯马尼亚州建立一座木材纸浆厂，这个工厂每年将从 5 500 公顷森林中选取 180 万吨桉树，将其转换成纸浆，出口到日本。它的大烟囱有 100 米高，而且每天将向巴斯海峡释放 1.3 吨有毒的有机氯。尽管项目负责人信誓旦旦表示工厂将会遵循全球最安全的标准，但是抗议者毫不让步，1989 年该项目被迫撤销。随着支持环境保护的工党进入州议会，环境保护运动取得了突破性的进展。澳大利亚大陆地区也表现出了环境保护运动的政治化倾向，20 世纪 80 年代至 90 年代初，自然资源保护和环境问题成了澳大利亚政治的重要议题。

在希腊，迦摩罗环境运动反对约阿尼纳市政当局建设污水处理厂，将处理过的废水排放到迦摩罗河的计划。这一项目使城市获益的同时，却对传统农业、渔业、旅游和生态系统产生严重的或潜在的环境损害，给周围农村地区带来环境风险和环境负担。因此，大范围的公众动员起来对该项目进行抵制，从游说到示威和罢工，甚至对省会城市伊古迈尼萨封锁了 41 天。在全民公决时，所有的工会、社团和当地个体公民都投票决定停止所有活动，关闭学校和医院，并堵住通往城市的道路。这个非暴力环境行动彰显了欧洲同类环境运动的一个突出特点，即深深植根于当地

① 杰弗里·博尔顿. 破坏和破坏者：澳大利亚环境史[M]. 杨长云，译. 北京：中国环境科学出版社，2012：166-167.

公众团结一致的自组织，捍卫共同的环境利益，对当局提出持续性挑战，使欧洲环境治理形成了“自上而下管治”和“自下而上自组织动员”相结合的特质。

在非洲，索马里绿党认为环境灾难发生时对穷人的打击可能更加严重。“在现在的政治危机得到解决后的很长一段时间里，索马里将要面对一个不幸——人们业已对国家环境造成的损害。由于缺乏中央政府创制和实施相关控制举措，以及环境意识淡薄，人们过去从事着各种各样的非法破坏活动：焚烧树木和森林以获取木炭，偷猎野生动物以获得皮革，出口各种动物以赚取外汇，等等。索马里当前面临的一些主要环境问题：使用对健康有害的污染水，滥伐森林，土壤侵蚀、沙漠化，残忍猎杀野生动物，旱灾频发，以及夏季频繁发生的覆盖北部和东部平原地区的沙尘暴等。索马里还被工业化国家列为处理有害核废料和化学废料的最重要的国家之一。”①

在亚洲，印度环境正义运动在世界环境正义运动史中占有重要地位。自 20 世纪七八十年代开始的“抱树运动”和“反坝运动”是印度环境正义运动的典型代表。

案例：抱树运动②

20 世纪 70 年代反对森林砍伐的抱树运动（Chipko Movement，“Chipko”字面意思是“拥抱”。也称为契普克运动），作为印度最初的草根运动之一，举世瞩目。它发生于印度北部乌塔普提德什邦最北边的村庄，该村庄位于喜马拉雅山脉山峰地区。在那里，有着悠久的环境友好型和经济可持续型的发展历史。山顶是献给当地神的，指定礼拜场所周围的森林被认为是神圣的，人们对森林表现出了深深的热爱，对子孙后代也有一种责任感。他们对环境的态度源于一种信念，认为人应当可持续地生活，并适当照顾可用的自然资源。

为了生存的行动。1973 年 3 月，运动物品公司来到村庄准备伐木，妇女们决定在伐木者砍树之前，通过拥抱树木来保护树。村民们已清楚地认识到森林砍伐造成的后果：导致水土流失、土壤侵蚀并引起水灾、失去生活的

---

① 皮尔·加尔顿. 绿党观点：一种对绿党政纲的分析[J]. 贾雷，译. 南京林业大学学报（人文社科版），2014（3）：56-65.

② 案例来源：帕麦拉·菲利浦. 妇女的作用——印度的妇女和环境保护[J]. 吴蓓，译. 森林与人类，1998（6）：17-19；拉马钱德拉·古哈，马德哈夫·加吉尔. 这片开裂的土地：印度生态史[M]. 滕海键，译. 北京：中国环境科学出版社，2012：142.

来源。于是，她们列队步行，敲鼓齐唱传统歌曲，不让砍伐一棵树。公司的代理人不得不撤退。一年后，林业部宣布拍卖雷尼森林的 2 500 棵树。木材公司的雇员来到现场。一位名叫高拉·德维的 50 多岁的寡妇，领着 30 位妇女和儿童，立即找承包商交涉。她站在一位持枪的伐木者面前说："兄弟们，这片森林是我们母亲的家，不要砍它们。否则泥石流会毁了我们的房子和田地。"她毫不畏惧，说谁如果想砍树，就得先把她杀了。最终，她和这些妇女阻止了承包商伐树。一位农民表达了他们的基本要求："我们从我们的土地上只得到一点点食物；当我们甚至不能取得做饭用的微不足道的薪柴时，我们不得不诉诸于一场运动。"这个草根运动给印度政府施加了巨大压力，取得了显著成效。"契普克运动在政治上相当多样化，也非常有效，在 1981 年实现了 15 年对于海拔 1 000 米以上地区的砍伐禁令。"

抱树运动很快传开了。1997 年 11 月，在德尼伽惠尔的一个村子，妇女们把圣珠系在要被砍伐的树上，表达为拯救这些树不惜付出生命代价的决心。因为按照印度教传统，把圣珠系于某人身上就建立了保护者与被保护者的关系。到村庄来说服妇女让步的林业官员最后大发脾气，喊道："你们这些愚蠢的女人，你们知道森林意味着什么？树脂、木材和外汇！"一位妇女回答说："是的，我们知道森林的含义，那是土壤、水和清洁空气。"为保护森林免遭厄运，她们要求成为村委员会委员，组织了妇女促进会，指定专职妇女管理森林产品的采集，并定期给她发工资。

影响深远。首先，抱树运动使贫穷妇女抱树救树的形象深入人心，极大地鼓舞了其他地域的环境保护热情，获得公众广泛支持。环保人士通过书本、报纸、录像和电影大力宣传抱树运动，促使许多人站在保护环境的前列。其次，影响了国家政策并获得国际赞誉。1987 年 12 月 9 日瑞典议会将"优秀民生奖"（Right Livelihood Award）颁给了契普克运动的活动人士，内容如下：印度的契普克运动的成员以"拥抱树"的方式来阻止砍伐，复兴传统农林，因其致力于保护、恢复和生态健康，利用印度自然资源而受到表彰。国际非政府组织和学者赞扬抱树运动是对全球各地环境保护活动人士的激励。它所代表的理想比它最初设定的目标要重要得多。通过向政府发出呼吁并引起社会广泛关注，促成印度政府出台了多项旨在保护森林的立法和宪法修正案，使这场运动具有了传奇性地位。

这一案例展现了印度环境正义运动与环境人权、妇女权利、社会正义紧密相连的独特个性，给予我们诸多启示。第一，抱树运动不仅有力地证明了妇女具有保护环境的献身精神，而且揭示了生态环境直接关系她们自身和家庭的日常需求。当地贫困妇女的生计与森林资源可持续使用之间的相互关系，以及妇女为寻求从生态压迫中获得解放的正义抗争，为印度环境正义运动浸染上了生态女性主义色彩。“抱树运动作为生态女性主义思想的第一次展示在环境史上占据着特殊的地位。”[①]第二，抱树运动揭示了印度环境正义运动与西方环保运动的性质不同。抱树运动是由当地穷人为了生存而引发的斗争，她们完全依赖森林作为其生命支持系统。“抗议者在喜马拉雅地区通过拥抱树木来反抗森林砍伐，从而显示了贫穷妇女的生计与自然资源的相互联系。”[②]从而，自然资源的使用和保护不能不考虑自然资源维持基本生存条件的意义成为印度以及第三世界公众的共同呼声。古哈在《不安的森林》中指出：“像契普克这样的农民运动不仅是对社区及其价值观的捍卫，也是对一种与自然更和谐的生活方式的肯定。”[③]而西方的环境保护主义重视保护自然，主要问题是保护自然界的遗迹。因而，他们更关心“绿色”和“清洁”的地球，关心拯救濒危物种和维护“土地伦理”。显然，抱树运动充分凸显了穷人环保主义与富人环保主义的分野，进一步佐证了“人类保护自然”这一命题中“人类”及“自然”内涵的差别性。第三，抱树运动表明，弱势族群更易受环境之害的影响与威胁。由于他们与自然环境有着长期的共生关系，一旦栖息地遭到破坏，对生存便构成了威胁。“不同研究表明，环境退化的代价主要由各国内部和国际间的经济弱势群体承担。”[④]从而，抱树运动这场自下而上的公众环境运动，更是一场与社会排斥的斗争，她们已经将社会正义和公平问题视为中心目标，不仅为资源恶化的后果呐喊、抗争，而且坚持追求在自然资源公平分配和可持续利用方面的权利，要求

---

① Mallick K. Environmental Movements of India：Chipko，Narmada Bachao Andolan，Navdanya [M]. Amsterdam：Amsterdam University Press，2021：37.

② Mallick K. Environmental Movements of India：Chipko，Narmada Bachao Andolan，Navdanya [M]. Amsterdam：Amsterdam University Press，2021：37.

③ Guha，Ramachandra. The Unquiet Woods：Ecological Change and Peasant Resistance in the Himalaya[M]. Delhi：Oxford University Press，1989：196.

④ Mallick，K. Environmental Movements of India：Chipko，Narmada Bachao Andolan，Navdanya [M]. Amsterdam：Amsterdam University Press，2021：20.

社会中的弱势群体以非暴力的方式改变当权给人民造成的不公正，从而使印度环境保护获得了新的意义——女性生态保护主义与社会政治密切相连。

在亚洲其他地方，各国政府与民间也开始关心社会中不同族群与阶层间所面临的环境风险分配问题，特别是在全球化背景下发达国家环境风险的跨境转移，导致的全球供应链环境后果的承受、工人的待遇和工作条件等一系列问题。泰国是服装和皮革产品制造外包的主要国家之一，工人由于恶劣的工作环境遭遇了各种类型的健康问题。在韩国、孟加拉国也出现因工作环境危险恶劣，一些女工遭受职业病侵害与折磨的现象。他们成立了亚洲女性委员会、职业健康受害者中心，要求政府并迫使公司认真对待职业健康问题、农村贫困问题和环境恶化的赔偿问题。综合来看，作为对现实环境威胁的直接回应，亚洲环境正义运动的突出特点表现为自组织、与其他社会运动结盟、接受环境非政府组织帮助，以此与环境破坏和危险劳动带给自己的损害进行抗争。

进入 21 世纪，世界环境正义的觉醒空间更为广泛。“环境正义运动的下一个革命正在围绕着餐桌酝酿。在内地城市、贫困的农村和印第安居留地，穷人和有色人群正在厨房和起居室里商议，组成同盟并毫无保留地说出他们对威胁其家庭和社区的污染的不满。”[①]这些不同形式的环境正义运动挑战着牺牲贫者利益而使富者受益的传统观念与环境政策。然而，也有学者认为，相对于美国环境正义运动主题明确的突出特点，“在全球层面上，我们很少发现单纯的环境正义运动，相反，这一层面上环境正义的诉求往往只是更为广泛的社会运动中的一个组成部分，比如为争取本土权利的社会运动”[②]。

总体来看，40 多年的环境正义运动波及全球，具有以下基本特点：其一，环境正义的内涵不断实现重塑。环境正义运动由起初单一而孤立的环境种族歧视逐渐发展为广泛的、一系列的关注，表现为对不发达国家和地区的生态掠夺与环境殖民、对一国之内弱势群体环境权利的忽视、对全球土著人的迫害以及性别歧视等种种现象。其二，环境正义运动位阶不断提升。运动由起始于草根公众的环境维权运动，渐次成为一种重要的社会运动典范。在范围上，由一个关注危险

① 马克 · 史密斯，皮亚 · 庞萨帕. 环境与公民权：整合正义、责任与公民参与[M]. 侯艳芳，杨晓燕，译. 济南：山东大学出版社，2012：34.

② Costas Panayotakis. 环境运动中正义的多维度含义——读《对环境正义的界定理论、运动和自然》[J]. 郭辉，译. 南京林业大学学报（人文社科版），2010（9）：36-37.

垃圾储存和处理引发的地方性市民抗议活动，发展为围绕环境权利与环境义务在不同主体间公平分配的世界性运动。在参与主体上，由社会底层遭受环境非正义压迫的草根公众发展为多种力量广泛参与的命运共同体。尽管这些群体遭受损害的具体形式可能存在很大差别，但他们共同见证了环境非正义且认识到环境损害程度主要取决于“你住在哪里”以及“你是谁”。因此，他们忽略差异，成为互利共赢、风险共担、合作共享的命运共同体成员。在参与机制上，由抗议、要求赔偿、对当局或企业提出持续性挑战，逐渐转向注重程序正义的重要性，坚持协商合作、审议民主、达成共识，推动政府、企业认知所负有的环境义务，同时关注实质正义目标的实现。其三，环境正义运动影响不断强化。由最初的关注底层群体的环境关切与大众抗议，向影响政府决策的公民参与演变。经过多年努力，促使政府决策考虑的焦点发生转变，由最初关注生产过程是否产生有害物质以及如何管理好有害物质，转向要敢于面对同一环境政策会对不同群体产生不同的影响这一现实。其四，环境正义运动合法性不断增强。通过公民权利话语，成功表明了公众的立场与诉求，并逐步使环境正义运动获得了一定程度的合法性。

第二节　环境正义研究的逻辑演进

一、西方环境正义研究发展历程

40 年来，西方有关环境正义的理论性及经验性研究不但触及的地理范围很广，关注的议题也各不相同，包括南北不平等关系、全球原住民遭受迫害、跨国企业撷取全球各地资源、少数民族被迫害，以及女性与孩童健康的伤害等种种现象都借由环境正义的观点来分析。综合来看，西方学术界对环境正义的研究，大致经历了由实证主义转向解释主义并最终向社会批判主义发展的三种主要研究范式或阶段。

（一）实证主义研究范式

实证主义对所研究的主题通常采用定量研究方法，通过测量客观事实和数据，运用观察、分类以及寻找分类性资料与研究对象的相关性，探求事物彼此之间的因果关系。对于环境正义主题而言，主要是运用社会学实证主义方法，通过大样本的调查统计分析来揭示环境正义状况的量化类型研究。其特征表现为，一是采用以可计量的实证调查法和实验方法计算出废弃物处理设施的空间分配模式，推导出不同族群或社会阶层间的环境受益或受损分配；二是实证研究资料成为环境正义研究中各方立论的依据，成为环境风险是否公平分配的科学证据支撑。

首先，注重结果不平等的结果取向研究方法。20 世纪 80 年代是环境正义研究的早期阶段，环境正义实证研究特征初显。这一时期，美国学术界开始对环境风险分布进行空间分析，研究重心聚焦于“有毒废弃物是否存在不平均分配” 的量化研究上。研究结果显示，少数族群或贫穷的人比白人或中产阶级更可能暴露在环境风险之中。其中，美国审计署主持的美国西南部四座大型危险废弃物掩埋场调查证实了这一结论。社会学家罗伯特 · D.布拉德[①]（Robert D. Bullard）有美国“环境正义之父”之称，他的研究显示危险废弃物处理设施的选址与种族因素和经济因素之间存在高度关联，在以休斯敦为代表的美国南部地区，危险物的放置、填埋、焚烧以及污染工厂都高比例地靠近少数族裔和穷人居住的社区。尤其是，1987 年美国联合基督教会种族正义委员会开创了这一时期研究的里程碑，其研究报告《有毒废弃物与种族》以 415 个仍在使用的、18 164 个已经关闭的商用有毒废弃物处理设施为考察对象，得出美国国内少数族裔所承担的危险废弃物带来的环境负担远远高于白人中产阶级的判断。另外，家庭经济收入因素尽管表现得没有种族因素直接，但也同样是影响有毒垃圾掩埋点选址的一个重要变量。

总体来看，这一时期的研究诉求在于揭露环境风险的不公平分配，即废弃物及其处理设施所带来的结果不平等。虽然这一时期对环境正义的本质把握尚处于初步阶段，但却为环境正义运动提供了实证，凸显出废弃物处理方式与种族身份

① 罗伯特 · D. 布拉德是这一时期的杰出代表，也被认为是环境正义领域最雄辩多产的学者，其代表作、1990 年出版的《美国南部的倾废：种族、阶级与环境公平》被许多权威人士认为是环境正义问题上最有力量的作品之一。在书中，他论述了考察美国南部地区的过程，指出美国境内的少数族裔社区和穷人居住区所承担的有毒废弃物带来的环境负担远远高于白人中产阶层社区。1993 年，他编著文集《正视环境种族主义：来自草根的声音》，对环境种族主义的考察由南方拓展到全美，甚至第三世界，关注废弃物的转移、出口、城市工业污染、儿童铅中毒、杀虫剂对工人的危害等众多环境问题，揭示环境种族不正义的蔓延。

的重要关联。但这一时期环境正义运动带有明显“种族化环境危害”特质，表现为推崇“终止环境种族主义”，而不是“终止环境不正义”。环境正义所涉对象的“种族化”特征凸显出研究视域的局限性。最终，这种沿着种族路线开展的环境正义运动，将环境正义议题成功地推向了美国政治舞台，推动其成为受到政府高度关注的全国性议题。

其次，强调不公平分配形成机制的过程取向研究方法。结果取向的研究方法揭露了种族、社会地位与“废弃物处理”之间的关联性，折射出环境风险不公平分配的社会原因。然而，进入 20 世纪 90 年代之后，注重种族化环境危害结果取向的研究日渐受到挑战，环境正义研究不应该把重心放在揭露环境风险不平均分配存在与否的问题上，而应该关心不平均分配的形成机制①，这种呼声日渐强烈。理由在于，废弃物处理设施区域存在持续的社会和经济剥夺。所以，应将研究重心由“是什么”转变为“为什么”，由注重结果转向强调过程。纽约大学法学教授维基·比恩（Vicki Been）是这一研究范式的旗手。他提出市场动力（Market Dynamics）理论，认为是外部住房市场力量造成危险废弃物处理设施的选址决策，而不是单纯的种族歧视，“只要市场仍然以现存的财富分配方式来配置财富与服务，那么到最后，如果有毒废弃物处理设施没有使穷人承受不成比例的负担，那就真的太不可思议了”。②其主要逻辑在于，兴建危险废弃物处理设施引起污染，污染导致房产价格下降，房产价格下降的市场效应又吸引更多社会经济地位低微人群的迁入。于是，富裕人群主动搬出，贫困群体自愿迁入恶臭的垃圾场附近，产生“逐臭现象”（Coming to Nuisance）。应当说，市场动力理论注重不平等的形成机制分析具有一定的深刻性，但把有毒垃圾处理设施选址与居民居住结构的关联性仅仅归因于市场机制“这只看不见的手”的作用，显然，没有找到解决弱势族群遭受不平等问题的真正“药方”。市场机制下的选择是自主选择，问题的关键是，造成这种看似自主实则无奈的选择根本原因是什么。

总体来看，这一时期，环境正义研究不是注重关涉环境正义本质的哲学思辨，而是强调如何通过具体化的数字、模型与分析单位测量并证明环境不正义。

---

① Weinberg A. S. The Environmental Justice Debate：A Commentary on Methodological Issues and Practical Concerns[J].Sociological Forum，1998，13(1)：25-32.

② Vicki Been. Locally Undesirable Land Uses in Minority Neighborhoods：Disproportionate Sitting or Market Dynamics? [J].The Yale Law Journal，1994，103(6)：844.

然而，随着研究样本数量的增加，实证主义研究范式陷入解释的困境，出现了“同一问题，两种结论”的反常现象，即运用不同的统计分析方法导致不同的研究结果，从而使研究的可信度降低。例如，针对种族与废弃物处理选址的因果关系议题在国家层面进行抽样调查，一是美国联合基督教会种族正义委员会研究结论认为，在调查所测量的变量中，种族因素被证明是与危险废弃物处理设施选址最相关的因素，少数族裔社区更多地设置了危险废弃物处理设施。二是道格拉斯·安德森（Douglas Anderson）团队却得出在已有的选址地区，黑人居民比例并没有特别高于其他地区这一完全不同的结论。对此，有学者指出，出现这一现象的原因皆因使用的研究单位不同：前者使用邮政区域（Zip Code），而后者则是人口普查区域（Census Acts）①。那么，我们不禁要问：如果用不同研究单位计量就会得出截然不同的结论，那么“不正义”到底存不存在？面对这些疑问，实证主义量化式研究显现出解释力明显不足的问题。解释的困境与问题倒逼迫使环境正义议题由实证定量研究向环境正义理论本身研究转变。

（二）解释主义研究范式

20 世纪 90 年代，特别是 1992 年联合国环境与发展会议后，环境正义研究方法开辟了另一篇章，由实证主义向更加注重人文主义的解释理论与社会批判主义研究方法论转化，并且研究进入哲学、政治学以及伦理学等多个领域。

解释主义研究范式重点强调人类行为无法通过归纳来描绘，行为只有和主观意图联系起来才被认识和理解。因此，量化实证研究虽有其快速获取资料与描述普遍现状的优点，但人类社会、人类行为、人类内心世界的复杂多样性以及无法计量性的特点，决定了关于社会以及人的科学难以简单照搬自然科学的研究方法。所以，不能仅仅利用外部形态和结构，以抽象的变量、假定和统计技巧来判断关涉人的事物，更应注重具体实践情境中各种因素与主观意图的相互作用与演绎。对于环境正义，研究不仅仅是获取资料、分析和描述以达到对整个环境现状的认知，还需要关注相关者的价值观和情感，或进一步分析与反思环境问题产生

---

① Gerald R. Visgilio，Diana M. Whitelaw. Our Backyard：A Quest for Environmental Justice[M]. Lanham：Rowman &Littlefield Publishers，2003：12-13.

的深层社会经济根源。基于此，一些学者围绕环境正义之可能具有的内涵，以及分配正义、承认正义与环境正义的理论逻辑，发出了各自的“正义”之声。

安德鲁·多布森（Andrew Dobson）在其著作《正义与环境：环境可持续与分配正义的向度》中认为，所有的正义都是分配正义，所有的环境不正义都是环境权利和环境义务的不公平分配问题①。与此相同，彼得·S.温茨（Peter S. Wenz）着重于分配正义理论，关心在利益与负担存在稀缺与过重时分配的方式问题，认为“当至少有一部分人必须放弃他们更想拥有的利益，至少有一部分人必须承担他们更希望逃避的责任时，人们需要一种方式以决定哪些人该承担哪些责任，哪些人该享有哪些利益”。②然而，与将环境正义局限于分配正义这一观点相反，戴维·施劳斯伯格（David Schlosberg）在其《对环境正义的界定理论、运动和自然》一书中指出，正义理论已经超越了以罗尔斯为代表的单纯的分配正义模型，无论是一般意义上的正义还是环境和生态正义，仅仅关注分配是不够的，因为“当今社会中一个重要的不公正的来源就是缺乏对少数派和弱势群体的承认”。③他认为“正义的各种维度及其意义在美国和全球运动的实践中均得到体现。正义运动关注的不仅是有关环境风险的不平等分配问题，同时也关注与这种不平等相关的对弱势群体和少数民族缺乏承认的问题，被压迫族群在环境决策中缺乏代表和发言权的问题，以及环境恶化以何种方式削弱个体和社群生存和发展能力的问题”。④所以，环境正义应该包含分配正义和承认正义两个方面的内涵。因为当人们遭遇环境不正义问题时，除了会因为环境利益和环境负担的不公平分配而激发非正义感之外，同样也会因为感到自身的尊严和价值没有得到应有的承认而激起对于正义的渴望。

正义理论发展到20世纪末，产生了从“分配”到“承认”的转向，关注焦点由物质资源的分配正义转向对人的心理情感关怀的承认正义，尊严的平等承

---

① Andrew Dobson. Justice and the Environment：Conceptions of Environmental Sustainability and Dimensions of Distributive Justice[M].Oxford：Oxford University Press，1998：63.

② 彼得·S. 温茨. 环境正义论[M]. 朱丹琼，宋玉波，译. 上海：上海人民出版社，2007：1-2.

③ Costas Panayotakis. 环境运动中正义的多维度含义——读《对环境正义的界定理论、运动和自然》[J]. 郭辉，译. 南京林业大学学报（人文社科版），2010（9）：36-37.

④ Costas Panayotakis. 环境运动中正义的多维度含义——读《对环境正义的界定理论、运动和自然》[J]. 郭辉，译. 南京林业大学学报（人文社科版），2010（9）：36-37.

认成为正义的基础价值。法兰克福学派第三代核心人物阿克塞尔·霍耐特（Axel Honneth）和美国女权主义理论家南茜·弗雷泽是承认正义的代表人物。在“承认”就是反对任何形式蔑视的理论前提下，霍耐特认为承认具有情感、法律和团结三种形式。在一个美好的社会中，每一个人都可以从爱和亲密关系中获得“情感承认”，从公民之间的平等权利和同等尊严关系中获得“法律承认”，从群体成员的价值共同体关系中获得“团结承认”。个人从三种承认中形成自信、自尊和自豪。[①]在这种逻辑下，正义的目标不是消除不平等，而是避免羞辱或蔑视；不是分配平等或物品平等，而是尊严或尊敬构成了核心范畴。由此，承认比再分配更为重要、更为根本。“分配不公必须被理解为社会蔑视的制度上的表达，抑或更好的说法，理解为承认的不公正关系。”[②]显然，霍耐特将分配从属于承认，而分配不公是错误的承认关系的制度性表达，是承认斗争的特殊种类。换言之，分配不公恰是承认正义缺失的结果，没有承认，则不会有真正的资源分配平等。这样，承认正义就成为资源平等分配的前提，而分配正义最终也是为了实现一种社会的承认。弗雷泽作为霍耐特的研究搭档，认为“承认”已经成为时代的一个关键词，如差异族群争取平等身份的文化斗争问题，经济全球化下全球经济不平等增长问题，分配正义问题……这些问题在当代已不可忽视。因此，“对正义的理解必须包含为分配而斗争和为承认而斗争两组关系”。[③]既然如此，正义的转变过程体现为再分配观念到承认理念的过渡。分配正义通过保证自由的物品再分配来创建社会平等，而承认正义定义了公平社会的条件，通过承认所有个体尊严的目标来实现。

应当看到，“承认正义”从承认的缺乏来看待现实中的不正义，它把尊严、价值、情感作为正义的基础性价值，以人类尊严的承认为核心重塑了一种不同于分配正义的环境正义新内涵。环境恶化后果之所以能在强势群体与弱势群体之间实现主体转嫁，除利润最大化的经济动机之外，还源于对弱者尊严的无视与蔑视。虽然罗尔斯也把自尊作为重要的社会善，但实质上，分配正

---

① 阿克塞尔·霍耐特. 为承认而斗争[M]. 胡继华，译. 上海：上海人民出版社，2005：5，100.

② 南茜·弗雷泽，阿克塞尔·霍耐特. 再分配，还是承认？一个政治哲学对话[M]. 周穗明，译. 上海：上海人民出版社，2009：87.

③ 南茜·弗雷泽，阿克塞尔·霍耐特. 再分配，还是承认？一个政治哲学对话[M]. 周穗明，译. 上海：上海人民出版社，2009：8.

义的模式无法解决自尊的问题，因为社会对自尊问题无法进行分配。况且，自尊问题也绝不是随着资源的正义分配而自然而然得到解决的。也就是说，分配正义不能带来承认正义。即便是分配正义解决了资源平衡、权利平等问题，但现实中依然存在对弱势群体心理上尤其是制度性的歧视、忽视和排斥，而且类似心理伤害甚至比分配不公对人的影响更大。从这个意义上，对不公平的分配加之承认的缺失这一事实的警醒与直面，为我们正确把握环境正义的多元内涵，特别是深入理解分配正义与承认正义之间相互重叠、彼此强化的辩证关系，提供了新的理论视域。

总体来看，解释主义研究范式超越了实证主义研究范式对数据的"迷恋"，进一步探查了社会与自然界的差别性，从而使研究更加凸显出人文性、社会性特征。然而，这一研究范式的解释力度依然面临着如何走向深入的问题，即深刻揭示分配正义如何到承认正义，更重要的是揭示受制于社会存在的影响与制约这一事实背后的历史逻辑、理论逻辑、实践逻辑。那么，从解释主义走向社会批判主义研究范式，促使环境正义研究具有更宽广的理论视野、更丰富的实践基础以及更完善的研究方法，就成为必然的趋势。

（三）社会批判主义研究范式

社会批判主义研究范式的精髓是社会批判理论。社会批判理论的核心是批判性思维，在特征上，体现为仔细分析、逐层推理；在目标上[①]，体现为在现有知识的基础上，避免根据不完整或不相关的信息做出结论，力求获得最大的准确性，帮助发现隐藏的观点，认识客观事实与价值判断的区别。总之，社会批判主义研究范式坚持通过对事实或现实的批判与否定，破除虚假意识，唤醒公民意识，从而自觉行动起来改革社会不合理现状，实现社会正义。

对于环境正义议题，社会批判主义研究范式将人与自然的伦理关系作为言说主题，主张要对由环境问题引发的人与人之间的正义关系以及引发非正义的社会根源问题给予特别关注。主要包括三个方面：一是进一步反思"人类""自然"这些习以为常的概念内涵；二是环境人权、公民义务的重要性应受到更多

---

① 国家环保总局宣教中心. 环境教育教师指南——中学环境教育活动案例篇[M]. 北京：气象出版社，2000：36.

关注；三是对于环境正义可能的实现方式，更多从生产方式、社会制度变革上寻找突破口。

首先，对人类与自然关系中“人类”“自然”的概念内涵发出质疑。

环境正义比较基准的背后隐藏着强烈的价值判断。在全球环境保护实践中，在环境正义问题上，实际存在富裕国家的环境正义与贫穷国家的环境正义的分野，不同国家、不同阶级中“人类”在环境损益问题上存在巨大的矛盾。那么，我们不禁要问，“人类”到底指向谁方？对于环境问题的巨大差别性影响，第三世界的感受异常强烈。印度学者古哈与加吉尔在其著作中引用了这一段描述，借以批判“富裕的环保主义与生存的环保主义”的对立。

从前，小块土地持有者仅仅依靠耕作不能维持生存，他们常常还依靠食用像无花果和甜优格这样的野生水果，以出售山丹花叶和花朵以及桦树为生，他们也可能依靠村庄的牧场牧养一两头牛、两或三四只山羊，从而在祖辈传承下来的村庄里过着快乐的生活。然而，我们慈母般的政府雇佣的奸诈的欧洲雇员利用其外国头脑来建立一种被称为林业部的伟大的上层建筑，由于所有的山脉和那些被当作休耕地与牧场的连绵起伏的土地都处在林业部的控制之下，以至于穷苦农民的牲畜在地球表面连呼吸之处都没有。①

在印度，19 世纪伊始，不列颠殖民者取得了对当地森林资源的牢固控制权，森林和牧场的丧失严重地削弱了农民生存的经济基础。“历时一个半世纪的殖民统治导致了多方面的社会和生态变化。”②忍受环境退化带来的各种问题的最严重社会群体是穷人、无地的农民、妇女和部落，他们面临的是生存问题而不是生活质量的高低问题。“当殖民国家宣称控制那些早些时候由当地社区控制的林地并为商业性木材生产而继续开发这些森林时，它标志着对印度村民日常生活的一种干涉，这种干涉程度在它的管辖范围内是史无前例的。”③

① 拉马钱德拉·古哈，马德哈夫·加吉尔. 这片开裂的土地：印度生态史[M]. 滕海键，译. 北京：中国环境科学出版社，2012：91.

② 拉马钱德拉·古哈，马德哈夫·加吉尔. 这片开裂的土地：印度生态史[M]. 滕海键，译. 北京：中国环境科学出版社，2012：90.

③ 拉马钱德拉·古哈，马德哈夫·加吉尔. 这片开裂的土地：印度生态史[M]. 滕海键，译. 北京：中国环境科学出版社，2012：91.

美国塞勒姆州立大学哲学系荣誉教授克里希纳·马利克（Mallick K.）从非暴力、女权主义和环境主义三个维度分析了印度的三场环境正义运动——20 世纪 70 年代反对森林砍伐的抱树运动（Chipko）、20 世纪 80 年代反对修建大坝的拯救纳尔默达运动（NBA）、当代反对转基因生物（GMOs）的种子运动（Navdanya），这三场草根运动对印度政府施加了巨大的压力，要求其修改或改变其森林与砍伐、筑坝和粮食主权有关的政策。作者指出："我对这三场运动的分析的指导意义是呈现像印度这样与一般发达国家非常不同的发展中国家的声音……不同研究表明，环境退化的代价主要由各国内部和国际间的经济弱势群体承担。"[①]延续古哈的立场，她认为印度环境正义运动的动机主要是出于对当地穷人生存的关注，而不像西方国家那样关心拯救濒危物种或保护"土地伦理"。在某种意义上，富人的生态自然保护区就是穷人世代生活的根基。"在印度，保护自然资源必须考虑人类对这些资源维持生计的相互要求，也包括美国那些最贫穷的大量人口，他们完全依赖森林作为其生命支持系统。"[②]

上述学者深入探究"人类社会"中"具体的人"与生态资源的关系，以生态学与社会学相交融的分析方法，揭示了对于第三世界公众，土地、森林这些自然环境不只是经济来源，更是生活的全部甚至生命本身这一事实。那么，遵循印度环境正义运动所信奉的环境正义、代际平等和尊重自然三个原则，他们所要求的是夺回对自然的使用权，把它交回到真正生活在自然环境中但却日益被排挤在自然之外的农民手中。因此，这一环境问题的解决实质上涉及平等问题以及经济和政治资源的重新分配。这一分析框架切中了环境正义所要解决的问题就是社会正义问题这一要害。

美国学者戴斯·贾丁斯（Joseph R. Des Jardins）立足社会公平理论，对利益与责任分配情况的公平性提出质疑："谁来承担环境损害的责任，谁又从这些损害中得到了利益？"针对这类笼统性的回答，诸如"人类因环境的破坏而忍受痛苦"，"人类会因荒野的保护而受益"，他指出："这类一般性的陈述都忽略了人与人之间的重大差别。我们得更确切地考察谁受益而谁要付出代价，谁

---

① Mallick K. Environmental Movements of India：Chipko，Narmada Bachao Andolan， Navdanya[M]. Amsterdam：Amsterdam University Press，2021：3.

② Mallick K. Environmental Movements of India：Chipko，Narmada Bachao Andolan，Navdanya [M]. Amsterdam：Amsterdam University Press，2021：32.

因环境问题而受到责备。”[①]马克·杜威（Mark Dowie）更为直接地指出：“尽管人人生而平等，但是并非所有人都同样承受着环境退化的负担。”[②]这些学术视角触及了环境风险总是向最无抵抗能力保护自身的弱势群体蔓延这一环境非正义事实，力图揭示环保政策的集团利益偏好背后的社会根源，进一步印证了在自然面前，环境正义议题被打上了明显的阶级烙印，实际上存在有差异的主体或不一样的“我们”。

另外，在不同主体环境境遇的差异性之外，从更广泛意义上理解“自然”概念也成为更多学者研究的重心。澳大利亚学者杰弗里·博尔顿对环境保护往往被看作保护“自然”或者乡村栖息地的价值观进行了批判：“甚至 20 世纪 80 年代和 90 年代初发生的更为激进的‘绿色’运动，他们关注的焦点也是森林或野生动植物保护，而不是关注城市——作为大多数澳大利亚人的家园——的环境问题。”[③]尽管“自然”对于不同主体表现出不同的意义或价值，但研究进一步勾勒出自然与社会生活尤其是民生福祉的密切联系。

其次，强调环境人权与主张环境义务成为研究的重要关切。

1972 年联合国《人类环境宣言》第一次在国际范围内以人权的话语对环境权做了明确规定，强调环境对于人类的幸福和对于享受基本人权，甚至生存权利本身，都是必不可少的。该宣言规定：“人类有权在一种能够过有尊严的和福利的生活环境中，享有自由、平等和充足的生活条件的基本权利，并且负有保护和改善这一代和将来的世世代代的环境的庄严责任。”[④]这一精神极大地推进了世界对环境权所具人权性质的理解。詹姆斯·尼克尔（James Nickel）指出：“严重的污染是对人权所保护的根本利益的重大而持续的威胁。要求安全环境的权利旨在保护人们不受严重污染及其结果的伤害，因此应当把它置于与其他试图防止

① 戴斯·贾丁斯. 环境伦理学：环境哲学导论[M]. 林官明，杨爱民，译. 北京：北京大学出版社，2002：270.

② Mark Dowie. Losing Ground：American Environmentalism at the Close of the Twentieth Century [M]. Cambridge，Mass：MIT Press，1995：141.

③ 杰弗里·博尔顿. 破坏和破坏者：澳大利亚环境史[M]. 杨长云，译. 北京：中国环境科学出版社，2012：170.

④ 田青，胡津畅，刘健，等. 环境教育与可持续发展的教育　联合国会议文件汇编[M]. 北京：中国环境科学出版社，2011：2.

这些结果的人权同等的地位。"[①]英国学者蒂姆·海沃德（Tim Hayward）提出"宪法环境权"概念，主张给予环境人权以宪法层面的保护，"因为环境保护对于每个人来说都是同等重要的，而且由于它优越于任何实际政治组织的特定措辞，所以它应当被视为一种人权"。[②]这一人权话语延伸强化了环境权的本质和核心就在于人权这一重要认知，每个人都对充分实现其健康和福祉的环境所享有的权利是一种基本人权，对促进环境保护和减少公害，保障人类健康、福祉和安全不受减损或危害具有重要意义，也使环境正义议题的讨论跳出了环境风险不公平分配的惯常话语体系，把共享优美自然环境作为一种新的人权来看待，从生命尊严的高度来审视环境问题，在更为积极的意义上理解环境正义。

除环境人权受到高度关注，义务的重要性同样成为研究的热点。英国学者马克·史密斯（Mark J. Smith）、皮亚·庞萨帕（Piya Pangsapa）指出："20 世纪的大部分时间消耗在了对授权与权利的规定阐述上，而义务、职责和责任却被忽视。在 21 世纪，我们所面临的挑战就是找到向'义务'偏重转变的方法。"[③]相较于运用一些强制性机制，"更为有效的是改变贯穿于职责性公民权的义务和环境德行的培育"[④]，从而促使公民感到有责任以一种环境负责的方式行动。蒂姆·海沃德强调"宪法环境权"与公民义务的相关性，认为"每个人都充分享有对环境的权利意味着他也具有抑制损害相互之间环境的义务，只有在这种意义上它才是一项普遍的权利"。[⑤]美国学者彼得·S. 温茨（Peter S.Wenz）在《环境正义论》一书中，提出了分配义务的同心圆理论(Concentric Circle Theory)。在同心圆内，人们以"己"为中心，以"义务"为核心，依据人际关系的亲密程度确定义务和责任的承担，离圆心越近，责任越重。"我们与某人或某物的关系越亲近，我们在此关系中所承担的义务就越多越重。亲密性与义务的数量以及程

---

① 蒂姆·海沃德. 宪法环境权[M]. 周尚君，杨天江，译. 北京：法律出版社，2014：36-37.

② 蒂姆·海沃德. 宪法环境权[M]. 周尚君，杨天江，译. 北京：法律出版社，2014：1.

③ 马克·史密斯，皮亚·庞萨帕. 环境与公民权：整合正义、责任与公民参与[M]. 侯艳芳，杨晓燕，译. 济南：山东大学出版社，2012：52.

④ 马克·史密斯，皮亚·庞萨帕. 环境与公民权：整合正义、责任与公民参与[M]. 侯艳芳，杨晓燕，译. 济南：山东大学出版社，2012：78.

⑤ 蒂姆·海沃德. 宪法环境权[M]. 周尚君，杨天江，译. 北京：法律出版社，2014：37.

度明确相关。”[①]应当说，承认义务并对所尽义务试图进行量化区分这一探索，使义务本位的思考更加深入。但是，同心圆理论所构架的道德原则是一个多元的集合，在实践中难以给人们提供一个根本的价值判断标准，因而缺乏可靠的操作性。另外，同心圆理论更强调个体义务，而较少关注集体、国家在环境保护中的重要作用，从而削弱了对宏观环境正义问题的理论解释力。正如温茨个人所言，同心圆理论虽然不提供答案，但提供了一个理性思考环境问题的框架。总体来看，尽管研究存在有待进一步探讨的议题，但“义务本位”视角突出了“义务”履行在环境保护实践中的重要价值，对于唤醒人们的担当意识具有积极的伦理价值和社会意义，尤其有助于深化理解环境正义就是环境权利与环境义务的公平分配这一核心内涵。

最后，对环境正义可能的实现方式进行探讨。

第一，从生产方式、社会制度变革寻找突破口。这一研究视角把环境问题与社会正义联系起来，提出实现环境正义的根本途径就是进行社会变革，通过实现社会正义而达到环境正义。例如，美国学者戴维·哈维（David Harvey）认为，侵害环境正义的根本原因是资本积累和新自由主义思想的广泛传播。“富人占据了有利的居住环境，而穷人则往往在有毒的地区内工作和生活，而且每一个改造生态系统的计划都具有其社会关系的意味。”[②]因此，实现环境正义的路径在于生产方式的替代、社会正义的复苏和寻求新的革命主体。理查德·豪夫里科特（Richard Hofrichter）认为，要实现环境正义必须重新构筑整个社会秩序，这包括消除特权和剥削、挑战产业资本主义伦理、实现民主主义，等等[③]。其实质，要通过变革不平等的社会结构，达到对资源、环境利益和社会福利的公平分配。第二，非暴力不合作的方法。克里希纳·马利克（Mallick K.）指出：“社会正义——要求社会中的弱势群体以非暴力的方式改变当权给人民造成的不公正，迫使他们朝着积极的方向前进。”[④]第三，检视程序正义对于实现环境

---

① 彼得·S. 温茨. 环境正义论[M]. 上海：上海人民出版社，2007：402.

② 戴维·哈维. 正义、自然和差异地理学[M]. 胡大平，译. 上海：上海人民出版社，2010：210.

③ 韩立新. 环境问题上的代内正义原则[J]. 江汉大学学报，2004（5）：21-27.

④ Mallick K. Environmental Movements of India：Chipko，Narmada Bachao Andolan，Navdanya [M]. Amsterdam：Amsterdam University Press，2021：3.

正义的价值，高度关注环境保护中的个人知情权、参与权等程序性权利。例如，美国学者希拉·卡佩克（Sheila Capek）认为，个人、社区或少数民族在面对可能的环境不正义时，应有四个基本权利：充分获取信息的权利、公开听证的权利、民主的参与权利及社区团结、获得赔偿的权利。[①]美国环保局环境正义咨询委员会成员班杨·布赖恩特（Bunyan Bryant）认为环境公正包括民主决议和个人知情权、参与权。[②]简言之，程序正义作为环境正义的基本构成和实现保障应日益得到重视。总体看来，虽然关于环境正义实现方式的路径探讨有所差异，但却具有共同的出发点和价值目标，即都是围绕环境资源、环境成本如何实现分配的公正性这条主线展开讨论的。

综上所述，西方环境正义研究经过多年的持续发展，各派学者围绕"环境是谁之环境""正义是谁之正义"这一关键问题，对环境正义本质、原则、根源以及代内正义与代际正义等向度进行了各自的话语表达与理论建构，使环境正义可能具有的内涵逐渐清晰。在环境利益常常表现为强势群体利益的集体认知下，强调要更关注强势群体对弱势群体行为的不正义现象及矫正，关心不同经济和文化背景下的群体所面临的环境胁迫及其解决之道，并倡导运用平等原则实现环境权利和环境义务均衡协调，杜绝任何一方从不公平中受益。应当说，在具体研究范式相互借力、互相促进下，几十年的发展历程不仅推动了环境正义理论由浅入深的演变，而且与风起云涌的环境正义运动相互推动，对进一步认识并解决现实的环境问题具有重要意义。

二、我国环境正义研究发展历程

在资源约束趋紧、生态环境恶化的现实压力下，环境问题越来越成为制约我国经济发展的重要因素。不断恶化的环境形势引发的环境冲突层出不穷。自 1996 年以来，因环境问题引发的信访和群体性事件以每年 30% 以上的速度递增。[③]发达地区与欠发达地区在生态环境质量、生态产品供给、环境权利保

① Sheila. M. Capek. The "Environmental Justice" Frame：A Conceptual Discussion and an Application [J]. Social Problems，1993，40(1)：5-24.

② David N. Pellow. Environmental Inequality Formation：Toward a Theory of Environmental Injustice [J]. American Behavioral Scientist，2000，43(4)：581.

③ 中共中央宣传部理论局. 理性看　齐心办[M]. 北京：学习出版社，人民出版社，2013：35.

护等方面发展不平衡、不充分的态势及由此引发的公平正义问题，也在一定程度上制约着国家生态文明建设的整体进展。公众的诉求并不是救济性的物质赔偿，而是环境权和健康权。邻避设施“盖在哪里都行，只要不盖在我家后院”成为环境群体性事件产生的直接原因。越来越多的公众为维护自身权益向环境不公现象发出反对声音，频发的环境群体性事件表明中国特定社会主体的环境正义诉求日渐强烈。在此形势下，如何公正地处理公众的环境利益与其他经济效益、社会效益的关系，化解冲突，推动我国全面实现区域间、群体间环境权利平等化，不仅成为摆在各级政府面前的一个必须解决的问题，也成为学者关注的焦点。并且，避免环境问题转变成对社会政治稳定的威胁议题，也得到持续高度关注，“如果由环境问题引发的、由相关社会成员发起的骚乱是以大规模抗议的形式爆发出来，那么，社会难题就将转变成对社会政治稳定的威胁”。①

生态文明战略的全面实施，使国家对环境问题的重视不再仅仅停留于对自然生态的保护与修复，而开始将目光转向更深层次的环境正义问题。虽然，我国政策与法律中并未明确提及“环境正义”一词，但环境正义价值目标已然内嵌于我国的政治决策与法律制定，公众的环境权利能否得到有效保障成为生态文明建设的重要内容。首先，将环境权利确定为全体中国人民人权的重要内容，走出了一条符合我国国情的保障环境人权的发展道路。我国“奉行以人民为中心的人权理念，把生存权、发展权作为首要的基本人权，协调增进全体人民的经济、政治、社会、文化、环境权利，努力维护社会公平正义，促进人的全面发展”。②这一阐述表明了我国人权的基本内涵，标志着环境权利作为人权的重要内容更加鲜明地进入我国人权保护视野。环境权利作为人民人权的重要组成部分，在维护公平正义、促进人的全面发展中占据基础地位并发挥导向作用。第一，立足环境民生，大力保障人民群众享有在清洁环境中生活的基本权利。第二，满足人民群众享受更多优质生态产品，使全体人民的环境权利得到更高水平的保障。第三，建立中国特色环境人权保障体系，把环境权利保障纳入制度化、法治化轨道。其

① 托马斯·海贝勒，迪特格·鲁诺，李惠斌. 比较的视角 中国与德国的环境治理[M]. 北京：中央编译出版社，2012：4.

② 习近平谈治国理政（第3卷）[M]. 北京：外文出版社，2020：288.

次，把保障农民环境权利放在优先位置，大力推进城乡权利平等。第一，建设好生态宜居的美丽乡村，让广大农民有更多的获得感、幸福感。第二，坚持农业农村优先发展原则，加快改变城乡生态环境不平衡、不充分发展问题。第三，建立健全城乡融合发展体制机制和政策体系制度保障，坚持走中国特色乡村生态振兴之路。最后，倡导构建人类命运共同体，为维护全球生态环境治理的公平正义提供中国方案。在倡导构建人类命运共同体框架下，推动全球生态环境治理实现权利共享、全球生态环境治理实现义务共担、全球生态环境治理践行"共同但有区别的责任"。这些重要举措和理念，意味着实现我国环境权利更高质量的发展有了根本保证，生态文明建设与人民环境权利保障形成了良性互动、相互促进的新发展格局。

与此同时，学术界自觉日渐强烈，由抽象地谈人与自然之间的平等关系，单纯强调对自然物的保护，而忽视了人类这一行为主体内部伴随经济利益而产生的利害关系差别，转向对人与人之间正义关系的关注，围绕创新、协调、绿色、开放、共享新发展理念，在环境正义基本理论、推进环境正义实现的政治决策与制度建设等方面的研究取得了显著进展。

20 世纪 80 年代，环境正义问题首先在美国被提出来，激发许多学者对环境正义开展了广泛的研究。根据对我国相关研究成果进行的历史梳理来看，我国学者介入环境正义研究始于 20 世纪 90 年代中后期。几十年来，随着环境问题的日趋严峻，环境正义的研究程度逐渐加深，环境正义问题已经成为哲学、伦理学、政治学、法学、经济学、社会学等不同领域广泛关注的焦点。该研究不仅打破、超越了传统的学科界限，还在一定程度上实现了不同学科之间的对话，蕴含着广阔的学术空间。综观国内现有成果，我国学者的研究过程历经了两个可喜的"转变"：由侧重抽象学理分析逐渐向应对解决现实问题转变，由侧重西方研究范式逐渐向建构本土研究范式转变。具体来说，这个转变历程表现为三个阶段：引介西方学者的研究成果、关注国际正义的实施以及研究呈现着力解决本国环境冲突的理论与现实问题的本土化意识和努力三大阶段。过程伊始，我国学者积极普及并大力介绍西方学者的研究成果，译介了一批富有影响的西方著作，推动了中国对环境正义问题的关注。但是，相当长的一段时间，与西方学者致力于解决其国内环境正义问题、更多强调国内正义实现的特点不同，我国学者更多关注国际正义的实施，更多围绕在全球层面公平分配环境权利与环境义务并进行各自的话语表达与理论建构。学者的研究视角尽管存在差异，但学术立场和价值判断鲜明，全球化的浪潮使环境问题在发展中国家的表现尤为突出，发展中国家过度地、不成比例地承担了污染和环境治理的双重责任，因此消除发达国家和发展中国家在环境保护中权利和义务分配存在的巨大不平等成为共同呼声。随着生态文明建设上升为国家战略的理论需求以及受环境群体性事件激增等现实问题的“倒逼”，本土视角的环境正义研究呼声日渐高涨。环境正义研究出现本土化意识和本土化努力，由注重一般学理意义研究、关注国际正义的实现转向应对本国环境冲突的理论与现实问题，正义视野扩展到我国区域层面和群体层面，主要是对落后地区与发达地区之间、弱势群体与强势群体之间的正义给予关注，对我国全面实现生态文明进行必要的思考。针对城乡环境正义，研究大致可以划分为两个方向：一是从社会经济根源进行探索，普遍认为城乡二元经济社会结构是造成城乡环境不公正的根源；二是从法律视角进行分析，认为法律规制覆盖不到位、公共治理缺失、农民环境权利得不到保障等问题长期难以解决，阻碍了城乡间环境正义的实现。为了破解这一难题，大部分学者试图从环境体制和法律规制的变革当中找寻出路。值得指出的是，随着环境问题的蔓延，学术界对我国区域环境正义的研究视野呈现扩展趋势，表现为逐渐由单一强调东西部地区之间环境权利和环境义务的不公平分配，拓展至城市间环境正义问题，特别是大城市对小城市或其周边城市所存在的环境正义问题。应该说，基于中国实践的区域正义研究空间的拓展，对推进环境正义的范围和边界，促进我国生态文明建设实现新进步提供了新视角。概括地说，与西方环境正义主要表现为环境利益与环境风险在不同种族之间的不平等配置不同，我国的环境正义问题更多体现在不同区域之间的“正义”分配，因而，学者研究的关注点更多转向制约我国环境正义实现的政治决策与制度建设。

总体来看，我国环境正义研究在以下几个方面依然蕴含着广阔的空间。第一，环境正义理论基础。国内学术界普遍认为罗尔斯的正义论是环境正义的必要理论基础，却忽视了马克思主义生态观及其正义思想对研究环境正义的重要指导意义。在对马克思经典著作深入分析的基础上可以发现，马克思主义中克服一部分人对其他人的剥削，在贫富之间设置正义、平等和合理分配的伟大洞见，对于解决环境受益和责任分担问题具有重要的理论参考价值。马克思注意到在资本主义条件下，工人的劳动被资本家无偿占有，作为社会生产重要环节的分配过程本身包含着严重的不平等因素，由此提出“有益的劳动只有在社会中和通过社会才是可能的，所以劳动所得应当不折不扣和按照平等的权利属于社会一切成员”。[①]这就明确了要在全社会进行公平正义的分配。从马克思主义生态观的角度进行剖析，同样可以捕捉到其中暗含的正义思想。比如，马克思在《1844年经济学哲学手稿》中说道，“这种共产主义，作为完成了的自然主义，等于人道主义，而作为完成了的人道主义，等于自然主义，它是人和自然界之间、人和人之间的矛盾的真正解决，是存在和本质、对象化和自我确证、自由和必然、个体和类之间的斗争的真正解决”。[②]这表明，马克思主义生态观已然内含环境意识的两个正义尺度，表现为人类同自然的和解以及人类本身的和解。解决好人与自然间的物质变换关系问题，有助于建立合理的劳动关系、经济关系、交往方式，亦有助于实现人和人的和解；反过来，要达到上述目的，前提是建立真正自由人的联合体，建立公平、正义、自由的社会状态，人们之间按照“真正人”的方式结合，并按“真正人”的方式与自然结合，就会实现人与自然的和解。一言以蔽之，马克思主义生态正义观实现的致思路径，是运用历史辩证的思维方法，通过完成“自然主义”来实现“人道主义”，通过完成“人道主义”而实现“自然主义”，通过这两者的统一，实现“人类同自然的和解以及人类本身的和解”。第二，对环境非正义根源的分析有待深入。城乡二元制作为中国特有的社会现实，不可避免地成为导致我国环境非正义现象产生与加剧的重要根源。但是，随着环境非正义现象在城市之间、城市人群之间的蔓延，这一根源已无法从总体上解释中国的环境非正义问题。破解中国的环境正义难题，必须从纷繁复杂的环境非正义现象背后挖掘其本质，即功利主义的发展观。功利主义思想自近代以来逐渐在西方理论界占据支配地位，对改革开放后中国社会的经济发展同样发挥了巨大作用，但也造成了不可估量的后果，如贫富差距日益扩大、阶层分化明显、地区发展失衡等。因此，功利主义的发展观更加能够全面深刻地解释我国不断凸显与扩大的环境非正义现象。功利主义强调以最大多数人的最大幸福作为追求的目标，并将这一目标的实现视为正义。这实际上也就承认了为达到这一目的，牺牲某个人或少部分人的利益和权利是合理且正当的。显然，功利主义原则内在地包含着反公平现象

① 马克思恩格斯文集（第3卷）[M]. 北京：人民出版社，2009：428.
② 马克思恩格斯文集（第1卷）[M]. 北京：人民出版社，2009：185.

（Anti-equalitarian），一个社会的经济发展和政治决策长期单一地以功利主义原则作为基本依据，必然导致不正义现象的蔓延和扩大。“在一个正义社会里，基本的自由被看作理所当然的，由正义所保障的权利不受制于政治的交易或社会利益的权衡。”①因此，提出一个能够最大限度地兼顾各方利益的科学合理的替代范式，克服功利主义发展观自身的漠视分配、忽略权利的不正义因素，才能从根本上解决我国环境非正义的困境。第三，基于本土实际的理论自觉有待提升。值得注意的是，中国的环境正义问题与西方的环境正义问题存在某种共通之处，因而可以充分吸收借鉴已有的理论成果和实践经验，但同时，由于中国为最大发展中国家和中国特色社会主义的特殊国情，其环境问题必然存在某些特殊性，需要结合现实情况做出正确分析。若要有效推动环境正义的发展并在实践层面上有所作为，必须在深植中国经验的基础上获得环境正义发展的生机、活力和动力，深入分析中国的世情、国情、党情、社情和民情，牢牢立足于中国的政治与经济状况、文化与历史渊源、社会与公众诉求，唯有如此，才能对我国当前的生态文明建设发挥具有针对性的积极作用。党的十八大以来，政府提出“逐步建立以权利公平、机会公平、规则公平为主要内容的社会公平保障体系，努力营造公平的社会环境，保证人民平等参与、平等发展权利”，深入贯彻“创新、协调、绿色、开放、共享”新发展理念，折射出我国对环境问题的关注逐渐由表层的环境生态破坏问题向更深层的环境正义问题触及，环境正义理念越来越多地影响着我国的政治决策与法律制定，公众的环境权利能否得到有效保障成为当前环境政策与法律设计的重要指标。因此，环境正义思想如何由学术研究上升到顶层设计，由理论争鸣落地到实践应用，是今后我国学术界值得关注的焦点。第四，研究理论的整体性和系统性构建。如果我们将环境正义的内涵界定为环境权利与环境义务的公平分配，那么，作为分配正义的环境正义至少要对以下三个问题做出回答：在哪些人中间进行分配（Whom）、分配什么（What）以及如何分配（How），而对这些问题的回答就构成了环境正义理论建构的三大基石：环境正义共同体、环境正义分配对象和环境正义分配原则。其中，作为环境正义的分配对象，需要厘清的问题关键是，作为环境正义的核心内涵，环境权利与环境义务的公平分配，能否简单等同于西方话语

① 罗尔斯. 正义论[M]. 何怀宏，等，译. 北京：中国社会科学出版社，2009：25.

范式的环境善物与环境恶物的公平分配？另外，针对环境正义原则，对于制定某种形式的原则的重要性鲜有分歧，并且这一点已经得到广泛的认同，焦点的分歧在于原则是什么，以及确定原则基于哪些合理的理由。因此，确立环境正义原则是为人类的共同行动寻找“适度的尺度”，基于公共理性在全球范围内建立具有最大通约性的共识，抑或对正义的理解必须限于本地的各种环境和经验，因而，没有普遍使用的正义原则，或者二者兼而有之的第三条道路，无疑，这都是必须要说清楚的问题。

综观世界环境正义研究，研究范式大致呈现为理论研究与实证研究二元化特征。前者主要以亚洲诸国为典型，争论的焦点常围绕环境正义本质、属性和意义等抽象问题进行。对这些难题进行哲学探讨，有助于厘清所涉概念、原理的核心要义，为推进环境正义理论体系的建设提供基本思考。后者主要以美国等西方国家为代表，研究的起点不是哲学式思辨，而是被具体化了的数字、模型以及分析单位。本质上，既不是法理探究，也不是对正义本质的探讨，争论的焦点在于如何测量以及证明环境正义或环境非正义。两种方法处于不可分割的联系之中。一方面，二者互为前提。实证研究是理论研究的基础，它纠正了抽象地言说环境正义的偏颇，引领研究由抽象学理争辩转向现实关注，从而使环境正义议题更加深植于各国政治与经济状况、文化与历史渊源、社会与公众诉求之中；理论研究为实证研究提供理论依据，指明研究的目的和方向。另一方面，二者相互补充。实证研究虽然具有提供实证数据的优势，但不能区分本质属性和非本质属性，不能摒弃片面性和表面性，所得结论有时不是完全充分可靠，因此，仍需要靠理论研究来补充和修正；理论研究以揭示环境正义的共性本质为基础，要了解环境正义本身的多样性，还要进一步依靠实证研究。值得注意的是，进入 21 世纪，一些学者把环境正义的阐释置于形而上与形而下、科学史和政治、经济重叠交错视域下，在理论研究与实证研究方法相兼容的条件下，更加表现出对实证研究的信心。黄之栋、黄瑞祺认为，环境（不）正义的范围与内涵不是一成不变的，而是会随着时间的推移而不断变迁的[①]；环境正义是典型的“具有根本争议的概念”，为避免纯粹概念上的争辩，要么采取一种形而下的策略，通过实证的讨论来与理

---

① 黄之栋，黄瑞祺. 环境正义论争：一种科学史的视角——环境正义面面观之一[J]. 鄱阳湖学刊，2012（4）：27-42.

论对话，要么将环境正义的问题放进经济理论与环境政策的脉络中来考察市场、政治与环境间的多重互动[1]，因为传统理论已经对环境正义的问题做了相当多的抽象考察，此刻我们应该从抽象回到具体，开始思考如何落实环境正义的问题了。[2]针对科学是在陈述事实，哲学则是在讨论价值的传统看法，他们认为在全球变暖的问题上，价值被隐藏在科学讨论里，变暖科学议题的背后蕴藏着正义观，两者并非互不相干。[3]这一研究视域在赓续环境平权这一脉络外，也检视了研究方法与环境正义现实的适应性、科学讨论中隐藏的价值立场，展现了反思环境问题特别是理解环境正义中多元议题的独特视角。

---

① 黄之栋，黄瑞祺. 环境正义的“正解”：一个形而下的探究途径[J]. 鄱阳湖学刊，2012（1）：80-91.

② 黄之栋，黄瑞祺. 光说不正义是不够的：环境正义的政治经济分析——环境正义面面观之三[J]. 鄱阳湖学刊，2012（6）：17-32.

③ 黄之栋，黄瑞祺. 全球暖化与气候正义：一项科技与社会的分析——环境正义面面观之二[J].鄱阳湖学刊，2012（5）：27-39.

第二章 环境正义性质

所谓环境正义性质，是要厘清环境正义是何种正义。本章以正义的性质和界限范围为根基，围绕环境正义内涵、性质、社会根源问题展开讨论。环境问题的复杂性以及环境正义背后“隐藏”的价值立场，使得处于不同国家、不同文化背景下的群体对环境正义有着不尽相同的见解。尽管如此，环境正义核心内涵表现为环境权利与环境义务的公平分配已然成为共识，它主要关注人与自然关系的背后，人与人之间环境权利与环境义务的均衡协调与共建、共享、共担这一公平正义问题。所以，环境正义与种际正义无涉。环境非正义的产生具有深刻的社会根源，但由于担当非正义结果的主体多为社会弱势群体，因此，在性质上，环境正义实质上是社会正义在生态环境保护领域的延伸。

第一节 正义的界定

明确正义的含义、性质是厘清环境正义是何种正义的逻辑起点。在日常语言中，公平、公正、正义常作为同义词互换使用，在很多语境下具有同样的意义，但仔细琢磨，它们之间又存在着微妙的差别。

现代汉语中，公平，是指处理事情合情、合理，不偏袒哪一方面。公正，则是指公平正直，没有偏私。[①]可见，二者意义很相近，所以常等同使用。正义，

---

① 中国社会科学院语言研究所词典编辑室．现代汉语词典[S]．北京：商务印书馆，2007：473-474.

一是指公正的、有利于人民的道理；二是指正当的或正确的意义。①英语中，细数西方哲学家的用法，其意义也有差别。Fairness（公平）是指公正而正直，不偏私、无偏见，基本含义是平等待人或一视同仁；Justice（正义）表明每个人都得到其应得的，或不侵害任何人的正当权益。

概括而言，它们的共同点在于围绕利益公平分配这一核心，都主张“个人得其应得”，对人、对事应不偏不倚和公正客观。不同点在于：（1）公平、公正注重达到“应得”的分配行为、程序是否合理；正义强调“应得”的标准和结果。（2）公平是形式与手段，正义是法源与追求。只有正义存在才会有公平的结果。公平是一把“锁”，正义是一把“钥匙”。（3）正义是更为根本、正式、严肃的概念，多用于庄严、重大语境。正义更强调某种必然性、事物发展的规律性，关切行为本身对与错，应该不应该，合适不合适，而不是关注自身利益得失。我们常说正义必胜！但不会说公平必胜、公正必胜。毛泽东指出：“我们的事业是正义的，正义的事业是任何人也攻不破的。所以，我们的事业是任何敌人攻不破的。”②这里强调的就是社会发展的必然性、合规律性、与人民利益的一致性。那么，世界上有关公平正义的理论多称为正义的理论，而非公平的理论，其缘由与根据多少也在于其内涵的不同。

正义的概念内涵表明，正义包含人如何对待别人的内容，因而它预示正义涉及关系且至少关涉两个人的关系。因为仅一个人根本谈不上正义问题。所以，就人们在社会中的地位而言，正义总是人际间的比较问题，它彰显的是人们之间的一种平等关系。实质上，正义探讨的是如何在公平合理的基础上对利益进行分配，包括权利、机会以及资源这些关涉社会正义主题的议题。无论是正义的分配状态还是正义的分配原则，皆从属于调节人与人之间利益冲突的法律、道德范畴。

西方哲学史上，关于正义与利益的相关性得到诸多哲学家的关注。

首先，古希腊时期，正义就被认为与利益冲突相关。

柏拉图（Plato）在《理想国》中虽然没有直接论证利益的公平分配，但承认正义与利益相关，特别是正义的一方要照顾弱者的利益。第一，反驳了正义就是强者的利益这一观点。智者色拉叙马霍斯认为，“正义不是别的，就是强者的利

① 中国社会科学院语言研究所词典编辑室. 现代汉语词典[S]. 北京：商务印书馆，2007：1740.
② 毛泽东选集（第5卷）[M]. 北京：人民出版社，1977：133.

益”“每一种统治者都制定对自己有利的法律，平民政府制定民主法律，独裁政府制定独裁法律，依此类推。他们制定了法律明告大家：凡是对政府有利的对百姓就是正义的；谁不遵守，他就有违法之罪，又有不正义之名。因此，我的意思是，在任何国家，所谓正义就是当时政府的利益。政府当然有权，所以惟一合理的结论应该说：不管在什么地方，正义就是强者的利益”。①柏拉图对此进行了反驳。（1）正义有时是不利于统治者，即强者的，统治者无意之中也会规定出对自己有害的办法。（2）如果统治者的技艺和医生的技艺都是真正的一门艺术，那么这种技艺的利益就在于它们的对象，所以政府的统治作为一种技艺，也要照顾弱者的利益。②第二，坚持国家的正义比个人的正义更具有根本性。城邦的整体幸福是柏拉图所追求的最高价值目标。在柏拉图看来，正义不仅是个人的德性，而且是国家和个人的共同德性。“我们建立这个国家的目标并不是为了某一阶级的单独突出的幸福，而是为了全体公民的最大幸福；因为，我们认为在一个这样的城邦最有可能找到正义，而在一个建立的最糟的城邦里最有可能找到非正义。”③国家的正义表现为不同的人或不同的阶级应当各安其位，享有各自不同的权利，各自维护自己的权益，而不能侵害其他人或阶级的特有权益。④如果各等级的人各司其职、各守其序、各安其位、各当其分、各得其所、各尽其能、专司其事，就标志着实现了建立在稳定、等级、秩序上的城邦幸福和谐。国家正义之外，还存在着公民个体的正义，即公民个人应保持理性、激情和欲望的和谐。一个有德性的人应该使理性居于主导地位，克制自身欲望，履行好分内职责，不侵占别人的利益。否则，如果公民都从个人利益出发牟取私利，就势必会产生利益冲突，使得国家共同体无法维持。

追溯历史，苏格拉底（Socrates）的慷慨赴死对柏拉图影响巨大，促使他开始思考在现实政治中如何开辟一条正义之路，使正义的人在社会中得到肯定和保护，为全社会带来幸福。国家的正义和个人的正义思想框架为后人深入思考制度正义对于社会正义的重要制约作用，提供了可贵的思想资源。国家的正义是个人正义的前提，只有在正义的国家中，普遍的个人正义才有可能实现；个人的正义

---

① 柏拉图. 理想国[M]. 郭斌和，等，译. 北京：商务印书馆，1986：19.
② 柏拉图. 理想国[M]. 郭斌和，等，译. 北京：商务印书馆，1986：19.
③ 柏拉图. 理想国[M]. 郭斌和，等，译. 北京：商务印书馆，1986：133.
④ 柏拉图. 理想国[M]. 郭斌和，等，译. 北京：商务印书馆，1986：144-157.

是国家正义的基础，若无普遍的个人正义，国家正义也无法实现，二者互相依赖、不可分割。

在此思想基础上，亚里士多德（Aristotle）明确把正义纳入调节利益冲突的范畴，指出："公正就包含着平等。"①对于分配的正义，"如果两个人不平等，他们就不会分享平等的份额。只有当平等的人占有或分得不平等的份额，或不平等的人占有或分得平等的份额时，才会发生争吵和抱怨。"②对于矫正的公正，"也就是得与失之间的适度"。③亚里士多德以平等为公正的尺度，以适度为平等的核心，通过对利益分配以及对不公平的矫正等问题的阐释，展现了正义的特定性质。

其次，近现代的正义视角分化为社会契约论正义观与功利主义正义观。

社会契约论正义观这一脉络，从古典自由主义政治哲学家洛克延伸至当代美国著名政治哲学家约翰·罗尔斯（John Rawls）。这一正义观建立在以下理论前提下：（1）国家是社会成员通过自愿缔结社会契约而组成的，国家权力由人民让渡而来。（2）人人平等。（3）一切政治制度的合法性在于个人基本权利受到保护。延伸这一逻辑，这派哲学家围绕保护个人基本权利、维护按劳动所得财富的所有权、由正义的社会制度保障权利与义务的公平分配等方面，展现了对正义的理解。

在约翰·洛克（John Locke）看来，公平正义乃是不侵害他人的基本权利。一是不侵害他人的基本人权，因为"人们既然都是平等和独立的，任何人就不得侵害他人的生命、健康、自由和财产"④。二是公平正义是按劳动分配财富。这一思想展现了这样一种逻辑："在还不明白财产的意义、不知道人们是怎样获得他们的财产的时候，是不可能很好地理解不公正的真正含义。"⑤因此，只有明白财富从何而来，证明财产的所有权，才能真正理解公平公正，这势必涉及私有财产与公共财产的区分界定。"每个人对他自身享有一种所有权，除他以外任何人都没有这种权利。他的身体所从事的劳动和他的双手所进行的工作，我们可以说，是正当地属于他的。所以只要他使任何东西脱离自然所提供的和那个东西所处的

① 亚里士多德. 尼各马可伦理学[M]. 廖申白，译. 北京：商务印书馆，2006：134.
② 亚里士多德. 尼各马可伦理学[M]. 廖申白，译. 北京：商务印书馆，2006：134-135.
③ 亚里士多德. 尼各马可伦理学[M]. 廖申白，译. 北京：商务印书馆，2006：138.
④ 洛克. 政府论：下篇[M]. 叶启芳，等，译. 北京：商务印书馆，1996：6.
⑤ 洛克. 教育漫话[M]. 徐大建，译. 上海：上海人民出版社，2011：104.

状态，它就已经掺进他的劳动，在这上面掺加他自己所有的某些东西，因而使它成为他的财产……既然劳动是劳动者的无可争议的所有物，那么对于这一有所增益的东西，除他以外就没有人能够享有权利。”[①] 这一论述清晰地表明，凡是自然界所生产的一切，都是公有财产；凡是劳动者所生产的一切，都是劳动者的私有财产，劳动产生了对劳动产品的所有权。于是，按劳动分配财富，就理应是正义的。

罗尔斯的正义理论，产生了承上启下的里程碑意义，对当代哲学、政治学、伦理学等多个领域都产生深远影响。“正义是社会制度的首要价值，正像真理是思想体系的首要价值一样。”[②]制度正义的重要性，在罗尔斯的思考中具有重要意义，它是保障权利与义务公平分配的基石。“当对基本权利和义务的分配没有在个人之间做出任何任意的区分时，当规范使各种对社会生活利益的冲突要求之间有一恰当的平衡时，这些制度就是正义的。”[③]这些正义的制度，保障了社会合作的利益和负担的适当分配。此外，他提出了两个著名的正义原则，探讨了平等自由、公平机会、差别原则等问题。特别是，“最小受惠者的最大利益”原则，从最少受惠者的利益出发调节和处理社会权利和经济利益的分配，成为继马克思“权利就不应当是平等的，而应当是不平等的”[④]这一伟大洞见之后为弱势群体呐喊的又一宣言。

功利主义正义观的“异军突起”，促使近现代西方探讨正义的方法与视野发生转变，由注重个人基本权利转向更加强调社会利益或大多数人的最大幸福。英国学者大卫·休谟（David Hume）通过对正义进行经验分析，得出有关正义的五个结论。（1）正义是对社会有用的。公共的效用是正义唯一的起源。[⑤]（2）正义与所有权相关。一个人的所有权无非是由他独自使用，而且惟独由他使用才是合法的任何事物。[⑥]所有权，是正义的对象，也是由一种简单的原始本能来区分，

---

① 洛克. 政府论：下篇[M]. 叶启芳，等，译. 北京：商务印书馆，1996：19.
② 罗尔斯. 正义论[M]. 何怀宏，等，译. 北京：中国社会科学出版社，1988：3.
③ 罗尔斯. 正义论[M]. 何怀宏，等，译. 北京：中国社会科学出版社，1988：5.
④ 马克思恩格斯选集（第3卷）[M]. 北京：人民出版社，1995：305.
⑤ 休谟. 道德原则研究[M]. 曾晓平，译. 北京：商务印书馆，2017：35.
⑥ 休谟. 道德原则研究[M]. 曾晓平，译. 北京：商务印书馆，2017：49.

而非由任何论证或反思来辨明的。[①]（3）正义原则的终极目的是人类社会的利益和幸福。[②]（4）正义的情感基础是对正义的敬重和道德赞许，它来自对社会公共利益和效用的反思。[③]（5）正义对社会福利的益处，不在于单个人的每一单个行动的后果，而起源于社会整体或其大部分一致赞同的整个体制或体系。[④]休谟坚持正义的通常规则是为了维护社会的利益，人类的幸福建立于正义这一社会性德性之上，正义原则的实施需要人们对社会利益的共同感受和协力合作，这一立场表明了保护所有权、关心社会利益对于正义的重要性和必要性，它们也构成了正义法则的最终依据。

功利主义代表人物杰里米·边沁（Jeremy Bentham）沿着休谟路线，给予功利主义一个全面的解释，建立了人类行为评价标准的功利原则。

“最大多数人的最大利益”是功利主义的核心价值。他指出：“共同体成员中最大多数人的最大幸福就是共同体的最大利益。”[⑤] 它表明，社会的幸福是以最大多数的最大幸福来衡量的。人们一切行为的准则要有利于增进社会的利益，即社会的幸福。如果增加幸福的倾向大于减少的倾向，就符合功利主义原理。换言之，功利主义是以能否促进幸福来评价行动的。一项道德上对的行为，是在所有可能的选择中，能产生最大善或最小恶结果的行为。凡行为结果给行为者及其相关人带来利大于弊的结果，则是道德的；否则就是不道德的。在有效范围内，个人行为、政府的一切政策措施都受这一原理支配。

功利主义正义观看到了公平正义具有利益分配的性质以及由此造成的利益冲突。因此，明确提出要想实现真正的公平正义，必须遵循“最大多数人的最大幸福”原则。自 18 世纪以来，功利主义不仅在西方伦理、政治以及经济领域占据着统治地位，而且在实践中也影响深远，救灾行动及利益分配等多种社会安排都将其作为可操作的伦理原则。之所以如此，与功利主义自身具有的优势分不开。阿马蒂亚·森（Amartya Sen）从以下两点对此进行肯定。首先，“按其结果来评价各种社会安排的重要性（后果敏锐性应该说是很有道

---

① 休谟. 道德原则研究[M]. 曾晓平，译. 北京：商务印书馆，2017：53.
② 休谟. 道德原则研究[M]. 曾晓平，译. 北京：商务印书馆，2017：49.
③ 休谟. 道德原则研究[M]. 曾晓平，译. 北京：商务印书馆，2017：55.
④ 休谟. 道德原则研究[M]. 曾晓平，译. 北京：商务印书馆，2017：156.
⑤ 张乃根. 西方哲学史纲[M]. 北京：中国政法大学出版社，2002：212.

理的，尽管完全的后果主义看来太极端了）；其次，评价各种社会安排时，需要关切所涉及的人们的福利（注意人们福利的想法显然具有吸引力，即使我们不同意评价福利时采用以效用为中心的心里测度方法）”。[①]确切地说，功利主义极大地推进了评价政策和制度效用时要充分注意后果的重要性与合理性这一理论面向。概括看，功利主义具有三个理论特征：（1）结果主义。一切选择都必须根据产生的结果来评价。（2）效用主义。对事物的评价限制在每种状态各自的效用上。（3）总量主义。把不同人的效用直接加和得到总量，作为度量社会福利的指标。

但是，功利主义存在理论困境。例如，努力争取“最大多数人的最大利益”是否永远公正？由此导致的最大多数人的最大利益，有时候是不是同时给少数人带来了一些很坏的结果？为了救 1 000 名儿童而对 100 名儿童进行痛苦的危险实验，这个科学实验正当吗？单就人数来说，实验使大多数人得到了好处，但从道德上说，每个人都是独一无二的个体，每一个人本身就应当被视为目的，绝不仅仅是手段。由此看来，在努力为大多数人创造利益的过程中，对极少数人实际是极不道德的。因此，不能简单将功利主义等同于平等主义，在一定程度上它存在反公平的局限性。一是分配不公。功利主义效用计算注重群体中的大多数，遵循最大多数人的最大利益，但对少数人、个人的利益分配关注不够。二是忽略权利、自由以及其他非效用因素。功利主义强调效用、幸福等指标，但缺失对权利、自由重要性的重视。

综上所述，上述各种正义理论尽管在正义所含具体内容的根据和论证方法等方面存在明显不同，但在正义的性质问题上却具有共同的理论交汇点，即都围绕权利或利益的正当分配和利益冲突探讨正义问题。这些值得借鉴的思想导引我们进一步正确把握正义问题，什么是应得，如何来判定个人的应得，如何平等待人，按照什么标准来平等待人。第一，正义概念深刻地蕴含着每个人在权利、利益、资源上的“得其所应得”。正义要顾及所有人的利益而不可主观偏向某些群体或某个人。那么，在利益分配上既不能奉行绝对的利己主义，也不能坚持牺牲自我的完全利他主义；既不能为了少数人的利益侵害多数人的利益，也不能为了多数人的利益侵害少数人的利益，而应坚持得其所应得。第

① 阿马蒂亚·森. 以自由看待发展[M]. 北京：中国人民大学出版社，2002：50-53.

二，正义强调权利与义务的和谐统一。正义不仅意味着权利的合理分配，也包含义务的公正承担，二者之间应保持均衡协调的关系。第三，正义秉持平等待人原则。正义的核心是平等，即对所有社会成员的无偏袒与非歧视。每一个人都具有被平等对待的权利，无论其能力与地域、职业与出身、性别与肤色、种族和宗教如何。第四，正义并非无视差异，而是注重差异，特别体现对弱者的关怀。

第二节　环境正义性质与社会根源

一、环境正义是一种社会正义

"环境正义"称谓经历了一个演化过程。在初期，常用"环境种族主义"表达环境不公正，以反对环境种族歧视或阶级歧视。如今，环境种族主义议题包含在环境正义之中，作为环境正义问题的一个特定表现而存在。但是，"环境正义"常与"生态正义（种际正义）"等同混用，一些学者认为"环境正义"包含人类与自然之间实施正义即生态正义或种际正义的内涵，如彼得·S. 温茨（Peter S. Wenz）就将"人与自然之间的正义原则"纳入环境正义研究的范围，我国也有学者认为"环境正义"在广义上是指人类与自然之间实施正义的可能性问题，即种际正义。①实际上，二者虽然都属于环境保护中的正义问题，但性质却有不同。生态正义是人类与自然之间关系的正义，它以人与自然和谐共生为目标，以尊重自然、爱护自然、保护自然为特征，追求种际之间的和谐与公平，属于跨界的种际正义范畴。环境正义是人与自然关系背后主体间环境权利与环境义务均衡协调的人际正义，其实质是人与人之间的正义关系，它以社会基本结构或社会制度正义为根基，以消除人支配人的不平等性为特征，追求环境权利与环境义务上的公平分配，属于社会正义范畴。借用学者尼古拉斯·洛（Nieholas Low）、布伦丹·格利森（Brendan Gleeson）所言内涵，环境正义是"环境中的正义"（Justice in

---

① 曾建平. 环境正义——发展中国家环境伦理问题探究[M]. 济南：山东人民出版社，2007：9.

Environment)，生态正义是“对环境的正义”(Justice to Environment)[①]。

环境正义的本质是社会正义，这一命题既源于环境正义的内在属性，又为大量环境不公事实所确证。

一方面，环境正义缘起于对人与自然种际关系的质疑。长久以来，人类孤立地进行生态环境治理，并未充分厘清生态环境问题与社会发展的一系列其他问题，尤其是公众环境权利问题之间的深刻联系，因而在一定程度上形成了“重环境保护，轻环境权利”这种权利与义务失衡的不公平状况。历史与现实表明，能否协调好由环境问题衍生的利益冲突与纠纷、弱化环境问题对人类不同群体的差别性影响，越来越成为影响环境治理成效的关键。其中，在何种意义上确定“人”与“自然”的内涵与地位，是关系解决这一问题合法基础、发展进程和建设成效的重要问题。事实表明，环境危机的制造者不是“人类”，而是人类中具体的“人”；环境污染的受害者也并非是整个“人类”，而是人类中具体的“人”。把人抽象为无差别的整体，无视利益主体的差异性及利益对抗性，用抽象的“人类”代替不同区域、不同种族、不同国家或地区的人群，其结果必然遮掩了环境保护中权利与义务的不对等。种种环境非正义现象反复诉说着一个主题：环境问题其实对于不同的人有着不同的影响，其中，一部分是受益者，另一部分则是受害者。受益者是社会中的强势族群，而受害者多为弱势族群。更为严峻的是，环境受益人或许并非是实际的环境保护者，环境受害人可能也并非是真正的环境破坏者。“强者受益，弱者埋单”，人与自然的关系现实地表现为处在特定社会关系中的“人们”与自然的关系。它表明，环境问题在很大程度上其实是社会问题的延伸，环境正义本质上是一种社会正义。

另一方面，环境不正义结果的担当主体多为弱势群体这一事实，为环境正义的本质提供了最具说服力的注脚。“弱势群体”是一个相对概念，主要指处于社会结构底层的社会成员，是一个在权力、知识、经济三种资源占有与支配方面能力均较弱的社会性资源短缺的群体。[②]利益上的贫困性，社会权利上的非均等化对待，持续的被剥夺感，以及因影响力弱小而缺少话语权，构成弱势群体面临的主要困境。显然，弱势群体之弱，并不是指生理特征和体能状态，而是指他们的

---

① 王韬洋. 环境正义的双重维度：分配与承认[M]. 上海：华东师范大学出版社，2015：28.

② 陆学艺. 当代中国社会阶层研究报告[M]. 北京：中国社会科学文献出版社，2002：8.

社会地位与生存状况具有脆弱性。他们竞争能力较弱，生活在社会的底层，政治地位和经济地位低下，处于较贫困状态。在社会分化加剧的情况下，所受环境负担与环境受益之间的巨大不平衡性成为这一群体被边缘化的突出表现。受害最深的是社会中的弱者，受益最少的是社会中的弱者，这成为弱势群体环境受害上的普遍规律。概括而言，环境破坏的影响并不能平等地作用于所有的人，由此衍生的环境权利不平等，主要表现为起点、过程与结果的不平等。

起点不平等，主要指弱势群体不成比例地遭受环境污染及环境风险侵害。例如，土地被侵占、所在区域因污染而房价下跌、农业种植作物难以销售、居民身体健康受损，等等。然而，比这种视而可见的损害更严重的是承受造成环境权益潜在之害的诸多环境风险。德国学者乌尔里希·贝克（U. Beck）指出："风险，指的是完全逃离人类感知能力的放射性，空气、水和食物中的毒素和污染物，以及相伴随的短期的和长期的对植物、动物和人的影响。它们引致系统的、常常是不可逆的伤害，而且这些伤害一般是不可见的。"[①]在特征上，这类风险处于潜伏状态，具有不确定性和隐性危害，因而难以把握和控制。在本质上，这类风险不是自然之害，而是人为制造的不确定性。在危害程度上，既不受地理因素约束，也不易受时间或社会制约。综上所述，环境风险衍生出不可逆的污染损害和无法预料的后果成为影响人类特别是弱势群体生活的强大异化力量，如生态灾难、核泄漏等人为事故。在损害现象之下，对风险的分配遵循了"向下流动"的规律，折射出利益框架内的强弱博弈与阶级对立。不同利益主体的所得或所失与其地位密切相关，其结果是，许多风险在强势群体和"最无抵抗力"的弱势群体之间的分布是不同的，弱势群体比其他人受到更多的影响，成为风险的潜在受害者。可见，风险的外部性并不等同于风险的无差别性。甚至哪怕在对风险的科学探源及技术性归因上，也会产生特定利益框架主导下的风险掩盖和风险转移。于是，伴随"有组织的不负责任"，风险有随意被改变、夸大、转化或削减的可能。确切地说，环境风险与人为因素、社会因素存在着藕断丝连的耦合。当今，某些环境风险的全球性强度依然严峻。辨析、透视封闭的利益构架对弱势群体在权利上的排斥以及在风险上的掩盖和转移，必须将环境风险嵌入特定社会的阶级框架内进行考察，对不同社会利益集团所代表的

---

① 乌尔里希·贝克. 风险社会[M]. 何博闻，译. 南京：译林出版社，2004：20.

权利—义务关系进行具体的、历史的分析。

过程不平等，主要表现为参与生态环境治理程序性权利的缺失、平等参与和监督环境公共事务以及决策权利的缺少。权利的缺位，话语的失声，反过来又加剧了非正义。诺曼·法拉梅（Norman Faramelli）指出："大多数针对环境质量的建议的解决方法都将直接或间接地给穷人或低收入人口带来不利影响。"[①]比如，如果控制污染的成本通过所有商品货物直接转移到消费者身上，低收入家庭会受到比富有人群更为严重的影响。如果新技术不能解决环境危机，而且又需要减缓物质生产，随着大批人群加入失业的洪流，这些收入微薄的家庭只会雪上加霜。

结果不平等，主要指弱势群体在过度承担了环境污染代价之外，又不成比例地背负了环境治理与恢复的成本。从而，在分配不正义之外，从发生了的不正义中恢复正义亦步履艰难。对于分配正义与补偿正义上的双重非正义，弱势群体为了生存，除了承受，别无选择。"与在相应的工厂里工作相联系的来自工作压力、放射性物质和有毒化学物质的风险，在不同职业间的分配是不平等的。特别是邻近工业生产中心的居住区——永久地接触空气、水和土壤中的各种污染物——它们对于低收入人群来说是便宜的。因为害怕失去收入，就会有着更高的忍耐限度。"[②]这些现象不仅揭示了环境污染、生态环境治理和资源枯竭对不发达地区的经济可持续发展和公众的生命健康都构成了严重的威胁，而且清晰地表达出责任分化的不公。

鉴于此，环境问题必须与社会正义联系起来才能得到有效的解决，"如果没有社会正义，环境正义就是生态乌托邦，而如果没有环境正义，那么社会正义就是空洞的和自欺欺人的"。[③]尽管人人生而平等，人类都居住在同一个生物圈中，酸雨既落在贫民区，也同样侵蚀着富有者的庄园，但是并非所有人都同样承受着环境退化的负担，对环境风险的承受，总是向最不具能力来保护自身的弱势群体倾斜。所以，环境正义在性质上是社会正义的延伸，环境非正义是不同主体在环境利益与环境负担分配时，弱势群体受到了不平等、

---

① 彼得·S. 温茨. 环境正义论[M]. 朱丹琼，宋玉波，译. 上海：上海人民出版社，2007：1.

② 乌尔里希·贝克. 风险社会[M]. 何博闻，译. 南京：译林出版社，2004：37.

③ 马克·史密斯，皮亚·庞萨帕. 环境与公民权：整合正义、责任与公民参与[M]. 侯艳芳，杨晓燕，译. 济南：山东大学出版社，2012：4.

不公正对待。因此，在价值立场上，环境正义表达了对被歧视、被压制或被忽视的弱势群体这一主体的关心。

案例：印度博帕尔公害[①]

博帕尔毒气泄漏事件是20世纪最骇人听闻的一场灾难，是人类历史上最惨重的化学工业灾难。成立于1917年的世界化工巨头美国联合碳化物公司（Union Carbide）于1969年在印度中央邦博帕尔市北郊建立了美国联合碳化物（印度）有限公司，生产滴灭威、西维因等杀虫剂。这些产品的化学原料异氰酸甲酯（MIC）是一种剧毒气体。

1984年12月3日凌晨，这家工厂储存液态异氰酸甲酯的钢罐发生爆炸，45吨毒气很快泄漏。博帕尔毒气泄漏事件迄今陆续致使超过55万人死于与化学中毒有关的肺癌、肾衰竭、肝病等疾病，20多万博帕尔居民永久残废，当地居民的患癌率及儿童夭折率也因为这次灾难远比印度其他城市高。12月2日午夜，毗邻工厂的两个小镇——贾培卡和霍拉的居民首当其冲，毒气从窗户、门缝进入居民家中，数百人在睡梦中死去。借着微弱的北风，毒气以5千米/时的速度向工厂以南的博帕尔市区扩散。很快，方圆40千米[②]以内的50万人被毒气笼罩。人们从睡梦中惊醒并开始咳嗽，呼吸困难，眼睛被灼伤。许多人在奔跑逃命时倒地身亡，还有一些人死在医院里。众多受害者挤满了医院，但医生对有毒物质的性质一无所知，只能按常规方法治疗。每分钟都有中毒者死去，尸体被一个压一个地堆砌在一起，然后放到卡车上运往火葬场和墓地。鸡、犬、牛、羊也无一幸免，横七竖八地倒在没有人烟的街道上。存活下的人已惊吓得目瞪口呆，空气中弥漫着一种恐惧气氛和死尸的恶臭。博帕尔警察局局长普瑞任回忆说："空气中弥漫着剧毒气体。虽然实际上人们都是朝相反的方向跑的，但是我还是跑向杀虫剂厂。大概是晚上12点左右我到了工厂，我问那里的工作人员泄漏的是什么气体，用什么方法可以解毒。但是他们没有回答我的任何问题。直到凌晨3点，才有人从工厂来到警察局告诉我那种泄漏的气体是异氰酸甲酯。"

---

① 案例来源：L. H. 牛顿，C. K. 迪林汉姆. 分水岭——环境伦理学的10个案例[M]. 吴晓东，翁端，译. 北京：清华大学出版社，2005：71-83.

② 王文臣. 印度博帕尔毒气泄漏事故[J]. 生命与灾害，2012（3）：28-31.

灾难源头。博帕尔毒气泄漏事故是典型的人为灾难。美国联合碳化物（印度）有限公司的管理错误与工人失误导致了这起事故的发生。灾难发生的前一天下午，在例行日常保养过程中，维修工人操作失误，导致水突然流入装有 MIC 气体的储藏罐内。MIC 是一种氰化物，一旦遇水会产生强烈的化学反应，而且水渗入 MIC 储藏罐内令罐内产生极大压力，储存罐承受不了高压而爆炸，造成毒气泄漏。据调查，当时公司的杀虫剂销售不力，为了节约成本，农药厂大量削减雇工，削减安全措施上的开支，70 多只仪表盘、指示器和控制装置只有 1 名操作员管理，工人的安全培训周期从 6 个月降到了 15 天，安全设备也因成本问题而被关停，或发生故障后无人维修。

工厂反应。事发之后，工厂没有给予市民最基本的避难建议——待在家里并保持眼睛湿润。相反，公司故意轻描淡写灾难的严重性和影响，把这种气体描述为“仅仅是一种强催泪瓦斯”，甚至在灾难的即时后果（几千人死亡，更多人将一生被病魔纠缠）信息被公布后，公司的态度依然如故。时任美国联合碳化物（印度）有限公司首席执行官的沃伦·安德森赶赴事发地视察，被印度法院拘禁，但很快被保释。回国后，安德森发表调查报告，认为事故是印度员工导致的，指责印度员工为了逃避责任，伪造证据，印度政府则包庇印度人，阻碍美方调查。事发当天，美国联合碳化物（印度）有限公司宣布对此次事故负有道义责任。

处理结果，25 年后判决。印度中央调查局在灾难发生后对 12 名相关人士提出指控，共有 12 名法官审理这一案件。8 名印度籍高管因玩忽职守获罪，按照这项罪名，他们最多被判处 2 年监禁。本案主要负责人、美国老板安德森没有出庭受审。法庭发出逮捕令，要求印度中央政府向华盛顿施压要求引渡，但一直没有下文。毒气泄漏事件的幸存者和家属以及当地活动家，举着横幅抗议对肇事者的惩罚太轻、太晚，表示“只有当有罪的公司和个人得到足够的惩罚，才能实现公平公正”。

赔偿。对于赔偿数额，美印双方进行了 3 年的讨价还价。最初印方提出 850 亿美元的赔偿和罚款要求，但美国联合碳化物（印度）有限公司却只愿赔偿 2.3 亿美元，20 年内分期付清，遭到印方拒绝。最终，1989 年美方公司向印度政府支付了 4.7 亿美元赔偿金。附带条件是：永远免除所有民事责任，取消所有刑事指控，未来针对美国联合碳化物（印度）有限公司的诉讼均由印度政府应对。

次生灾害。2009 年印度对博帕尔区域进行环境检测，结果显示在当年爆炸工厂的周围依然有明显的化学残留物，这些有毒物质随着雨水渗透进地下水中，污染土壤和水源，导致当地很多人生病，造成了惨重的次生灾害，使得博帕尔毒气泄漏释放的恶果被进一步放大。当年，因为毒气泄漏失去工作能力或者患上慢性病的受害者获得了 1 000～2 000 美元不等的赔偿，但是还有很多受害者一分钱都没有拿到。时任印度总理辛格在泄漏事件 25 周年纪念活动中称这起悲剧“一直折磨着所有印度人的良心”，承诺要继续解决当地饮用水遭受污染的问题。

博帕尔公害是发达国家将高污染及高危害企业向发展中国家转移的一个典型案例。与博帕尔农药厂简陋的安全措施、成千上万的居民环绕形成鲜明对比，在美国本土这类工厂都设有先进的电脑报警装置并大都远离人口稠密区。20 世纪后半叶，环境公害问题在发达国家得到广泛关注，环境标准越来越高，于是，很多企业采用“工业重新布局”理论，把污染企业以及大量的中低端生产企业从受控制区域向不受控制区域转移，环境标准相对不高的发展中国家成为转移的最佳目标，由此，发达国家制造业出现空心化现象。这一案例对于进一步深化认识环境正义内涵具有重要的启示意义。第一，全球环境破坏加剧，资源利用与废弃物排放问题而导致的社会冲突以及国际冲突不断，尤其以弱势群体所遭受的迫害最为显著。在国际层面，存在从发达国家向发展中国家、从富裕地区向贫困地区、从强势群体向弱势群体大规模输出环境问题的不正义行为。生态殖民主义与环境霸权主义的双重推手，使得前者的环境权利相比后者得到了更好的保护。经济上处于劣势的发展中国家、贫困地区及弱势群体无力抵抗这类强加的、加之市场力量导致的环境威胁。第二，警惕打着“保护自然”以及“保护人类”旗号的虚假环境保护主义。一些强势集团、阵营强调保护自己所在环境而将风险转嫁他人，导致在造成环境非正义的同时自然整体仍未得到保护。发达国家和发展中国家之间的利益冲突，强势群体与弱势群体的利益博弈，人类世代之间利益考量引发的争论与分歧，这些矛盾冲突要得到正义的解决，就必须直面“我们”与“他们”之间的矛盾冲突。第三，人也是自然的一部分，所以，对自然的剥夺也是一部分人对另外一部分人的剥夺。事实上，人与自然关系的失调越来越反映出人与人之间社会关系的失调，环境恶化也是人与人关系的恶化，这已成为环境问题加剧的重要原因。人与物的关系、人与自然的关系通过现实的社会结构转化还原为具体的人与人的关系。然而，这一问题的关键在于：谁会因此受益，谁又会因此受害甚至成为牺牲品。环境正义揭示，环境利益通常表现为强势群体的利益，环境危害通常表现为对弱势群体的危害。因此，正视生态危机制造者的主体性，正视同一环境政策对不同群体产生不同影响这一事实，实现同在一个地球，拥有共同的未来，就不再是一个理论问题，更重要的是一个实践问题。进而，既然环境危机的制造者不是“人类”，而是人类中具体的“人”，那么，摆脱环境危机的出路就不是放弃“人类”的主体性，而应是变革“主体性”在环境权利与环境义务分配上的不公平性。环境正义这一理论视域，作为环境意识的新形态和新发展，不仅是对人与自然关系理论视域缺失的修正，推动其内在理论机制产生重大转变，也是对环境不平等（Environmental Unequal）的应对与拯救，并成为反对环境保护中不平等现象的重要理论武器。

综上所述，环境正义在内涵上，表现为环境权利和环境义务的公平分配，即均衡、协调、共享、共担。在性质上，环境正义是社会正义的延伸，强调人与自然关系背后人与人之间的正义关系，追求环境资源公平分配和永续共享的环境平等权的落实，反对由社会不公导致的环境不公。在价值立场上，环境正义特别关注强势群体与弱势群体在环境保护中权利与义务的不对等现象，企望被歧视、被压制、被忽视的弱势群体在环境事务中获得平等对待，反对强势群体对弱势群体的生态剥削、环境殖民和环境侵害行为。在价值目标上，环境正义从人权高度坚持对所有人的平等保护与对待，将免予环境危害、享受环境福祉的自由与权利，视作面向所有群体的环境人权。因此，尽管环境正义高度关注弱势群体环境损益分配上的非正义，但并不主张将其所受之害返转强势群体以造成“同等污染”，而是要从根本上防止资源剥削行为以及危险废弃物扩散的产生，实现各个群体共享优美自然环境的权利。

二、环境正义产生的社会根源

环境正义产生的社会根源议题，讨论的是造成环境权利与环境义务分配上的公正或不公正的社会原因是什么。对这一问题的探讨，展示了不同的理论视角。

在休谟看来，“正义只是起源于人性自私和有限的慷慨，以及自然为满足人类需要所准备的稀少的供应”。[①]换言之，资源的有限性与人们需要的无限性

① 休谟. 人性论[M]. 关文运，译. 北京：商务印书馆，1980：536.

之间这一人类根深蒂固的矛盾成为正义产生的土壤。其中，包含着主客观两类条件，主观条件表现为人们无限的需要以及人性缺陷，客观条件为物质财富的适度稀缺。古人言“让生于有余，争起于不足”，说的也是这个道理。那么，根据这一逻辑，在以下两种情况下根本不存在正义问题：一是资源充足丰富，个人需要可获得充分满足，需要与满足之间的矛盾随之消解；二是虽然资源稀缺有限，但人性无私而慷慨，人人以奉献为乐，需要与满足之间的冲突通过“先人后己”得以消除。然而，在广泛的意义上，当今世界的一个基本事实却是地球自然资源的数量有限，并且在不同国家、不同地区分布不均。随着人口的增加、生产规模的扩张和个人生存与发展需求的增长，人类对资源的需求不断地增长，构成了人口和资源之间尖锐的矛盾。庞大的人口基数和巨大的物质需求对全球特别是一些发展中国家的生态环境造成巨大的压力。简言之，环境资源既不充足，人的财富欲望也不克制。逐利是人之本性，人们奋斗所争取的一切，都与自身的利益相关。一方面，人们的需要呈现为多样性和无限性，生存需要、发展需要、享受需要，或者经济需要、政治需要、精神文化需要等构成一个多元的需求结构，它们随着社会条件的变化而变化，不断地从低级向高级发展。旧的需要满足了，新的需要又产生了，以此循环往复。另一方面，相对于人们不断变化的多样需求而言，资源具有不平衡性，迫使人们必须对需求满足的优先性进行选择，分出轻重缓急与先后顺序。由于资源有限性与需求满足之间根深蒂固的矛盾，可持续发展战略得到了全球的广泛响应，既要考虑当前发展的需要，又要考虑未来世代发展的需要。

休谟理论证明了一个道理，正义是特定条件的产物，只有在环境资源存在稀缺而又人人想从中得到更多的份额从而产生利益冲突的情况下，正义问题才可能出现。

案例：公地悲剧①

美国生态学家和哲学家加勒特·詹姆斯·哈丁（Garrett James Hardin）1968 年在《科学》杂志上发表文章，提出了“公地悲剧”（The Tragedy of the

① 案例来源：陈新岗.“公地悲剧”与“反公地悲剧”理论在中国的应用研究[J]. 山东社会科学，2005（3）：75-78.

Commons）理论模型。一块公共的牧场无偿向牧民开放，但由于是无偿放牧，每个牧民都养尽可能多的牛羊，牧民每增加一头牲畜，都会获得相应的利益。随着牛羊数量无节制地增加，公地牧场最终因“超载”而成为不毛之地，寸草不生，牧民的牛羊最终全部饿死。养不成羊了，羊毛没有了，该镇繁荣的羊毛业也消失了，许多家庭也因此失去了生活来源。

1998年，美国经济学家黑勒教授（Michael A. Heller）提出“反公地悲剧”（The Tragedy of Anti-Commons）理论模型：“公地”（公共资源）内存在着很多产权所有者，没有人单独拥有使用权，为了得到各自的利益，每个产权拥有者都会阻止他人使用该资源，或者是设置障碍，导致资源低效率、无效率配置或不能利用而闲置浪费的情况，出现资源未能被充分利用的困境，从而发生“反公地悲剧”。

两个理论模型所指都是公共资源的利用问题，围绕产权问题而展开。“公地悲剧”揭示了过度利用（Overuse）公共资源而导致资源被破坏的悲剧。“反公地悲剧”警告了资源未被充分利用（Underuse）引发的各种坏的可能性。

这个案例生动地展现了资源有限性与人们自然需要无限性之间矛盾冲突的画面。哈丁由此得出“公共资源的自由使用会毁灭所有的公共资源”的结论。作为现实的人，每个牧羊者都希望收益最大化，而其直接所得取决于所放牧的牲畜数量。在公共草地上，每增加一只羊会有两种结果：一是获得增加一只羊的收入；二是加重草地的负担。在这里，因牲畜头数的增加而产生的利益被特定的饲养者获得，而由此所带来的损失却由“公地”上的全体牧民来承担。因此，对每一个牧民来说，增加牲畜所获得的利益要远远大于他所受到的损失。在这种条件下，每一个牧民“经济人”都会拼命地增加牲畜的头数。在这个过程中，牧羊人之间会因为他人放牧数目多于自己的而产生抱怨。结果草地因过度放牧而衰竭，牲畜因食物不足而饿死。“公地”在人们追求最大利益过程中走向灭亡，从而悲剧诞生，产生公有资源的灾难。

针对这一案例情境，利益与负担应如何分配才能保证正义并不是一件难事。只要确定单个人放羊数量与应该承担草地维护费用的对应关系，并且用同一把尺子考量所有的人，就可以限制有限资源条件下人们无限需求和欲望的弊端，避免

“公地悲剧”的出现。然而，纠结恰恰出现在同一个尺度的运用上。当我们把“人类”分化为不同集团、不同种族、不同国家的人，当自然生态系统进入社会架构，当这些“现实的人”的需求遭遇冲突，那么，“人性自私和有限的慷慨”这些主观条件与人们在社会政治经济结构中所处地位对资源分配产生的支配权利相结合，从而，在受益与受害、得到与失去的博弈中，占据优势地位的强势群体受益最大，弱势群体受益最小。因此，休谟理论揭示了一般意义上正义产生的前置性条件，但它并不是制约权利公平分配的关键。

要揭开环境正义的“面纱”，必须深入正义现象的背后，挖掘环境正义问题产生的社会根源。对此，马克思主义给出了独特的解决方案。

首先，探源分配关系背后的制度正义。马克思超越了分配如何公正的局限，牢牢抓住经济利益关系对于道德和法权观念的制约性这条主线，通过探究资本主义生产关系的不平等，揭示了生产公平对于实现分配公平的决定性作用。换言之，既然生产公平是实现分配公平的前提，那么，在雇佣劳动制度的基础上要求平等或公平的报酬，就远离了“一定的生产制度所必需的和不可避免的东西是什么”这个根本问题。这一鲜明理论特质，将在“环境正义的理论基础”一章做全面的分析，这里暂不展开。

其次，以阶级分析方法深刻洞察人类社会没有超越一切阶级之上的公平正义。当不同的阶级或社会集团提出各自的正义主张时，无论其所说的正义是指什么，说到底都与它们自身的物质利益直接相关，都受它们在生产关系中所处的地位制约。“不是从观念出发来解释实践，而是从物质实际出发来解释观念的东西”，因此，“意识的一切形式和产物不是可以用精神的批判来消灭的”。[①]那么，不公平或非正义的社会绝不可能用公平或正义的观念来摧毁。

恩格斯在《家庭、私有制和国家的起源》中指出：“如果说在野蛮人中间，像我们已经看到的那样，不大能够区别权利和义务，那么文明时代却使这两者之间的区别和对立连最愚蠢的人都能看得出来，因为它几乎把一切权利赋予一个阶级，却几乎把一切义务推给另一个阶级。”[②]

① 马克思恩格斯选集（第1卷）[M]. 北京：人民出版社，1995：43.
② 马克思恩格斯全集（第28卷）[M]. 北京：人民出版社，2018：206.

这一论断不仅揭示了权利与义务作为法的主要内容是国家统治阶级意志的反映，体现着国家政权的阶级本质，同时也检视了社会中“现实的人”所处经济社会地位与权利、义务的因果联系。依循这一理论逻辑和方法论，列宁从对生产资料的占有关系不同而引起的阶级区分和对立出发，进一步细化了人的差异与剥削和被剥削的根源。

所谓阶级，就是这样一些大的集团，这些集团在历史上一定社会生产体系中所处的地位不同，同生产资料的关系（这种关系大部分是在法律上明文规定了的）不同，在社会劳动组织中所起的作用不同，因而取得归自己支配的那份社会财富的方式和多寡也不同。所谓阶级，就是这样一些集团，由于它们在一定社会经济结构中所处的地位不同，其中一个集团能够占有另一个集团的劳动。①

阶级区分的四个“不同”充分展示了占有生产资料的阶级利用其在社会经济结构中的优势地位，剥夺和占有其他阶级的劳动创造。而且，为了维护自身对其他阶级这种经济上的剥夺和占有关系，建立了相应的政治法律制度和社会意识形态体系，对经济上被剥夺的阶级实行政治思想统治。经济与政治思想的双重统治加重了被剥削阶级经济上受剥削、政治思想上受奴役的地位。当今，辨析国际社会经济上的矛盾冲突、思想政治上的交锋、权利与义务上的不平衡，马克思主义阶级分析方法仍是一把“撒手锏”，为我们透视复杂的阶级社会现象、认识阶级社会的本质和规律提供了科学的指导。列宁指出：“马克思主义提供了一条指导性的线索，使我们能在这种看来扑朔迷离、一团混乱的状态中发现规律性。这条线索就是阶级斗争的理论。”②坚持阶级分析方法，就是运用马克思主义阶级和阶级斗争观点去观察和认识阶级社会的社会历史现象，它要求全面、动态地分析各阶级的经济地位、政治立场和思想意识，精准把握各阶级之间关系变化、阶级力量对比及其变化，进而敏锐把握社会运动和社会生活的脉动。那么，运用阶级分析方法，从生产关系入手，理性辨析环境问题中的阶级利益关系，以及不同阶级在生产中的不同地位，对于深入把握环境正义问题的社会根源具有重要的方法论意义。

---

① 列宁全集（第 37 卷）[M]. 北京：人民出版社，2017：13.

② 列宁选集（第 2 卷）[M]. 北京：人民出版社，2012：426.

一方面，所有生态问题均植根于社会问题，即人类社会不平等的政治经济结构以及由此造成的阶级对立。马克思在《共产党宣言》中指出："至今的一切社会的历史都是在阶级对立中运动的，而这种对立在不同的时代具有不同的形式。但是，不管阶级对立具有什么样的形式，社会上一部分人对另一部分人的剥削却是过去各个世纪所共有的事实。"①从根本上看，阶级斗争根源于阶级之间物质利益的根本对立冲突，一切阶级斗争，归根结底都是围绕经济利益这个轴心展开的。反之，阶级斗争不过是阶级社会中生产力和生产关系、经济基础和上层建筑矛盾的必然表现，它根源于社会经济关系的冲突。少数剥削阶级凭借其所占有的生产资料和在生产关系中的统治地位，掌握着经济、政治权力，对被剥削阶级实行残酷的压榨和掠夺，广大底层群众处于被支配的地位，受剥削、受压迫、受歧视，权利得不到充分保障，辛勤付出得不到社会应有的承认。哪里有压迫，哪里就有反抗。于是，剥削与反剥削、压榨与反压榨就成为阶级社会客观存在的必然现象，并贯穿于阶级社会发展的全过程。环境正义的基本要求之所以在弱势群体那里得不到实现，也并非出于偶然，而是制度性的决定作用以及市场机制等因素形成的合力，其关键源于在社会经济政治结构中所处的被剥削地位。世界环境与发展委员会的著名报告——《我们共同的未来》明确指出："资源耗竭和环境压力等许多问题产生于经济和政治权利的不平等。"②

另一方面，解决环境问题与去除环境不平等，要从根本上变革造成人与人役使关系背后不合理的社会关系和社会经济政治结构。恩格斯指出："一切重要历史事件的终极原因和伟大动力是社会的经济发展，是生产方式和交换方式的改变，是由此产生的社会之划分为不同的阶级，是这些阶级彼此之间的斗争。"③这一论断表明，寻求对不同政治、经济和文化背景下被歧视、遭压迫主体所受环境胁迫的根本解决之道是去除一部分人对另一部分人各种形式的剥削，减少因不平等关系而导致的不平等环境影响，打破现实中普遍存在的"强者受益，弱者受损"架构，这离不开生产方式的变革以及被压迫阶级的斗争。否则，就是盲人骑瞎马，夜半临深池，难以做出实质性分析和针对性对策。一是在社会基本矛盾运

---

① 马克思恩格斯文集（第 2 卷）[M]. 北京：人民出版社，2009：51.

② 世界环境与发展委员会. 我们共同的未来[M]. 王之佳，柯金良等，译. 长春：吉林人民出版社，1997：80.

③ 马克思恩格斯选集（第 3 卷）[M]. 北京：人民出版社，2012：760 .

动的基础上进行社会生活的全面变革，包括人与自然的关系，人与人的社会关系、思维方式、思想观念的重大变革。二是通过社会革命以新的社会形态取代旧的社会形态，其实质就是用新的社会制度代替旧的社会制度。社会革命的到来，带来生产力的解放，导致经济基础的变更，进而导致全部庞大的上层建筑或慢或快地发生变革，推动社会发展，重建社会正义。

最后，必须在人本身即手段与目的相统一的历史辩证法中把握公平正义。马克思在《政治经济学批判（1857—1858年手稿）》中阐释了手段与目的之间的辩证关系，为我们进一步厘清权利和义务失衡的本质提供了重要启示。

> （1）每个人只有作为另一个人的手段才能达到自己的目的；（2）每个人只有作为自我目的（自为的存在）才能成为另一个人的手段（为他的存在）；（3）每个人是手段的同时又是目的，而且只有成为手段才能达到自己的目的，只有把自己当作自我目的才能成为手段，也就是说，每个人只有把自己当作自为的存在才把自己变成为他的存在，而他人只有把自己当作自为的存在才把自己变成为前一个人的存在……①

马克思揭示了个人与个人以及个人与群体之间互为目的与手段的统一性。这种互为性绝不是抽象空洞的，而是具有经济政治、法律道德等丰富内涵。在这些具体领域，人们以义务与权利的形式体现了手段与目的的关系。目的与手段是直接同一，还是完全分裂，直接影响着不同主体之间权利义务的关系。权利与义务相互背离的结果，虽表现为一部分人享受了过多权利，而另一部分人承担了过多义务，但究其根本原因不外乎在不平等的社会架构下，一部分人成为另一部分人达成利益的手段。马克思反对割裂手段与目的之间的辩证关系，始终将人的自由和全面发展作为人类发展的最高目的，揭示了一个美好的社会一定是以促进人的全面发展为目的的社会。这个社会作为一种制度实体，人和人的发展作为经济和社会发展的目的本身，不是强加于社会的，而是社会内部的自然生长。而且，作为目的的“人的自由全面发展”，并不是孤立个人的自由发展，少数人的自由发展，而是所有人的自由全面的发展。这一价值目标，反映了马克思关于人类社会发展的总体期望——从人的“丢失”到人的发现，从人的束缚到人的解放，从

---

① 马克思恩格斯全集（第30卷）[M]. 北京：人民出版社，1995：198.

人的异化到人的本质的复归。

此外，康德也提出“人是目的”的道德律令，认为“在最终的目的王国中，人就是目的本身，那就是说，没有人（甚至神）可以把他单单用作手段，他自己永远是一个目的”。[①]这里，无论是将人的自由作为目的，还是将人的个性发展作为目的，抑或是将人的生存与发展作为目的，都指向了人是否具有存在的目的性这一关键问题。

① 康德. 实践理性批判[M]. 北京：商务印书馆，1961：134.

第三章　环境正义共同体

环境正义共同体旨在解决正义适用于谁，环境正义是谁之正义，这是环境正义理论建构不可回避的重大问题。分配正义、程序正义、补偿正义作为环境正义的基本构成，涉及在哪些人中间进行分配、以什么程序分配以及如何矫正已经发生了的不正义分配，这些问题无一不需要首先面对“谁是环境正义的接受者”这一关键命题。

第一节　共同体的内涵与价值属性

一、共同体的内涵

关于共同体（Community）的表述很多，例如利益共同体、政治共同体、经济共同体、民族共同体、科学共同体、人类命运共同体、血缘共同体、地缘共同体、精神共同体等。仔细琢磨其语境、语义，能感受到共同体的一些含义。从哲学层面而言，共同体内含一与多（One and Many）、普遍与特殊（Universal and Particular）等特质。任何共同体都是由具有不同特性的个人所组成的，那么，要成为一个共同体，成员不仅要有所关联，还必须“有所共”。回顾历史，对于共同体的确切内涵以及具体特征，历史上各派学者都做出了不同角度的探讨，界定共同体产生的“共同条件”这一问题成为争论的焦点。

在我国《现代汉语词典》中，共同体是指“人们在共同条件下结成的集体”。

在希腊文中，共同体一词的字根为共同，相对于私有，意指属于两个人以上的共有状态，而且，国家（城邦）与共同体含义相通。

柏拉图在《理想国》《法律篇》等著作中充分表述了他对于建设理想国度的追求与观点，其间蕴含着丰富的共同体思想。对正义的追求是贯穿始终的主线，无论是对个体私欲的批驳还是对共同体的推崇，是否符合或贴近正义是柏拉图论述共同体思想的起点与旨归。（1）个体是不完善的，其生存发展不能与共同体相脱离。柏拉图指出：“欲望——它占每个人灵魂的最大部分，并且本性是最贪得财富的……从而毁了人的整个生命。”①显然，这一个体的不完善性所带来的局限，使个体无法实现自身生存发展的自给自足，因而必须要同他人结合为“一”，组建为共同体。他指出：“在我看来，之所以要建立一个城邦，是因为我们每一个人不能单靠自己达到自足，我们需要许多东西……邀请许多人住在一起，作为伙伴和助手。”②城邦具有矫正、弥补个体不完善性的特质。因此，个人不能与城邦相脱离，个体的生存发展离不开共同体的庇护。（2）共同体是对个体的有序组织，是个体幸福发展的条件。一方面，共同体并非是个体的简单集合，而是通过一系列制度和管理实现个体的有序与和谐，“理想国”就是将居民有序组织、和谐统一的共同体。柏拉图指出：“全体公民无例外地，每个人天赋适合做什么，就应派给他什么任务，以便大家各就各业……于是整个城邦成为统一的一个而不是分裂的多个。”③这一论断揭示出柏拉图所言共同体的轮廓或特征：组织性、有序性、统一性。另一方面，作为共同体的城邦是为了某种善的目的而存在的，这便是全体居民的最大幸福。柏拉图指出：“我们建立这个国家的目标并不是为了某一阶级的单独突出的幸福，而是为了全体公民的最大幸福。”④这一阐释，揭示了城邦的功能、性质与目的，不是为了少数人的特权，而是为了维护全体公民的共同福祉。例如，城邦不仅通过搭建交换平台为居民提供生存发展必需的物质资料，推动居民间的利益统一，而且通过城邦的教育体系提升居民的身体与道德素质，不断将居民的精神观念育化统一。（3）共同体利益高于个人利益，个体和谐

---

① 柏拉图. 理想国[M]. 郭斌和，张竹明，译. 北京：商务印书馆，1986：169.
② 柏拉图. 理想国[M]. 郭斌和，张竹明，译. 北京：商务印书馆，1986：58.
③ 柏拉图. 理想国[M]. 郭斌和，张竹明，译. 北京：商务印书馆，1986：138.
④ 柏拉图. 理想国[M]. 郭斌和，张竹明，译. 北京：商务印书馆，1986：133.

统一为共同体是最大的善。一方面，整体的幸福是最高目的。既然个体存在着先天的“非正义”局限，个体的生存和发展都依赖共同体的庇护，那么个体理应无条件奉献于整体，个体利益应低于整体利益并服从于整体利益。柏拉图指出：“每个人都是这个世界的某个局部，一切微不足道的事物也一样，它们的全部努力就是趋向于这个整体……一切事物行事的目的就是获得整体的幸福生活，这个整体不是为你而造的，而是你为这个整体而造。”[①]可见，柏拉图把是否有利于“整体的幸福”作为至上的标准，它不仅是集体或共同体存在的目的，也是衡量个人利益是否合理的重要尺度。另一方面，坚持“化多为一”，反对“化一为多”。在柏拉图看来，多个个体团结为“一”是共同体最大的善，而分裂则是最大的恶。“对于一个国家来讲，还有什么比闹分裂化一为多更恶的吗？还有什么比讲团结化多为一更善的吗？”[②]据此，“理想国”的状态应当是城邦中的不同等级居民以及外邦的同种人都团结起来，对同样的东西能够同样地说“我的”“非我的”“外抗蛮族，内求团结”[③]。这样一来，“整个国家将得到非常和谐的发展，各个阶级将得到自然赋予他们的那一份幸福。”[④]换言之，对于理想的共同体，“有所共”的程度越高，越没有冲突，越是好的城邦。因此，要把握多与一的关系，把杂多的个体建立成为一个统一、团结的共同体。

综上所述，柏拉图的共同体思想涉及个体、共同体及相互关系等多个层面，其鲜明特征体现为对共同体的德性与权威性的重视，西方学术界后来对共同体的相关研究基本上赓续了这一传统。此外，其主张的许多观点包括注重共同体的组织性、团结纽带，否定个人特殊性而强调整体幸福等，至今仍具有重要价值。

亚里士多德认为政治共同体理论必须弄清公民在共同体中的“所共”究竟为何，才能进一步讨论共有的方式和程度，以及在共同体中可实现何种善业（Good）。在《政治学》篇首，亚里士多德在给“城邦”的定义中表达了对共同体的见解。“我们观察到每个城邦都是某种共同体组合，而每个共同体的建立都是为了某种善（因为人们总是为了某种他们认为是善的结果而有所作为）。因为

---

① 柏拉图. 柏拉图全集（第 3 卷）[M]. 王晓朝，译. 北京：人民出版社，2003：670.

② 柏拉图. 理想国[M]. 郭斌和，张竹明，译. 北京：商务印书馆，1986：197.

③ 柏拉图. 理想国[M]. 郭斌和，张竹明，译. 北京：商务印书馆，1986：208.

④ 柏拉图. 理想国[M]. 郭斌和，张竹明，译. 北京：商务印书馆，1986：134.

显然地所有共同体都在追求某种善，而其中地位最高、包含最广的共同体当然就会追求最高、最广的善。这个共同体即所谓‘城邦’，也可称为政治共同体。”[①]可见，“善”既是共同体建立的条件，也是共同体追求的目标。共同体的人群组合必须由平等、相似而又不同的成员所组成。共同体成员之间必须有所共，即追求某种共善。情谊和正义是巩固共同体的两个要素。

德国社会学家斐迪南·滕尼斯（Fernand Tonnes）是共同体理论富有影响力的代表人物。一方面，他对“社会”与“共同体”概念进行了区分。“共同体是持久的和真正的共同生活，社会不过是一种暂时的和表面的共同生活。因此，共同体本身应该被理解为一种生机勃勃的有机体，而社会应该被理解为一种机械的聚合和人工制品。”[②]这一表述表明，“共同体”相较于“社会”概念，更具持久性、稳定性、整体性。二者的区别在于，“共同体”应当是出于一种共同的精神和情感基础，而“社会”是以契约利益为目的，出于一种深思熟虑、精打细算的“选择意志”。另一方面，他肯定了精神共同体是内在的、真正属人的共同体。“地缘共同体可以理解为动物的生活的相互关系，犹如精神共同体可以被理解为心灵的生活的相互关系一样。因此，精神共同体在同从前的各种共同体的结合中，可以被理解为真正的人的和最高形式的共同体。”[③]滕尼斯强调精神共同体的不可替代性。血缘和地缘虽然重要，但只是共同体形成的外在条件而不是充足条件，只有精神共同体才是体现人的特性或人的本质的共同体。精神共同体以人的意志之间的相互作用与相互肯定为特征，如母子之间、兄弟姐妹之间相互依赖或相互帮助和共同活动，充分表现了相互肯定。可见，相较于血缘、亲缘、地域这些要素，滕尼斯更看重精神上的相互支持这一特质。

社群主义作为20世纪80年代后产生的西方政治思潮，基于集体、共同体、个体关系框架阐释了共同体内涵。人不能仅仅自视为人，个人只有在社群中才能发展起来。个人对自我的认同不是自决的结果，而是来源于社群、文化和种族三个要素。因此，人只有在一个文化共同体中才能称之为人，才能界定自己，社群主义这一理论特征凸显了共同体的下列性质：亲密的社会关系、共同兴趣

---

① 亚里士多德. 政治学[M]. 颜一，秦典华，译. 北京：中国人民大学出版社，2003：1.

② 斐迪南·滕尼斯. 共同体与社会[M]. 林荣远，译. 北京：商务印书馆，1999：54.

③ 斐迪南·滕尼斯. 共同体与社会[M]. 林荣远，译. 北京：商务印书馆，1999：65.

和价值观、道德品格（团结、忠诚、友谊）。例如，社群主义者艾维纳·德夏里特（Avner de-Shalit）认为，共同体的形成，必须满足互动、文化交流与道德共识三个要素中的一个要素。他指出："对于一群人而言，满足（以下）三个主要条件中的一个就可以被算作一个共同体，这些条件包括人们在日常生活中的互动、文化交流与道德共识（Moral Similarity）。"①其中，"日常生活中的互动"表明共同体成员联系的紧密性；"文化交流"意味着成员具有稳定、共同的文化环境，在这个环境中，共同体成员直接或间接地参与相同的政治、社会和文化活动；"道德共识"是共同体成员对道德和政治问题所共有的价值和态度，这种价值观成为共同体成员社会存在的背景，每一个成员都和其他成员一起分享这些价值、理念和规范。概括而言，对于社群主义，"有所共"这一共同体的特质，表现为重视个体对社群的忠诚、归属与团结等价值，倡导社会共同体成员在尊重社群价值的前提下共享自由、平等与公正，崇尚共享、共荣与共同承担的共同命运感。在社会共同体成员的共同参与、分享与合作中，形成深层的共同体脐带关系。

综合而言，上述学者所述虽然角度有所不同，但却具有一定的共性特征。相对于地域性共同体，相互支持的社会关系与共同情感作为共同体的核心得到普遍重视，并逐渐取代地域性共同体的概念，表明"共同体"的含义已经突破了血缘关系和地缘关系的初级群体限制，成员的归属感、共同的情感或情谊、共同的信仰和价值观，以及舒适的心理状态等精神要素越来越成为共同体的重要内容。

马克思、恩格斯在《政治经济学批判（1857—1858 年手稿）》《家庭、私有制和国家的起源》《资本论》《德意志意识形态》《共产党宣言》《共产主义原理》等文本中，对"共同体"做出了历史性阐释，为理解共同体问题提供了独特的思想资源。第一，人类不同发展时期的共同体具有不同的本质和形态。共同体的存在形式与人类实际所处的生产、分工发展阶段和发展水平紧密地联系在一起，人们交往和联合的方式决定了共同体占有和分配的基本形式，分别表现为本源共同体、货币共同体和资本共同体、真正共同体三大形态。第二，任何共同

---

① Avner de-Shalit. Why Posterity Matters：Environmental Policies and Future Generations[M]. London：Routledge，1995：22.

体的存在都需要纽带来维系。人类诞生初期，本源共同体作为自然形成的共同体，以自然要素为纽带，以土地占有为存在前提，个体联合成群体共同生活以维持其生存；货币共同体和资本共同体，以货币和资本为纽带连接社会关系，具有异己性、虚幻性。自奴隶社会、封建社会至资本主义社会形态，虽也以共同体为基础，但其共同体却是与有个性的个人相对立的存在，是人的生活桎梏，所以是“冒充的共同体”“虚幻的共同体”；真正共同体，是摆脱了物的依赖性和人的依赖关系的自由人联合体，以人的自由全面的发展为纽带。这三大共同体的历史分期分别是前资本主义、资本主义、共产主义三个历史阶段。第三，与其他学者最大的区别在于，马克思主义看重“共同利益”对于共同体存在与发展的核心作用，把能否实现利益共享以及由此产生的人的自由而全面发展视为共同体本质的边界，并以此作为辨析“虚幻的共同体”与“真正的共同体”的重要尺度。

首先，本源共同体。

本源共同体存在于前资本主义条件下，亚细亚共同体、古典古代共同体、日耳曼共同体是本源共同体的三种具体形态。本源共同体具有两个基本特点。

特点一：以占有土地为共同的存在前提。

首先是自然形成的共同体家庭和扩大成为部落的家庭，或通过家庭之间互相通婚［而组成的部落］，或部落的联合。……所以，部落共同体，即天然的共同体，并不是共同占有（暂时的）和利用土地的结果，而是其前提。①

特点二：基于生存需求的自然结盟，以力量联合维持共同体的生存。

恩格斯指出：“为了在发展过程中脱离动物状态，实现自然界中最伟大的进步，还需要一种因素：以群的联合力量和集体行动来弥补个体自卫能力的不足。”②

马克思指出：“各个个人都不是把自己当作劳动者，而是把自己当作所有者和同时也进行劳动的共同体成员。这种劳动的目的不是创造价值，——虽然他们也可能从事剩余劳动，以便为自己换取他人的产品，即剩余产品——，相反，他

① 马克思恩格斯文集（第8卷）[M]. 北京：人民出版社，2009：123.
② 马克思恩格斯文集（第4卷）[M]. 北京：人民出版社，2009：45.

们劳动的目的是维持各个所有者及其家庭以及整个共同体的生存。”①

换言之，占有土地是本源共同体成立和存续的前提条件。在此基础上，个体成员要依托群体的力量和行动才能保证生存。在共同体中，每个人有劳动的义务，但劳动不是为了自己创造个人所得，而是为了维持个体、家庭以及整个共同体的生存。在这里，把共同占有和利用的土地作为共同的存在前提，反映了共同体的物质基础与经济利益属性，以群的联合力量和集体行动来弥补个体自卫能力的不足，以个人劳动为共同体做出贡献，反映了共同体中个体利益与集体利益、个体意识与集体意识的结合。

但是，这种本源共同体并不是理想的联合形式。源于它以血缘、地缘、语言、习惯共同性为纽带，虽有田园风味且祥和无害，但却使人的头脑局限在极小范围内，“表现不出任何伟大的作为和历史首创精神”②。所以，在这一阶段，自由劳动同实现自由劳动的客观条件没有相分离，劳动者既拥有劳动资料和劳动材料，同时又拥有土地这一劳动对象，从而，主体与客体、劳动者与劳动对象实现了统一。尽管如此，作为历史发展产物的个体的人仍具有很大的历史局限性。最终，本源共同体随着生产力的发展、分工与劳动条件的分离而自然消解。

其次，货币共同体和资本共同体。

马克思在《资本论》中剖析了货币共同体和资本共同体的抽象特征。

第一，货币共同体和资本共同体对于无产者只是一种异己力量。

（1）货币共同体。在资本主义社会，货币共同体是直接现实的。随着分工和交换的发展，资本主义社会的交往形式依赖货币这一中介，人们的社会关系是以货币来维系的。但是，货币共同体只是实现私人利益的手段，依然不能反映人在社会关系中的内在需要。资源占有和财富分配的不平等，劳动者和劳动对象的分离，使得货币共同体对于无产者只是一种异己力量，共同体实际上只是一种抽象的存在。正如马克思所指出的：“货币同时直接是现实的共同体，因为它是一切人赖以生存的一般实体；同时又是一切人的共同产物。”“在货币上共同体只是抽象，对于单个人来说只是外在的、偶然的东西；同时又只是作为孤立

① 马克思恩格斯文集（第 8 卷）[M]. 北京：人民出版社，2009：123.
② 马克思恩格斯文集（第 2 卷）[M]. 北京：人民出版社，2009：683.

的个人满足需要的手段。”①

（2）资本共同体。这一共同体表现为在生产领域以资本的力量将工人联合起来。但是，这种联合旨在使工人成为实现资本增殖的存在者，对工人的自我实现而言，同样是一种抽象的存在。

第二，共同利益与个人利益相脱离的共同体是一种虚假共同体。

“虚假的共同体”概念，帮助我们更加清醒地把握真正共同体的本质特征。在《德意志意识形态》中，马克思、恩格斯通过揭示国家的阶级实质，把国家表现的“共同利益”与实际单个人利益的脱离批判为一种“虚假的共同体”。在这种共同体中，取得统治地位的阶级凭借其优势地位，总是把自己的特殊利益说成是普遍的共同利益，把自己的特有思想表达成具有普遍性的共同思想。

> 占统治地位的将是越来越抽象的思想，即越来越具有普遍性形式的思想。因为每一个企图取代旧统治阶级的新阶级，为了达到自己的目的不得不把自己的利益说成全体成员的共同利益，也就是说，这在观念上的表达就是：赋予自己的思想以普遍性的形式，把它们描绘成唯一合乎理性的、有普遍意义的思想。②
>
> 正是由于特殊利益和共同利益之间的这种矛盾，共同利益才采取国家这种与实际的单个利益和全体利益相脱离的独立形式，同时采取虚幻的共同体的形式。③
>
> 正因为各个人所追求的仅仅是自己的特殊的、对他们来说是同他们的共同利益不相符合的利益，所以他们认为，这种共同利益是“异己的”和“不依赖于”他们的。④

上述引文，从正反两个方面反映了虚假共同体的特征。一方面，占据统治地位的阶级总把自己的集团利益说成是公众的“普遍利益”。而特殊阶级的特殊利益能够成为“共同利益”，其前提条件首先是取得统治地位。同样，一旦失去阶级主导地位，这种情况就会发生改变。只要阶级的统治完全不再是社会制度的形式，就“不再有必要把特殊利益说成是普遍利益，或者把‘普遍的东西’说成是

① 马克思恩格斯全集（第 30 卷）[M]. 北京：人民出版社，1995：178.

② 马克思恩格斯文集（第 1 卷）[M]. 北京：人民出版社，2009：552.

③ 马克思恩格斯文集（第 1 卷）[M]. 北京：人民出版社，2009：536.

④ 马克思恩格斯文集（第 1 卷）[M]. 北京：人民出版社，2009：537.

占统治地位的东西”。[①]另一方面，共同利益与个人利益不相符合，处于对立状态。只要个人利益和共同利益之间还有分裂，那么人本身的活动对人来说就成为一种异己的、同他对立的力量，这种力量压迫着人，而不是人驾驭着这种力量。从而，在虚假共同体内，矛盾的双方产生真正的不平等——少数人所得与多数人所失形成鲜明对照。个人自由，只是统治阶级内的个人自由，对于被统治阶级而言，自由不仅是虚幻的，而且是新的桎梏。所以，虚假的共同体表面上代表普遍利益，实际上为特殊利益代言，这就决定了在虚幻的共同体形式下，进行着各个不同阶级间的真正的斗争。

从前各个人联合而成的虚假的共同体，总是相对于各个人而独立的；由于这种共同体是一个阶级反对另一个阶级的联合，因此对于被统治的阶级来说，它不仅是完全虚幻的共同体，而且是新的桎梏。[②]

只有在真正的共同体内，才能结束牺牲一些人利益，成全另一些人需要的非正义，那时，所有人共同享受大家共同创造的福利。

最后，真正的共同体。

既然资本共同体和货币共同体以“虚假”的方式加重了共同体是个人的异己对立物这一异己力量，那么，有必要产生一种新型的社会组织形式取代虚假共同体。这种新型共同体，必须通过每个人的自由联合来摆脱阶级束缚，是实现个性自由与全面发展的理想的、真正的共同体，消灭劳动的异化和人的异化，把人从被奴役、被统配和被忽视的社会关系中解放出来。

恩格斯在《共产主义原理》中指出：“由社会全体成员组成的共同联合体来共同地和有计划地利用生产力；把生产发展到能够满足所有人的需要的规模；结束牺牲一些人的利益来满足另一些人的需要的状况；彻底消灭阶级和阶级对立；通过消除旧的分工，进行产业教育、变换工种、所有人共同享受大家创造出来的福利，通过城乡的融合，使社会全体成员的才能得到全面的发展。”[③]

---

① 马克思恩格斯文集（第 1 卷）[M]. 北京：人民出版社，2009：553.

② 马克思恩格斯文集（第 1 卷）[M]. 北京：人民出版社，2009：571.

③ 马克思恩格斯文集（第 1 卷）[M]. 北京：人民出版社，2009：689.

这一论述表明，真正的共同体，应满足共同体所有成员的需要，实现利益共享。这就决定了以生产力的高度发展为基础，以消除牺牲一些人的利益来满足另一些人需要的不公平状况为目标，以彻底消灭阶级和阶级对立为手段，保障个人在分工中实现自由的联合以及城乡之间的融合，使社会全体成员获得全面发展。从而在真正的共同体内，避免了私人利益与公共利益的对立，实现了个人意志和集体意志的融合。恩格斯直到晚年仍十分强调，真正的共同体，不应仅仅为自己的经济目的服务，而要体现对共同的社会福利的关心。恩格斯在《论未来的联合体》中指出："迄今存在过的联合体，不论是自然形成的，或是人为造成的，实质上都是为经济目的而存在的，但是这些目的被意识形态的附带物掩饰和遮盖了……未来的联合体将把后者的清醒同古代联合体对共同的社会福利的关心结合起来，并以此来达到自己的目的。"[①]这是一个矛盾得到和解、异化得以消除、共享社会福利的自由人联合体。

对于"自由人联合体"特征，马克思给出了自己的判断：（1）应当是消除阶级存在与对立的联合体。马克思在《哲学的贫困》中指出："劳动阶级在发展进程中将创造一个消除阶级和阶级对立的联合体来代替旧的市民社会。"[②]（2）应当是展现了人的本质力量的联合体。马克思在《评一个普鲁士人的〈普鲁士国王和社会改革〉一文》中指出："工人自己的劳动使工人离开的那个共同体是生活本身，是物质生活和精神生活、人的道德、人的活动、人的享受、人的本质。人的本质是人的真正的共同体。"[③]即共同体与人的本质相统一，与人的物质生活相一致，与人的精神生活相融合。它就是反映人的本质的联合体，而不是个人的异己对立物。这一思想在《共产党宣言》中得到进一步明确，马克思、恩格斯提出了这个著名命题：

> 代替那存在着阶级和阶级对立的资产阶级旧社会的，将是这样一个联合体，在那里，每一个人的自由发展是一切人自由发展的条件。[④]

---

① 马克思恩格斯全集（第 28 卷）[M]. 北京：人民出版社，2018：208.
② 马克思恩格斯选集（第 1 卷）[M]. 北京：人民出版社，2012：275.
③ 马克思恩格斯全集（第 3 卷）[M]. 北京：人民出版社，2002：394.
④ 马克思恩格斯文集（第 2 卷）[M]. 北京：人民出版社，2009：52.

也就是说，只有在真正的共同体的条件下，个人才能获得全面发展其才能的手段，只有在共同体中才可能有个人自由，即每个人在自己的联合中并通过这种联合获得自己的自由。个人不再是孤立的个人，而成为在历史中生成的具有社会关系的现实的个人。概言之，真正共同体的存在形式，是在扬弃以往一切形式共同体特征的基础之上完成的，既克服了本源共同体的自然性，又克服了货币共同体和资本共同体的异己性，既摆脱了物的依赖性，又告别了人的依赖关系。因此，正如马克思所指出的："它是人向自身、也就是向社会的即合乎人性的人的复归"[①]，这一特质具体表现为"它是人和自然界之间、人和人之间的矛盾真正解决，是存在和本质、对象化和自我确定、自由和必然、个体和类之间的斗争的真正解决"。[②]

概括而言，从马克思主义出发，共同体是一个凝聚着政治、经济、社会和文化内涵的复合体，而不是一个单一的经济模式、政治构成或文化组合。共同体是伴随人类社会发展历史在一个越发高级的程度和越发广泛的范围内不断生成的过程，它的存在与发展是具体的、历史的，实现整个人类自由而全面的发展是共同体的最高级状态。可以得出这样的结论：马克思主义共同体思想具有宏大的世界历史眼光，表达出对人类命运的整体关切，而不是局限于特定国家、特定群体的利益考量。它具有三个"硬特质"：一是坚持共同体的"利益"轴心，将共同利益看作共同体"有所共"的核心与基础。二是鲜明地揭示了共同利益与个人利益统一，所有人共享社会经济发展成果是区分真正的共同体与虚假的共同体的重要标准，为我们辩驳共同体性质、特别是警惕那些把少数人的利益说成是普遍利益的做法，提供了重要思想武器。三是共同体建构的内在价值，是通过利益共创共享，充分展现人的本质力量，使人得到自由而全面的发展。共同体的这些本质属性不仅涵盖了更为广泛的社会内容，也造成了与其他学派在共同体概念建构上的分野，同时为我们在全球化时代下思考共同体的内涵，构建符合世界发展规律、时代趋势、利益格局的人类命运共同体提供了重要的思想武器。在全球化时代发展的新阶段，现代化和信息化社会的发展已经迫使我们在全新的视角上审视共同体的共同性问题，也呼唤人类摆脱陈旧思维框架和片面观念的局限，以马克思主

① 马克思恩格斯文集（第 1 卷）[M]. 北京：人民出版社，2009：185.

② 马克思恩格斯文集（第 1 卷）[M]. 北京：人民出版社，2009：185.

义的全球眼光思考共同体的存在和发展。这就要求要科学、辩证地对待地域与全球、民族国家体系与全球体系的关系，辩证地处理全球认同与民族国家认同这一共性与个性的关系。全球是人类共同体存在和活动的公共场域，也是人类和谐共存的共同空间。构建人类命运共同体，各民族国家应持人类情怀，在解决全球性问题的过程中通力合作，在追求本国利益时兼顾他国的合理关切，在谋求本国发展中促进各国的共同发展，既要立足于本位，也应摒弃自我中心主义，平等对待其他国家以及族群成员。

二、共同体的价值属性

共同体的理想发展图景旨在超越成员之间的利益矛盾和观念冲突，促进共同体的和谐生存和持续发展。那么，厘清共同体的价值属性对于达到这一目标具有重要裨益。

首先，共同利益。共同利益是共同体的经济纽带。事实上，任何共同体本质上都是利益共同体。“利益一体化”既是共同体形成的必要条件，也是行动一体化的基础。如果共同利益不是个人利益的真正代表，或者个体利益与共同利益相脱离，彼此成为相异己的力量，共同体就丧失了存在的物质基础。要避免这种情况，需要各个成员将个人主体立场转化为群体主体立场。一是在个人与其他成员关系中，保持多元价值主体共存的天然合理性，既关注本人利益，也要顾及他人利益，承认所有成员权利的平等，反对以大欺小、以强凌弱的霸权和强权。二是在个人与共同体关系中，既要关心本人利益，还要认真对待共同体利益。要形成这样的共识：损害他人及共同体利益，就会损害自己的利益；维护他人及共同体利益，就是维护自己的利益。因为在挑战与问题面前，真正的共同体恰恰承担着维护个体成员生存与发展的使命和责任。

其次，价值认同。价值认同是共同体的精神纽带。（1）价值认同是共同体团结的根脉。人心凝聚，最根本的动因在于价值相通，认同相一。对于任何共同体而言，价值认同都是最基本、最深层次的认同，是一种身份的构建和情感归属，反映了共同体的集体意识。家训之于家庭、校训之于学校、核心价值观之于国家，莫不如此。增强共同体价值认同是形成真正共同体的情感基础和精神纽带，是建设共同体精神家园的文化纽带，对维护共同体稳定发展具有长远性和根本性作用。（2）价值认同归根结底就是认同所在共同体的价值观。共同体成员作为社会性存在，在共同的生活中，形成对于世界的共同看法和思维方式，构成对共同利益的观念表达，也就是价值观。通俗地说，就是人们关于应该做（或不应该做）什么的基本观点，是区分好与坏、对与错、善与恶、美与丑的总观念。价值观作为共同体的精神支柱对共同体的行为起着规范和导向作用，它承载着共同体的精神追求，体现着共同体评判是非曲直的价值标准并成为成员的行为准则，进而成为自觉奉行的信念理念。因此，共同体不仅意味着能够在相互交流与协作中共享最大限度的利益共同性，也意味着必须支持共同体之间的意识互动和精神共融。只有共同体成员的精神意识之间得到了沟通、协调并最终达成一致的共识，共同体才能建构起来。相反，缺乏价值认同，即便存在共同利益，共同体也具有根基不稳的危险。（3）价值共识是共同体成员意愿的“最大公约数”。这一“最大公约数”是指全体成员共同意愿的基准线，是指个体相互之间都能够接受认同的各自利益诉求和行为取向的边界底线。客观地说，价值共识要在价值多样性的格局中通过求同存异建立起来，它的达成不是靠实力和强权，而是共同体成员在社会实践的基础上逐渐确立的一整套为不同成员所共同接受的价值准则和行为规范，并总是以此作为内在尺度去评判外在客体，指导自己的行为。于是，共同体概念中所包含的“默认一致”的思想信念，在共同体内部产生稳定的向心力，使共同体成员凝聚成一个相互联结、相互影响且难以割舍的命运共同体，使分立的个体结合为互动的社会群体。休戚与共、共生共荣的命运共同体意识，又以强大的精神凝聚力反作用于对共同利益的渴望。

最后，开放包容。开放包容是共同体发展的机制保障。共同体虽具有相对稳定的概念边界，但它不是封闭静止的，而是一个开放系统。它既是时代的产物，又具有运动变化与发展的特点。它要求摆脱狭隘性和排斥性，不断吸纳和团结新的力量，在平等的地位上谋求共同体以及所有成员的共同发展。因此，巩固共同体，需要运用辩证思维，深刻把握共同体发展进程中具体性、历史性与社会性等复杂矛盾关系，以运动变化发展的眼光对待共同体的成长。坚持超越既有的各种差异与矛盾，着眼于共同体根本性与长远性的共同利益，在不同观念主张之间不断进行沟通、协商形成更大共识，互惠互利，实现双赢，这是一个伴随共同体生存与发展的永恒话题。

第二节　环境正义共同体的分类

环境正义共同体是人类在追求实现人与自然和谐共生的条件下，一定成员所结成的基于环境权利与环境义务公平分配的集体。环境正义共同体成员范围的大小，直接影响环境权利与环境义务能否在更广泛的相关主体间进行公平分配，能否有更多的人走进正义的视野，从而获得公平的对待。

综合来看，对环境正义共同体范围的认知尽管存在争议，但已基本形成共识，即环境正义共同体不仅包括同一国家不同群体之间的国内正义，也包括不同国家和不同区域之间的国际正义，以及世代之间的代际正义。当今，环境正义适用于谁，谁是环境正义的接受者，不再是一个模糊的理论问题，更多的是一个实践问题。

首先，环境问题具有全球整体性特征。环境问题之所以在全球层面上难以解决，与人类政治结构中对“共同体”所具有的深刻认同密切相关。现代生态困境的基本事实表明，环境问题不是个体行为的直接结果，而是复杂的集体活动的产物。环境问题与生态破坏不再是一个地方性问题，而具有由地方到一国以至全球的整体性，不仅表现为环境污染没有国界，而且体现为环境问题的根源以及环境污染的治理都具有全球性特征。“环境问题具有严重性、广泛性和复杂性，这迫切需要一种相互协调和相互配合的政治行动，从而在一个持久的前提下保护世界全体人民。许多环境问题都超出了民族国家的疆界，因此，从长远来看，处理这些问题有效的和坚实的立法协调通常都依赖稳定而又公认为正当的原则。”①当今普遍引起全球关注的环境问题，例如全球气候变化、酸雨污染、臭氧层耗损、有毒有害化学品和废物越境转移和扩散、生物多样性的锐减（物种灭绝）、海洋污染、土地沙漠化等，凸显了当代环境问题的新特点，对自然的破坏加重，破坏范围和影响加大，超越了民族国家范围而成为世界性问题，其中，发展中国家生态环境问题严峻，既有生态殖民、跨境污染的原因，又有自身发展阶段决定的过度开发的发展模式的副作用。

其次，经济全球化引发的全球流动极大地冲击了单一民族国家架构下的思维

---

① 蒂姆·海沃德. 宪法环境权[M]. 周尚君，杨天江，译. 北京：法律出版社，2014：5-6.

方式与解决方案。历史地看，经济全球化几波浪潮的裹挟加剧了环境问题的整体性特征。马克思、恩格斯在《德意志意识形态》《共产党宣言》等著作中揭示了随着资本主义生产力的发展及各民族交往的延伸，“民族史”转变为“世界历史”的全球化趋势及影响。“生产力及其交往的普遍发展的不断拓展和深入打破了各民族的原始封闭状态，使得不同民族之间的分工被彻底消灭，历史也就越是成为世界历史。”[①]在《共产党宣言》中进一步指出：“资产阶级，由于开拓了世界市场，使一切国家的生产和消费都成为世界性的了。”[②]而且，“美洲的发现、绕过非洲的航行，给新兴的资产阶级开辟了新天地。东印度和中国的市场、美洲的殖民化、对殖民地的贸易、交换手段和一般商品的增加，使商业、航海业和工业空前高涨，因而使正在崩溃的封建社会内部的革命因素迅速发展”。[③]总之，经济全球化一路“高歌猛进”，大致经历了三个阶段：（1）殖民扩张和世界市场形成阶段，西方国家靠巧取豪夺、强权占领、殖民扩张，到第一次世界大战前基本完成了对世界的瓜分，世界各地区各民族都被卷入资本主义世界体系之中。（2）两个平行世界市场阶段，第二次世界大战结束后，一批社会主义国家诞生，殖民地半殖民地国家纷纷独立，世界形成社会主义和资本主义两大阵营，在经济上则形成了两个平行的市场。（3）冷战结束以后。到20世纪80年代末90年代初，随着冷战的结束和以信息技术为代表的新科技革命的推动，长期以来美苏对抗带来的世界经济体系的分割被打破，技术、资本、商品等真正实现了全球范围的流动。两大阵营对立局面不复存在，两个平行的市场随之不复存在，各国相互依存大幅加强，经济全球化快速发展演化。

事实说明，由“民族史”演变为“世界史”，从民族的国民经济到全球化的世界经济，其推进力量不是纯粹的自我意识、宇宙精神和自然秩序，而是现实的人所进行的生产活动与人们之间的交往关系，这是一个不以人的意志为转移的自然历史过程。因此，经济全球化是社会生产力发展的客观要求和科技进步的必然结果，不是哪些人、哪些国家人为创造出来的。经济全球化为世界经济增长提供了强劲动力，促进了商品和资本流动、科技和文明进步、各国人民交往。

---

① 马克思恩格斯选集（第1卷）[M]. 北京：人民出版社，1995：88.

② 马克思恩格斯文集（第2卷）[M]. 北京：人民出版社，2009：35.

③ 马克思恩格斯文集（第2卷）[M]. 北京：人民出版社，2009：32.

因此，经济全球化发展的历史必然性充分说明，想人为切断各国经济的资金流、技术流、产品流、产业流、人员流，不仅是不可能的，也是不符合历史潮流的。“逆全球化”“反全球化”虽是全球化世界进程的反向运动，但也从反面验证了世界经济全球化的规律性。

那么，经济全球化引发的全球流动，环境问题的公共性，使过去完全以封闭的民族国家为单一基本单位应对全球环境治理必然陷入僵局和困境。世界各国、各地区的经济活动越来越超出某一国家和地区的范围而相互联系、相互依赖的现实，决定了必须扩展视野，放开眼界，超越碎片化的思维方式，以人类命运共同体的整体性视域消灭“各国以往自然形成的闭关自守的状态”①，克服种种民族局限和地域局限，在历史完全转变为世界历史的进程中获得更多解放。

最后，超越民族、国家主权概念，呼唤一种范围更加广泛、主体更加多元的环境正义共同体体系。民族认同论与国家主权论如出一辙，反对将国际正义、代际正义纳入环境正义共同体的视野，主张社会正义的范围应限制在民族、国家政治共同体的边界内。具体而言，民族认同论从民族认同能够激发对社会正义原则的遵从角度支持民族认同下的共同体。例如，英国学者米勒指出：“正义共同体是指人们在谈论社会正义时所默认或公开地设想着形成分配领域的人们的一个相互联系的共同体。”②民族认同倾向在具有共同性的人们之间产生了团结、坚固的纽带。民族认同的整合力量足够强大，从而使得民族共同体成为我们首要的分配领域。③国家主权论有两个隐忧，一是全球治理领域处于一种无政府状态，不可能通过社会契约建立一个世界政府。没有世界政府，就不可能有全球正义。因此，正义只在某一个政治或文化共同体内有效，超出这一范围，正义理论就会问题百出。二是经济全球化并没有改变国家主权的基本属性，国与国之间的关系主要是利益关系和权利关系，而不是遵循正义的原则。由此，全球正义就是一种乌托邦，人们不可能以社会正义的模式去理解它。

不可否认，民族是经长期历史发展而形成的稳定共同体，它具有共同语言、共同地域、共同经济生活以及表现在共同文化上的共同心理素质四个基本特征。

---

① 马克思恩格斯文集（第1卷）[M]. 北京：人民出版社，2009：566.
② 戴维·米勒. 社会正义原则[M]. 应奇，译. 南京：江苏人民出版社，2005：6.
③ 戴维·米勒. 社会正义原则[M]. 应奇，译. 南京：江苏人民出版社，2005：21-23.

民族认同意指不同民族成员对其所属民族的认可和赞同。其中，蕴含着强烈的民族情感，具体表现为对本民族的热爱，对本民族利益、语言、居住地域、历史习俗等的亲近和维护。国家是目前国际关系中最为重要的主体。没有国家主权，公民权利就无从谈起。然而，超越民族、国家主权概念容纳其他群体并不意味着要在现阶段取消民族和主权国家，而是跳出民族、国家的局限，打开主体与地域边界，形成一种范围更广泛、主体更加多元、包容国际环境正义与代际环境正义在内的共同体体系。这不是为了接纳而接纳，而是对于共同体变革、创新以及更趋合理性的再认识。

当今，改变在单一民族、国家框架下简缩环境疆界、简化主体身份的做法，确立环境正义多元共同体具有重要的时代意义。第一，建立环境正义多元共同体主体认知，有利于强化共享环境权利、共担环境义务，这不只是民族、国家边界内的特权，它同时也是人类整体视域下的正义。第二，承认更多环境正义共同体的成员资格，意味着在全球生态环境治理尤其是相关世界规则制定中，不仅要考虑民族、国别差异，也要考虑全球公共利益与世代环境人权。这就要求全球生态环境治理，要从狭窄的特定领域与具体问题中走出来，以一种更加具有综合性的价值观和策略展开行动，尽快改变现时众多国际环境条约间原则规则碎片化导致的约束力欠缺，以制衡一些国家以国家环境主权原则为借口逃避国际环境责任的做法。第三，在全球发展的新框架下，构建一个互利合作和共同发展的人类环境命运共同体。当今，没有哪个国家能够独自应对人类面临的生态挑战，也没有哪个国家能够退回到自我封闭的“孤岛”。各个国家要通过促进民族国家之间利害与共、和衷共济的平等交往方式，构建全球生态环境治理合力，实现双赢、多赢、共赢，根本扭转由支配—被支配不平等结构导致的零和博弈，杜绝有些地区和国家对待环境问题采取以邻为壑、只顾自身利益的做法。第四，环境正义共同体可持续发展，要坚持开放包容、互惠互利、合作共赢的合作机制。平衡生态环境治理中的共同利益，要以合作共赢、可持续发展与共同繁荣为原则；解决生态利益冲突，应以对话解争端、以协商化分歧。简言之，在当今，寻求共同利益和共同价值的新内涵是环境正义共同体构建的基石，建立多元价值上的价值共识是环境正义共同体稳定发展的精神动力，建立一个合理有效的保障机制是环境正义共同体可持续发展的制度保障。

总体来看，理解环境正义共同体，要将它置于更广泛的场域，在与共同体、正义共同体的密切联系中进行把握。一是具有内在同一性。它们都强调共同体成员之间的整体性、和谐性与共益性。无论这些属性是一种客观存在状态还是一种价值目标，无论是利益、共识还是相互支持，都彰显出这一存在体休戚与共的共生性。二是都离不开建设、培养和构建等人类目的性活动。这一类事关人与人之间关系的共同体，尽管以客观存在的历史条件为前提，但它并不是一种“自在”的客观实在或事实，而是人类通过自身实践活动建立起来的。例如，“中华民族共同体”是基于中华民族绵延数千年的历史演进而生成的客观的历史性存在；“人类命运共同体”是基于经济全球化历史进程所展示出的人类共同命运之愿景而提出来的全球努力方向，都重在“构建”。

第四章　环境正义的权利与义务问题

正义的形态丰富多样，确定环境正义的基本内容有多种思路。但是，遵循哪种逻辑能使这一问题得到更为严密或合理的阐释，恰恰是一个难题。那么，对这类具有多选性的问题，较为安全的方案就是坚持底线原则，厘清最不能少的构成是什么。那么，如果正义的核心是得其所应得，首先面对的就是如何“分”的分配正义问题，而怎样给予每个人以应得，涉及的就是程序正义问题，进而如何对已经发生了的不正义进行恢复与矫正，涉及的就是补偿正义问题。由此，分配正义、程序正义和补偿正义作为环境正义的基本内容就成为逻辑的必然。三者关系具有内在的统一性，无论是程序正义的事前保障，还是补偿正义的事后矫正，都是围绕着怎么“分”展开的。[①]这也表明，分配正义在环境正义基本内容中占据基础地位，是环境正义议题不可绕过的一块基石。

关于环境正义基本内容，学术界大致有四种划分方式：（1）分配正义、程序正义、矫正正义、社会正义。（2）程序正义和实体正义或实质正义，后者主要指分配正义。（3）参与过程的程序性正义和实质性正义。实质性正义不仅局限于分配正义，还应包含因承认缺失所导致的承认正义。（4）程序正义、地理正义和社会正义。概括而言，分配正义、程序正义作为环境正义最基本的内容得到了各派学者的多数承认。

---

① 关于补偿正义内容，本书没有单独成章，融在了“环境正义原则”一章补偿原则部分。

第一节　环境权利的公平分配

环境正义的核心内涵强调环境权利与环境义务的公平分配，这一共识决定了理解环境正义的前提在于必须厘清环境权利与环境义务。但目前对这一问题呈现出多样性的阐释，且存在多种话语体系和概念交叉、等同、混用现象，其中一个倾向就是将西方话语体系中环境善物与环境恶物等同于环境权利与环境义务。

一、对环境善物与环境恶物公平分配的辨析

从权利角度看，环境善物与环境恶物看似是自然或自在之物，实质上是作为一种特殊的环境利益与人产生关联，受益与受害在很大程度上受制于社会基本结构的影响和社会制度安排，在现实层面体现为由经济、政治、教育、法律等社会基本结构控制下的权利分配。换言之，环境善物与环境恶物作为利益与负担，皆可转化为由社会基本结构控制下的权利保障与义务履行。

西方一些学者把环境善物（Environmental Ggoods）视为由公共环境提供的"好处"。公平地分配环境善物应当关注与环境有关的收益和成本的分配。戴维·米勒（David Miller）提出"环境基本善物"的概念，它是被赋予积极价值的环境的一切方面。例如，人类生存和社会合作中必不可少的环境资源，包括臭氧层保护、河流、土地免受污染、空气和饮用水，还包括未被开发的自然环境的保护、濒临灭绝的物种的持续生存，如野生老虎，但它们不属于人类生存必需品，只是个人偏好且无法达成共识的环境善物。对这类环境善物进行保护，必须在形成公民共识的情况下才成为可能。"如果你成功了，人们就会想去保护老虎居住的自然环境，而这就成为一种真正的公共利益。相反，如果人们没有被说服，那么这种判断就不具备正义要求的依据：我不能基于确保老虎的居住地是一种公共利益而为我从事这种活动索取报酬，正如在市场情境中，我不能为生产了我认为对人们是有价值的、但人们并不想购买的东西索取报酬一样。"[①]这里反

---

① 戴维·米勒. 社会正义原则[M]. 应奇，译. 南京：江苏人民出版社，2001：219.

映出个人利益与公共利益存在可能的矛盾冲突，从这个意义上，对环境善物的分配确切涉及正义问题。

相反，环境恶物（Environmental Bads）是指发展经济所带来的环境风险及环境负担，本质上属于一种环境之害，它具有不确定性、不可感知的多种环境风险，包括空气、土地和水污染，有毒废弃物污染，放射性和化学性污染，全球变暖、酸雨、臭氧层耗竭等。其共同效应表现为给附近居民带来健康损害、经济损害及心理影响，导致居民房产贬值与否定性的自我评价。安德鲁·多布森认为，“正如社会正义是关于善物与恶物、利益与负担的分配，环境正义分配的对象也应该包括环境善物和环境恶物（以及作为其影响的环境利益和环境负担）两部分”①。与分配正义相联系，英国学者贝尔（Derek Bell）认为环境恶物包括有毒物质、环境危害、环境污染等，环境善物包括清洁的空气、其他基本的环境物品。②

显然，根据对人类生活的价值影响，环境善物与环境恶物分别归属于肯定性环境物品与否定性环境物品，它们囊括了所有自然之美与环境之害，包括因环境带来的好处和坏处、利益和负担、受益与受害，以及由此产生的截然不同的心理感受，前者表现为积极肯定；后者则是消极否定并凸显出不同程度的被剥夺感。事实上，环境正义运动是围绕有毒废弃物、污染、环境风险而进行的抗争，最初，环境正义公平分配主要是针对“环境恶物”如何被分担而言。但问题在于，把环境善物与环境恶物作为分配的对象且在个人之间进行分配，实践上面临相当大的不可操作性，例如，对于空气、水源、森林、土地这些公共性自然资源该怎么进行份额分配？对于废弃物处理、化学性污染特别是人类共同面对的酸雨、气候变化问题等环境危害又该如何按照一般物品进行比例分担？

为解决这一困境，需要建立新的解释框架，把环境善物与环境恶物的分配转化为由社会基本结构控制下的权利保障与义务履行。在“权利—义务”框架内，围绕“利益”这个核心点，把权利置于现实的利益关系加以检视。一方面，权利的实质是利益。利益是权利的基石，它能够给享有者带来益处。一项权利之所以

---

① Andrew Dobson. Justice and the Environment：Conceptions of Environmental Sustainability and Dimensions of Distributive Justice[M].Oxford：Oxford University Press，1998：74.

② Derek Bell. Environmental Justice and Rawls' Difference Principle [J]. Environmental Ethics，2004，26(3)：287-306.

成立，实质上是为了保护某种利益。那么，拥有一种权利，就意味着社会应当保护某个人拥有某种东西。然而，并不是所有的利益都是权利，只有被法律承认和保障的利益才能成为权利。进一步而言，权利是特定社会经济关系下，国家对人与人之间利益关系或利害冲突进行调节的一种历史产物。另一方面，利益是权利的另一表现形式，是权利现实化的结果，它体现了权利的真实性。权利尽管体现为利益，但与利益之间存在一定的转化关系。这一转化关系表现为权利具有可能性，利益具有现实性。或者，权利是可以实现但未实现的利益，利益是被实现了的权利。因而，权利有着应然权利和实然权利之分。实质上，环境正义所执诉求正是基于生态环境衍生的利益，是权利主体对由应然权利向实然权利转化的一种呼唤。

由此，把事关环境正义的多重表述复归于环境权利的保障与环境义务的履行，不仅完全切合环境正义的端起与目的，而且促使人们更加理性地审视环境正义与社会政治经济和文化状况的关联性。对此，马克思主义权利观为我们理解环境问题的权利属性提供了唯物史观理论基础与思想方法。马克思、恩格斯从社会存在出发，站在人类历史发展高度，通过对人类社会进程的深入考察，阐明了人类权利的本质，权利归根结底是由社会经济关系所决定的，是社会经济关系的一种法律表现形式。权利所具有的社会性、历史性、阶级性充分反映了这一本质。

第一，权利具有社会性。马克思在《哥达纲领批判》中指出："权利决不能超出社会的经济结构以及由经济结构制约的社会的文化发展。"① 这一重要论断是他对权利受制于经济结构这一特质所做出的最为明确的表达。这说明，权利无论是作为一种要求，抑或是一种政治主张，还是作为一种法定的资格，其产生、实现和发展，都必须以一定社会的经济条件为基础。在不同社会时期，社会关系不同，权利的内容也是不同的。一定社会的权利归根结底是由这种社会的经济基础决定的，权利不过是经济基础和经济关系在法律上和道德上的反映。而且，"权利只要脱离了作为它们的基础的经验的现实，就可以像翻手套一样地任意翻弄"。②权利既不是源于与生俱来的"天赋"，也不是主观自生，而是由社会历史条件所决定的，是一定社会经济发展的产物。

---

① 马克思恩格斯文集（第 3 卷）[M]. 北京：人民出版社，2009：435.

② 马克思恩格斯全集（第 27 卷）[M]. 北京：人民出版社，1995：26.

第二，权利具有历史性。既然权利的发展不可能超越特定社会的发展阶段，那势必意味着权利一旦生成并不是一成不变的，而是随着经济发展的变化不断发生变化。特定社会的生产力发展水平决定了其社会权利的发展水平，不同的社会形态具有不同的权利形态。例如，欧洲新航路的开辟和工业革命后，商品经济的迅速发展，确立了货币面前人人平等的原则，使得人们确立了对权利的普遍渴望和追求，追寻自由和平等的生活进一步催生了权利及其观念的诞生。作为权利主要内容的现代意义上的平等和自由所要求的生产关系，在古代世界还没实现，在中世纪也没实现，而是在资本主义社会实现的。对此，列宁指出："《资本论》一书已经证明，滋长自由平等思想的土壤正是商品生产。"[①]历史与现实表明，既不存在脱离社会发展水平的绝对权利，也不存在超越时空的抽象权利，现实的人拥有的权利只能是现实的权利。那么，从这一思想出发考察、说明环境权利分配内容以及分配形式，应牢牢把握其具体性、历史性时代内涵，深入分析所处社会的经济基础与上层建筑状况。

第三，权利具有阶级性。既然权利是人类社会一种利益关系的反映，在人类社会不同的历史时期和不同国家，权利的具体含义、内容以及代表的阶级利益各不相同，那么，也就不存在超阶级属性的权利。在阶级社会中，权利具有鲜明的阶级性。一方面，权利反映着一定阶级的利益，它是为特定阶级服务的。看似"超阶级"的自然权利所呈现出的权利的普遍平等性，不过是善良的愿望与表面的现象而已。事实上，阶级阵营的不同、经济地位的差异导致彼此的权利在本质上是不平等的。马克思、恩格斯在《德意志意识形态》中指出："个人自由只是对那些在统治阶级范围内发展的个人来说才是存在的，他们之所以有个人自由，只是因为他们是这一阶级的个人。"[②]这一论断充分表明，不同阶级在社会生活中所处地位不同，在生产关系中占有的生产资料不同决定了享有权利的不同。另一方面，不同的阶级基础决定了权利保障上的不平等，各项权利的保障体现出鲜明阶级性。正义的核心在于平等，它要求社会中的所有人都必须得到同等关心和对待，所有的人都必须成为政治社会真正平等的成员。然而，权利的阶级特性使权利保障同样表现出事实上的不平等。对于合同上的平等与现实上的不平等，恩格

① 列宁全集（第 27 卷）[M]. 北京：人民出版社，1984：413.
② 马克思恩格斯文集（第 1 卷）[M]. 北京：人民出版社，2009：571.

斯指出："劳动契约据说是由双方自愿缔结的。而只要法律在字面上规定双方平等，这个契约就算是自愿缔结。至于不同的阶级地位给予一方的权力，以及这一权力加于另一方的压迫，即双方实际的经济地位——这是与法律毫不相干的。"①显然，在社会经济地位差异的阶级阵营之间，对于弱势群体而言，平等的权利关系既不可能自动实现，也不可能真正实现，因为在权利冲突的背后隐藏着巨大的阶级差异与由此造成的社会分裂。当今，若要更好地审视生态环境保护方面国际格局的变动，特别是发达国家与发展中国家之间的环境平权，离不开运用阶级分析的方法辨析权利的分配差异。

二、环境权利的核心内涵

迄今为止，环境权利最为权威与经典的定义源自 1987 年世界环境与发展委员会关于人类生存环境和发展的著名报告《我们共同的未来》中的表述："认识和保护今世和后代人生活在对健康和福利都适宜的环境中的权利。"②这一表述充分揭示了环境权利的核心内涵。环境权利表现为每个人对充分实现其健康和福利的环境享有的一种基本权利。

但是，在环境权利日益成为新兴权利的态势下，怎样解释"健康"特别是"福利"依然存在不同的理解。比较常见的争议点表现在将环境权利止步于免除遭受环境污染与环境风险对生存和健康的伤害，从而，"不受污染""无害"成为是否具有环境权利的判断标准。这种观点之所以值得商榷，是因为它只注重污染伤害与权利诉求的底线原则，而忽略了更高等级的权利。

第一，污染伤害最低原则导致权利保障不平衡、不充分。环境恶化构成了对国际承认人权的直接违犯。各种有毒有害污染、工业废弃物的不当处理，成为对人类健康和福祉直接、间接损害的重大诱因，对环境利益造成重大而持续的威胁。所以，把免予污染和伤害置于人权同等地位尤为重要。可是，人类健康和福祉的充分性包含但又不限于免除污染。在实践中，环境侵权范围已远远超出"免除污染"这一最低限度，除了表现为导致人身损害和财产损害这些直接后

---

① 马克思恩格斯全集（第 28 卷）[M]. 北京：人民出版社，2018：91.

② 世界环境与发展委员会. 我们共同的未来[M]. 王之佳，柯金良，等，译. 长春：吉林人民出版社，1997：10.

果以外，享受更多优质生态产品以及安全感、获得感与幸福感的权利同样受到挑战与损害。如果说权利之特质在于给所有者以利益，那么仅以“免除污染”作为环境权利保护范围，必然产生因概念过窄而导致权利保障不平衡、不充分的状况。

第二，权利诉求最低原则不符合人类对美好生活的向往与追求。“免除污染”体现了人类权利诉求的最低尺度。然而，人类对美好生活的向往与追求具有多维内涵与层级。诗意地栖居于大地之上不仅是人类追求美好生活的本性，也是人类健康、文明生活的一个重要尺度和高级人生价值的体现。赋予环境权利更加丰富、更加现代化的内涵，事关与更多优质生态产品相关的多元环境价值，诸如精神、文化、美感的价值，将它们置于人类健康和福祉这一议题之下作为对环境权利所涉内涵的扩充与发展，既是对环境权利理论逻辑的把握，更是对人类权利诉求心理逻辑的深刻认知。每个人对充分实现其健康和福祉的环境享有一种基本的权利，意味着对这项权利给予保护不可置疑地符合人类的普遍利益，意味着环境权利或福祉应当超越保证生命和健康的最低限度，而将享有更多优质生态产品的权利不可分割地纳入环境权利清单之中，使免受污染与享受更高级的优质生态产品共同成为环境权利的内涵。

第三，赋予环境权利更为丰富的内涵不会助长对生态环境的破坏。强调环境权利并不暗含着对自然界的漠视、剥削，甚至加剧环境损害。相反，提升环境权利，让自然的恩泽以及生态环境治理成果惠及每一个人，势必要实行更为严格的环境保护标准，从而使环境保护与人类福祉处于相互促进、相互作用的良性循环。环境权利的核心原理在于主张人类的环境利益，为此，必须反对盲目追求经济发展而罔顾对自然环境负面影响的权利滥用。在这种背景下，人类环境权利意义上的“环境”，就不再是简单地作为人类的一种资源福利，确切地说，它是人类生活内在的有机部分。因此，维护环境权利是推进环境保护的重要手段，严格的环境保护是实现环境权利的重要保障。

三、环境权利的实质

环境权利实质上是人类基本人权的重要组成部分。正视环境权利具有真正的人权与法定地位已在世界范围内获得了广泛的权利认同。环境权利要从根本上得到切实的尊重和保障，就必须以人权的理论视域赋予“环境权利”

新的阐释，它事关在何种意义上确定环境权利在环境正义理论与实践进程中的地位与作用，是解决环境权利公平分配的合法基础、发展进程和建设成效的重要问题。

首先，环境权利是人类基本人权的重要内容。

从学术界探讨来看，法国人权学者卡雷尔·瓦萨克（Karel Vasak）首先提出了三代人权理论[①]。他以时间为轴，以人权的历史发展阶段为视角，以人权的代际分析为特点，认为1789年的法国大革命产生了以公民权利和政治权利为主要内容的第一代人权，20世纪初俄国的十月革命促进了以经济、社会和文化权利为主要内容的第二代人权，20世纪五六十年代殖民地和被压迫人民的解放运动促进了以民族自决权、发展权、和平权、环境权等为主要内容的第三代人权。瓦萨克认为，三代人权对应着法国大革命时提出的自由、平等、博爱三大理念，其人权类别可以称为自由权利、平等权利、社会连带权利。从推动主体角度来看，也有学者将其分别称为第一世界人权、第二世界人权、第三世界人权。瓦萨克的三代人权说所指代的不同内涵，揭示了对人权认识的发展过程以及人权发展的历史进程，特别是环境权利作为第三代人权主要内容的观点，为我们理解环境权利的人权性质带来很大的启发。从国际认知来看，环境权利是人类基本人权的重要内容业已成为国际社会的共识。国际社会对环境权利的关注始于20世纪70年代。随着工业化的进程，西方国家生态环境日益恶化并严重威胁到人们的健康和生存质量，促使人们对环境权利的关注与日俱增，环境权利因此走进国际社会建章立制的视野。

第一，国际社会把环境权利作为一种基本人权在法律体系中确定下来。1970年，国际社会科学评议会在日本东京举行的公害问题国际座谈会上发表的《东京宣言》，首次建议把"人人享有不损害其健康和福利之环境的权利"作为一种基本人权在法律体系中确定下来。[②]1972年，具有广泛影响的联合国第一次人类环境会议通过的《人类环境宣言》明确指出："人类环境的两个方面，即天然和人为的两个方面，对于人类的幸福和对于享受基本人权，甚至生存权利本身，都是

---

① 南开大学人权研究中心课题组，常健. 当代中国人权的实践基础与理论创新——迈向发展主义的人权结构学说[J]. 人权，2021（1）：22-48.

② 杨通进. 生态公民论纲[J]. 南京林业大学学报（人文社会科学版），2008（3）：13-19.

必不可缺少的”，“人类有权在一种能够过有尊严的和福利的生活环境中，享有自由、平等和充足的生活条件的基本权利，并且负有保护和改善这一代和将来的世世代代的环境的庄严责任”。[①]尽管《人类环境宣言》并非一个强制性的法律文件，但其提倡的理念却逐渐传播开来。1973 年，维也纳欧洲环境部长会议上制定的《欧洲自然资源人权草案》也将环境权利作为一项新的人权加以确立，并将其作为《世界人权宣言》的补充。

第二，环境人权的基本内涵得到确认。1987 年，世界环境与发展委员会的著名报告《我们共同的未来》进一步把环保主义目标确定为对既有人权话语的一种延伸，并且提出了迄今为止最为权威经典的环境权利表述："各国政府需要在现有的国家的和国际的环境法规方面填补主要的空白，寻找途径认识和保护今世和后代人生活在对健康和福利都适宜的环境中的权利。”[②]这一权利日渐扩展为“免予污染环境恶化以及有害于环境或者威胁生命、健康、生活、福祉或者可持续发展的活动”等涵盖众多环境议题的权利[③]，包括对人类福祉来说充分的健康和安全的食物和饮水，健康和安全的工作环境，安全、健康和生态良好的居住条件，以及保护自然环境或者可持续地利用自然资源使每个人都公正地受益等基本权利。此外，1989 年《联合国儿童权利公约》第二十四条规定“享有可达到的最高标准的健康”是儿童的一项权利，要为儿童“提供充足的营养食品和清洁饮水，要考虑到环境污染的危险和风险”。虽然《联合国儿童权利公约》针对的是儿童群体，但其重要性却具有普遍意义，它进一步推动了环境权利由最初一种与环境保护相关联的隐性诉求，迅速发展为包含环境人权理念的权威声明。1992 年，联合国环境与发展大会通过的《21 世纪议程》第 6 章第 40 款明确提出各国环境保护“总体目标是减少公害和维护环境，使人类健康和安全不受减损或危害”。[④]作为 20 世纪 90 年代国际环境保护最重要的进展，《21 世纪议程》极大地推动了“享受良好环境

① 田青，胡津畅，刘健，等，编译. 环境教育与可持续发展的教育 联合国会议文件汇编[M]. 北京：中国环境科学出版社，2011：1-2.

② 世界环境与发展委员会. 我们共同的未来[M]. 王之佳，柯金良，等，译，长春：吉林人民出版社，1997：10.

③ 蒂姆・海沃德. 宪法环境权[M]. 周尚君，杨天江，译. 北京：法律出版社，2014：20-21.

④ 国家环境保护局译. 21 世纪议程[M]. 北京：中国环境科学出版社，1993：38.

并进行支配的权利”这一人权议题，产生了持续影响。除此之外，该议程对保障公众环境参与权给予了实质性的支持，要求“建立或改善机制，促使有关个人、团体和组织参与各级决策”①，提倡在国家层面上，提供每个人获得社区中环境方面有害物质和有害活动的信息，并且保障利益相关者在当地环境政策制定过程中的参与机会。由此，环境权利逐渐成为世界范围的人权理念与道德共识，各国政府纷纷把环境权利理念纳入政策之中，将经济活动与环境责任和可持续发展相结合，也成为政府和公众对企业的新关切。

其次，世界多国确认了环境权利的法定地位。

一方面，多个国家通过宪法的形式确认环境权利的法定地位。

·《大韩民国宪法》（1987 年修改）第三十五条规定：“所有国民享有舒适生活环境的权利，国家和国民均享有保护环境的义务。”②

·《土耳其宪法》（2010 年修改）第五十六条规定：“每个人都有权在健康和生态平衡的环境中生活。改善自然环境、防止环境污染是国家和公民的义务。”③

·《菲律宾宪法》（1987 年通过）第二条第十六个原则规定：“国家保障和促进人民根据自然规律及和谐的要求，享有平衡和健康的生态环境的权利。”④

·《朝鲜民主主义人民共和国宪法》（2009 年修改）第三章第五十七条规定：“国家使环境保护措施先行于生产，保护和改善自然环境，防止环境污染，为人民创造文明卫生的生活环境和劳动条件。”⑤

·《波兰共和国宪法》（1997 年通过）第二章第七十四条规定：“1. 公共机构应执行确保代际生态安全的政策。2. 环境保护是公共机构的义务。3. 人人享有环境质量与环境保护方面的知情权。4. 公共机构应支持公民保护并提高环境质量的活动。”⑥

·《俄罗斯联邦宪法》（2008 年修订）第二章第四十二条规定：“人人都有享

---

① 国家环境保护局译. 21 世纪议程[M]. 北京：中国环境科学出版社，1993：59.
② 朱福惠，王建学. 世界各国宪法文本汇编. 亚洲卷[M]. 厦门：厦门大学出版社，2012：164.
③ 朱福惠，王建学. 世界各国宪法文本汇编. 亚洲卷[M]. 厦门：厦门大学出版社，2012：642.
④ 朱福惠，王建学. 世界各国宪法文本汇编. 亚洲卷[M]. 厦门：厦门大学出版社，2012：189.
⑤ 朱福惠，王建学. 世界各国宪法文本汇编. 亚洲卷[M]. 厦门：厦门大学出版社，2012：154.
⑥ 朱福惠，绍自红. 世界各国宪法文本汇编. 欧洲卷[M]. 厦门：厦门大学出版社，2013：156.

受良好环境、获得环境状况可靠信息的权利。因生态环境违法行为导致健康和财产受到损害的人有获得赔偿的权利。”①

· 法国《环境宪章》(2004 年)规定:

第一条:人人有权在一个平衡的和不妨害健康的环境里生活。

第二条:每一个人都负有义务参与环境的维护和改善。

第三条:每一个人,在法律规定的条件下,都应当预防其自身可能对环境造成的损害,或者,如果未能预防时,应当限制损害的后果。

第四条:每一个人都应该根据法律规定的条件为其自身对环境造成的损害分担赔偿。②

·《葡萄牙共和国宪法》(1976 年通过)第一编第三章第二节第六十六条规定:“人人都享有有益健康与生态平衡的生活环境的权利,同时有保护生态环境的义务。”③

·《西班牙宪法》(1978 年通过)第一编第三章第四十五条规定:“ 1.人人有权享有并有义务维持适合个人发展的环境。2. 政府应当出于保障和改善生活质量、保护并恢复环境之观念,通过依靠必不可少的公共支持,对所有自然资源的合理使用进行监督。”④

除国家宪法做出相关规定外,美国一些州如宾夕法尼亚州宪法第一条第 27 款也规定:“人民拥有享有清洁的空气和水与保存环境的自然的、风景的、历史的和美学的价值的权利。宾夕法尼亚州的公共自然资源是全体人民包括其后代的共同财产。作为这些财产的受托人,州政府必须为全体人民的利益而保护和保持它们。”⑤其中,对环境权利所属自然的、风景的、历史的和美学价值的多元内涵规定,相较于“健康的良好环境”“适于人发展的环境”“健康而舒适的环境”等表述,提供了更为清晰、丰富、确定的权利空间。

另一方面,各国采取环境立法和政策制约的形式确认并保障公民的环境权利。

---

① 朱福惠,绍自红. 世界各国宪法文本汇编. 欧洲卷[M]. 厦门:厦门大学出版社,2013:214.

② 朱福惠,绍自红. 世界各国宪法文本汇编. 欧洲卷[M]. 厦门:厦门大学出版社,2013:238.

③ 朱福惠,绍自红. 世界各国宪法文本汇编. 欧洲卷[M]. 厦门:厦门大学出版社,2013:426.

④ 朱福惠,绍自红. 世界各国宪法文本汇编. 欧洲卷[M]. 厦门:厦门大学出版社,2013:548.

⑤ Pennsylvania Constitution[DB/OL]. https://www.paconstitution.org/texts-of-the-constitution/.

·美国《国家环境政策法》(1979 年)规定：每个人都可以享受健康的环境，同时每个人也有责任参与对环境的改善与保护。

·《法国环境法典》(1998 年)第一百一十·二条规定：每位公民均有权拥有一个有益于健康的良好环境，并且由他们确保城市和乡村地区之间的平衡与协调发展。

·《日本环境基本法》(1993 年)第三条规定：把环境作为得天独厚的资源维持在正常的水平上，是人类健康的文化生活所不可缺少的。①

·《韩国环境政策基本法》(1990 年)第六条规定：所有国民都享有在健康而舒适的环境中生活的权利，并应协助国家及地方自治团体的环境保全对策的实施，也应为环境保全而努力。

·墨西哥《生态平衡和环境保护基本法》(1988 年)规定："所有人都有权享受一个健康的环境。"②

综上所述，虽然各主体对环境权利表述不一，但集中反映了以下共同诉求。其一，享受良好环境并进行支配的权利是一项基本的人权和法定权利，并获得了基本承认。其二，不仅国家具有保障和促进人民享有优质环境权利的基本责任，全体国民或个体之间同样具有保护环境、改善环境、维护他人以及后代环境权利的义务。其三，各国法律均要求必须妥善实施环境保护，使当代人和后代人能在世世代代正常享受得天独厚的环境资源的同时，把作为人类存续基础的环境维持到永远的将来。

在我国，环境权利日益成为全体中国人民人权的重要组成部分。制订国家人权行动计划是中国政府落实尊重和保障人权宪法原则，推进经济、政治、社会、文化和环境权利保障的一项重大举措。我国首部《国家人权行动计划（2009—2010 年）》将"环境权利"纳入人权范畴，规定要"创造有益于人类生存和持续发展的环境，努力建设资源节约型、环境友好型社会，保障公众环境权益"。③这是环境权利在我国进入人权保护视野的重要标志。《国家人权行动计划（2012—

① 赵国青. 外国环境法选编：第一辑[M]. 北京：中国政法大学出版社，2000：6，619，978，979.

② 赵国青. 外国环境法选编：第一辑[M]. 北京：中国政法大学出版社，2000：236.

③ 国务院新闻办公室. 国家人权行动计划（2009—2010 年）[M]. 北京：外文出版社，2009：16.

2015 年）》在“经济、社会和文化权利”部分明确强调：“继续把保障人民的生存权和发展权放在首位。采取积极措施，切实保障和改善民生，着力解决关系群众切身利益的问题，提高经济、社会和文化权利保障水平，努力使发展成果惠及全体人民”，而且要“采取积极措施，更有效地保障全体社会成员的工作权利、基本生活水准权利、社会保障权利、健康权利、受教育权利、文化权利、环境权利，努力使全体人民学有所教、劳有所得、病有所医、老有所养、住有所居，使发展成果更好地惠及全体人民”。[①]可见，环境权利具有与经济、社会和文化权利相当的地位，成为全体社会成员受到保障的切实人权之一。同时，该计划对环境权利具体内容做出进一步规定，提出“加强环境保护，着力解决重金属、饮用水水源、大气、土壤、海洋污染等关系民生的突出环境问题，保障环境权利”。[②]环境权利成为国家人权行动计划确定的尊重、保护和促进人权目标和任务中的重要组成部分。随后，《国家人权行动计划（2016—2020 年）》规定：“将增进人民福祉、促进人的全面发展作为人权事业发展的出发点和落脚点，维护社会公平正义。在实现中华民族伟大复兴中国梦的征程中，使全体人民的各项权利得到更高水平的保障。”[③] 自 2009 年以来的三期国家人权行动计划之后，我国继续依据国家尊重和保障人权的宪法原则，遵循《世界人权宣言》和有关国际人权公约精神，立足促进人权事业全面发展，在《国家人权行动计划（2021—2025 年）》“环境权利”部分规定：“加快推动绿色低碳发展，改善生态环境质量，不断满足人民群众日益增长的优美生态环境需要，促进人与自然和谐共生。”[④] 尤其是，将促进全体人民的自由全面共同发展作为人权事业发展的总目标，“坚持以人民为中心，将满足人民对人权保障的新需求作为奋斗方向”[⑤]，让人民有更好的教育、更稳定的工作、更满意的收入、更可靠的社会保障、更高水平的医疗服务、更舒适的居住条件、更优美的环境，让每个人都能更有尊严地发展自我和奉献社会，共同享有人生出彩的机会，共同享有梦

---

① 国务院新闻办公室. 国家人权行动计划（2012—2015 年）[M]. 北京：人民出版社，2012：3-4.

② 国务院新闻办公室. 国家人权行动计划（2012—2015 年）[M]. 北京：人民出版社，2012：17.

③ 国务院新闻办公室. 国家人权行动计划（2016—2020 年）[M]. 北京：人民出版社，2016：1.

④ 国务院新闻办公室. 国家人权行动计划（2021—2025 年）[M]. 北京：人民出版社，2021：32.

⑤ 国务院新闻办公室. 国家人权行动计划（2021—2025 年）[M]. 北京：人民出版社，2021：3.

想成真的机会，通过增进人民福祉，促进人的全面发展。换言之，2021—2025 年是中国在全面建成小康社会、实现第一个百年奋斗目标之后，乘势而上开启全面建设社会主义现代化国家新征程、向第二个百年奋斗目标进军的第一个五年，全面建设社会主义现代化国家是中国人权事业发展的新起点，人民环境权利得到更加切实尊重和保障具备了多方面的优势和条件。

除此之外，我国陆续出台了一系列有利于维护环境权利的法律法规、规章制度和公共政策，实行最严格的生态环境保护制度，构成了“源头严防、过程严管、后果严惩”的生态文明建设治理制度框架。其中具有标志性的举措是 2017 年国务院印发了《关于禁止洋垃圾入境　推进固体废物进口管理制度改革实施方案的通知》，它宣示了中国固体废物进口管理制度改革的加速推进，明确提出了 2019 年年底前我国实现固体废物全面禁止入境的目标。这一方案有效地促进了我国生态环境质量改善，从根本上解决了输入性危险废弃物导致的公众健康问题和环境危害。对此，联合国副秘书长兼联合国环境署执行主任埃里克·索尔海姆表示，“我们应将中国的决定视为中国政府为中国人民提供的优质服务，以及对世界其他国家的唤醒”。①这些政策和制度的出台，反映出我国对环境治理的认识由生态环境破坏问题转向更深层次的环境权利与环境义务公平分配问题，走出了一条符合我国国情的保障环境人权的发展道路，使适合我国国情的生态文明制度体系更加完善。2018 年，习近平总书记在纪念《世界人权宣言》发表 70 周年座谈会的贺信中指出：“人民幸福生活是最大的人权”，中国“奉行以人民为中心的人权理念，把生存权、发展权作为首要的基本人权，协调增进全体人民的经济、政治、社会、文化、环境权利，努力维护社会公平正义，促进人的全面发展”。②这一论断深刻揭示了我国人权的基本内涵，标志着环境权利作为人权的重要内容更加鲜明地进入我国人权保护视野。环境权利作为全体中国人民人权的重要组成部分，在维护公平正义、促进人的全面发展中占据基础地位并发挥导向作用。党的十九届五中全会提出“十四五”时期经济社会发展要以推动高质量发展为主题，“新时代新阶段的发展必须贯彻新发展理念，必须是高质量发展”，而且“经济、社会、文化、生态等各领域都要

① 李金惠，郑莉霞. 挡住洋垃圾惠及全世界[N]. 人民日报，2018-07-14（10）.

② 习近平谈治国理政（第 3 卷）[M]. 北京：外文出版社，2020：288.

体现高质量发展的要求”。[①]这些重要举措和论述，意味着中国人民环境权利实现更加充分更高质量的发展有了根本保证，意味着新时代中国特色社会主义生态文明建设形成了生态文明建设实现新进步与全体人民环境权利达到新水平双向互动、相互促进的新发展格局。

最后，生存权、发展权是首要的基本人权。

把环境权纳入人权保障视野，其前提条件是必须明晰人权所言内涵。人权是人之为人的权利。人作为人，首先要保障的是人的生命的存续即人的生命权问题。在这个逻辑起点上，所要尊重和保障的人权就是人的生存权和发展权。人的其他权利，如经济、社会和文化权利，公民和政治权利等，都是在维护和保障人的生存权和发展权中产生的。生存权旨在保障人人享有相当水准的生活，有权享有生命、自由和人身安全。尊重和保障生存权是保障人权的出发点。生存权因人的生存诉求而起，重在解决消除贫困，使人享有基本的生活保障。只有先解决生存问题，才能追求更好更全面的发展。发展权则包括诸多如经济、政治、社会、文化等领域与发展相关的权利，重在持续不断地提高所有人的福祉。二者相互依赖、相互制约、相互作用。一方面，生存权是发展权的基础。生存权保障水平的提升为促进和享受发展权夯实了现实基础。如果生存权保障不力，就会阻碍发展权的实现。因此，提升生存权保障水平是实现发展权的前提。另一方面，发展权是生存权这一基础性人权的逻辑延伸。发展权保障水平的提升也会带动生存权保障水平的进一步提升。

换言之，人权的核心要义就是人人都有过幸福安康生活的权利，它要求以人为本、以善养人。那么，改善生存权的保障水平，应更多关注社会中处于弱势地位的社会群体，缩小贫富与社会差距；改善发展权的实现水平，应给予社会成员更多的自由和公平机会，建立公正合理的规则促进实现人的自由全面发展。

我国坚持以人民为中心的人权理念，“始终把生存权、发展权作为首要的基本人权，协调增进全体人民的各项权利，努力促进人的全面发展”。[②]一方面，坚持生存权、发展权是首要的基本人权。多年来，我国始终把保障人民生存权、实现人民的发展权作为第一要务，不断解放和发展生产力，致力于消除贫困，提高

① 习近平谈治国理政（第 4 卷）[M]. 北京：外文出版社，2022：113-114.

② 国务院新闻办公室. 为人民谋幸福：新中国人权事业发展 70 年[M]. 北京：人民出版社，2019：2.

发展水平，为保障人民各项权利的实现创造了基础条件。《为人民谋幸福：新中国人权事业发展70年》指出："生存权利的有效保障、生活质量的不断提高，是享有和发展其他人权的前提和基础。"[①]这一宣言说明，贫穷是实现人权的最大障碍，消除贫困是中国人权保障的重中之重。没有物质资料的生产和供给，一切权利都是空中楼阁。另一方面，通过发展实现更加充分的人权保障。如何解决好温饱问题，并在解决温饱的基础上实现更好的发展，顺应各族人民过上美好生活的新期待，使人民生活得更加幸福，这是我国坚持以生存权和发展权为主导的人权发展战略的落脚点。当前，中国已经进入高质量发展阶段，社会主要矛盾已经转化为人民日益增长的美好生活需要和不平衡、不充分的发展之间的矛盾，人民对美好生活的向往更加强烈，对人权保障的要求不断提高。对此，我国努力通过发展增进人民福祉，实现更加充分的人权保障，在推动经济社会又好又快发展的基础上，依法保障全体社会成员平等参与、平等发展的权利。这一保障行动具体表现为五个"平等保障"：促进对农村居民与城市居民权利的平等保障；促进对东西部居民权利的平等保障；促进对不同性别主体权利的平等保障，致力于消除性别歧视，保障女性与男性平等享有各项权利；促进对少数民族权利的平等保障；促进各类弱势群体的权利得到平等保障，使他们能以平等的地位和均等的机会充分参与社会生活，共享发展成果。通过五个"平等保障"每个人都能平等享有各项人权，在根本上体现人权保障的平等性。

四、环境权利的基本构成

基于以上分析，把环境权利作为人权当代内涵的重要内容，以生存权、发展权为分析框架，狭义上的环境权利包含环境生存权和环境发展权这两个实质性环境权利；而广义上的环境权利是指与环境有关的权利，包括上述实质性环境权利与公民参与国家环境管理的程序性环境权利。程序性环境权利主要包括环境知情权、环境参与权和环境监督权，它既是环境权利的深化，也是实现环境权利的措施、制度和途径。换言之，公民环境权利是实质权利与程序权利的统一。这里，主要对环境生存权和环境发展权进行阐释。

---

① 国务院新闻办公室. 为人民谋幸福：新中国人权事业发展70年[M]. 北京：人民出版社，2019：11.

首先，环境生存权是人类最基本的环境权利。

环境生存权是指人类享有在清洁和健康的环境中生活的权利，如清新的空气、清洁的水源、有利于身体健康的无污染的居住环境，其本质特征表现为环境资源要素对人体健康的非损害性。

生存权与环境资源的密切关系已得到国际社会的一系列公认。生存权概念最早由奥地利法学家安东·门格尔（Anton Menger）于1886年在《全部劳动权史论》中提出。门格尔认为，社会财富的分配应确立一个使所有人都能获得与其生存条件相适应的基本份额的一般客观标准，社会成员根据这一标准具有向国家提出为维持自己生存而必须获得的物和劳动的要求的权利，这种由个人按照生存标准提出而靠国家提供物质条件保障的权利就是生存权。①进入20世纪和21世纪，对生存权的内涵探讨更趋深入，亨利·舒（Henry Shue）认为安全、自由和生存是人类的三大基本权利并构成了人类的道德底线；詹姆斯·格里芬（James Griffin）认为自主、自由和生存作为最低限度的规定性要求构成了“最高层次”的人权；詹姆斯·尼克尔（James Nickel）认为生存权和基本教育权及基本健康照料权都是社会权利，它们涉及最低限度的、有尊严的人类生活的能力，因此属于最基本的人权。②1948年12月，联合国大会通过的《世界人权宣言》第三条规定：“人人有权享有生命、自由和人身安全。”③第二十五条第1款规定：“人人有权享受为维持他本人和家属的健康和福利所需的生活水准，包括食物、衣着、住房、医疗和必要的社会服务。”④《经济、社会及文化权利国际公约》第十一条第1款规定：“本公约缔约各国承认人人有权为他自己和家庭获得相当的生活水准，包括足够的食物、衣着和住房，并能不断改进生活条件。”⑤在国际社会，生存权或生活的权利是“最具有肯定性”的基本权利已经成为共识，并包括在强制执行的国际准则中，不容任何贬损，表现为故意

---

① 徐显明. 生存权论[J]. 中国社会科学，1992（5）：39-56.

② 马原，常健. 生存权与发展权之间良性循环研究[J]. 人权，2021（3）：24-37.

③ 程味秋，杨诚，杨宇冠，等. 联合国人权公约和刑事司法文献汇编[M]. 北京：中国法制出版社，2000：81.

④ 程味秋，杨诚，杨宇冠，等. 联合国人权公约和刑事司法文献汇编[M]. 北京：中国法制出版社，2000：84.

⑤ 程味秋，杨诚，杨宇冠，等. 联合国人权公约和刑事司法文献汇编[M]. 北京：中国法制出版社，2000：113.

剥夺该权利或不采取积极措施保障该权利的违法者负有法律责任。那么，生存权作为环境生存权的立论基础，环境生存权作为生存权的当代内涵，为人类生存和生活与环境的关系做了最好的注脚，因为安全环境质量不仅是人类存在和发展的基础，也是人类存在和发展的内容本身。不遭受环境污染和环境风险对生存和健康的伤害，享受为维持本人和家属的健康所需的安全环境质量，无疑是满足生存基本需要的“基本有用物品”“基本的善”[①]。毋庸置疑，趋利避害是人的本性，在人的所有欲望中，生存的欲望处于最优先的地位。任何环境权利主体，无论阶层、地域、性别都期望拥有一个有利于健康从而惠及生命繁衍的环境权利，并且盼望这种权利受到来自国家和社会的保障；对任何一个国家而言，有效保障公民生存环境的基本需求和健康权都是一项最基本和最重要的任务。而且，对维持人基本生存的这些资源或条件的分配公正与否，体现出在国家和社会生活中基本公平正义是否得到了实现。

显然，作为环境生存权，它预设并要求保障环境共有物不被污染以维护人类维持无害生存的可能性。其一，环境生存权是满足人类生存需要的最具有肯定性的基本权利。作为环境权利最起码的权利诉求，不遭受因环境污染和环境风险造成的对生存和健康的伤害，享有为维持本人和家属的健康所需的安全环境，是满足社会各阶层基本生存需要的必然要求，一旦疏于保护，人类的生存将会面临威胁。其二，坚持环境生存权面前人人平等。针对社会所有成员的“不偏袒性”“非歧视性”是这一平等的核心。生态环境是为人类全体共享、共有的生态整体。环境公共物品具有共同性与非排他性的特点，空气、水源等自然环境要素不是个人的自由财产，而是属于全体人类所必需的共用财产。这就意味着环境生存权是无涉阶级、地域、文化、种族的一种应有人权，是人按照其自然本性所应当享有的自明性的权利，是一种具有普遍性的最低生存要求的代言和人权标识。由此，不能因为身份不同而区别对待，更不能允许“强者受益，弱者受害”的非公正待遇，所有环境主体均享有在不受污染和破坏的环境里生存的权利。其三，保障环境民生。环境问题不仅是经济发展问题，也是重要的民生问题。环境污染威胁着人类生命与健康，影响着人类生存与发展的民生现实需要，甚至危害着社会稳定与公

① 权利和自由、权力和机会、收入和财富以及自尊是每个有理性的人都想要的东西，而不论一个人的合理生活计划是什么。参见约翰·罗尔斯. 正义论[M]. 何怀宏，等，译. 北京：中国社会科学出版社，2003：87-88.

众幸福的民生根本目标。解决环境污染与稳定幸福生活之间的矛盾，就要保障、维护和发展公众基本的环境权益。发展经济是为了民生，保护生态环境同样也不能无视民生。以“环境民生论”作为环境权利价值目标，并把改善环境民生、维护和保障每个人免予污染视为环境权利的首要内容，是尊重和保障环境人权以实现社会公平正义的重要体现。

其次，环境发展权是人类享有更为丰富的优质生态产品权利。

环境发展权作为发展权的当代内涵，强调每个人均有权参与、促进并享受环境发展。“福利的不断完善”是这一权利的核心内涵；提供更多优质生态产品以满足人类日益增长的优美生态环境需要，使环境权利得到更高水平的保障是这一权利的基本要求；递进性与高阶化是这一权利的基本特征。如果说环境生存权注重“免除污染”，那么环境发展权则强调舒适、审美和文化价值属性。毕竟，环境问题上的公平正义，绝非仅仅保护人们免受污染等环境损害，更重要的是保障人类共享优质环境的权利。

具体而言，环境发展权具有下列基本特点。

第一，环境发展权作为更高一级的社会权利，所涉环境福祉指享有更为丰富的优质生态产品。一方面，优质生态产品指人类赖以生存和发展的优质自然资源，即天空、森林、草原、湿地、湖泊、河流、海洋等生态空间的山清水秀，这一点已成为人们的共识。另一方面，优质生态产品还包括人类赖以生存和发展的社会生活空间的宜居适度，表现为绿色与文化相结合，生态与生活相统一，而这一点常常为人们所忽略。社会生活空间的宜居适度不仅意味着让城乡融入大自然，让人望得见山、看得见水、记得住乡愁，还要传承优秀文化，延续历史文脉，保存地域特色、彰显民族特点。如果享用这种健全而又富饶的环境“恩泽”，那么，养护自然和保护具有历史或艺术意义的文化价值环境，保护生命的自然基础和人居环境的人文意蕴，理应首先成为各个国家和国民应做的努力。对于优质环境的标准，日本学者宇都宫深志以城市为标的，将环境质量分为安全、卫生、舒适性、历史文化、艺术美由低至高五个层次①。具体而言，安全关系到人们的生存、生命维持与健康；卫生指直接关系到人的健康的公害问题，如废弃物、污水、大气污染、噪声、放射性污染等；舒适性指环境要宁静、美丽；历史文化则强调

---

① 宇都宫深志. 城市的环境质量与阿美尼梯行政的开展. 民法和环境法的诸问题[M]. 加藤一郎，王家福主编. 北京：中国人民大学出版社，1995：122.

环境要保存历史和文化的印记；艺术美是环境质量的最高层次。这种划分说明优质环境质量包含不能用市场价格简单衡量的各种因素，“包括自然、历史文化遗产、街道、风景、地域文化、社区团体、风土人情、地区的公共服务（教育、医疗、福利、防止犯罪等）、交通的便利性等”。[①]不难看出，这些阐释蕴含着环境质量的多元内涵。

第二，环境发展权是一项普遍的不可剥夺的人权。发展权是参与、促进并享受经济、社会、文化、环境和政治发展的权利，包括平等参与发展权利、促进发展权利、平等享有发展成果权利。在发展权的框架下，环境发展权要求任何国家和个人发展机会均等，人人享有平等的发展权利以及优质环境资源的公平分配；所有人都有为生态文明建设做出贡献的权利，既是推进生态文明发展的力量，也是发展的受益者；各国采取一切必要措施确保所有人公平分配由发展所带来的环境福利，不得剥夺任何主体得益于发展的权利。

环境发展权作为一项“发展”权利，同样获得了诸多国际承认。1970 年联合国人权委员会委员卡巴·穆巴耶在一篇题为《作为一项人权的发展权》的演讲中，明确提出了“发展权”的概念。1979 年联合国大会《关于发展权的决议》第 8 项明确强调“发展权利是一项人权，平等的发展机会既是各个国家的特权，也是各国国内个人的特权”。[②]1986 年，第 41 届联合国发展大会通过《发展权利宣言》，这是联合国将发展权确认为一项不可剥夺的人权的重要国际文件，宣言第一条宣布：“发展权是一项不可剥夺的人权，由于这种权利，每个人和所有各国人民均有权参与、促进并享受经济、社会、文化和政治发展，在这种发展中，所有人权和基本自由都能获得充分实现”，第二条强调“人是发展的主体，因此，人应成为发展权利的积极参与者和受益者”[③]。这些规定表明，各国政府应采取一切必要措施不断改善全体人民和所有个人的发展权并确保在获取社会基本资源方面机会均等。1993 年，世界人权会议通过的《维也纳宣言和行动纲领》，再次重申发展权是一项普遍的、不可剥夺的人权，规定“各个国家，不论其政治、

---

① 宫本宪一. 环境经济学[M]. 朴玉，译. 北京：生活·读书·新知三联书店，2004：137.

② 董云虎，刘武萍. 世界人权约法总览[M]. 成都：四川人民出版社，1990：1362.

③ 国际人权法教程项目组. 国际人权法教程：第二卷（文件集）[M]. 北京：中国政法大学出版社，2002：71.

经济和文化体系如何，都有义务促进和保护所有人权和基本自由”。[①]它强调所有民族都拥有自决的权利，以此自由决定自己的政治地位，自由地追求自己的经济、社会和文化发展。这些公约对促进人类社会发展进步发挥了重要作用，对于实现各类主体都享有令人满意的、有利于他们发展的环境权利提供了方向性指导。事实表明，发展是人类社会永恒的主题，发展是推动人类文明进程的关键。今天世界的很多问题，都是由于发展不足引起的。无论是贫困还是生态危机，都能从发展落后上找到根源，也都要通过发展寻求根本解决之道。

第三，环境发展权的实现依托其他具体人权的发展。发展权是一项综合性的基本人权，在性质与内容上表现为一种总括性、协调性权利。发展权专家艾君·森古布达（Arjun Sengupt）指出：“首先，发展权是各项权利相互依存的一种综合权利，发展权的实现要求所有权利一起实现，而并非只实现权利的总和。其次，只有在至少一项权利改善又没有别的权利被侵犯的情况下，发展权才得以增进。”[②]发展权的综合性权利特征表明，环境发展权的实现不是孤立的，而是不可避免地贯穿于其他各项具体人权的发展之中。各类权利之间相互依赖、不可分割的特性，决定了促进和保护环境权，必须平衡推进环境权利与经济、社会和文化权利等各项人权协调发展。

第四，个人环境发展权的实现主要依靠来自国家（政府）的相应保障。只有在集体中，个人才能获得全面发展。国家发展是个人发展的强大后盾和条件。公民环境权利与工作权利、基本生活水准权利、社会保障权利、健康权利、受教育权利、文化权利等社会权利，必须得到来自国家（政府）和社会的保护和支持才能实现。另外，平等的发展机会也是世界各国的发展权利。达到这一目标，主要依靠国际社会的共同作为，维护各国主权平等原则，建立公正合理的新型国际政治经济格局，消除妨碍发展特别是公平发展的各种国际性障碍，确保发展中国家平等参与国际事务，真正享有均等的发展机会。

五、环境权利公平分配基本原则

第一，环境权利平等推进原则。这一原则要求在制订和实施环境权利保障方

① 董云虎. 人权基本文献要览[M]. 沈阳：辽宁人民出版社，1994：325.

② 艾君·森古布达. 作为人权的发展[J]. 王燕燕，译. 经济社会体制比较，2005(1)：13-23.

案过程中，要特别考虑如何推进各类主体间的权利公平，保障每个人都能平等享有各项环境权利。

权利平等是人权的本质属性和基本内容，旨在消除在权利享有方面的各种歧视，包括地域歧视、社会地位歧视、教育程度歧视、身份歧视、性别歧视、种族歧视、身体状况歧视、语言文化歧视等。历史证明，平等观与人权观历来“携手共进”，舍弃平等而谈人权，不仅在人类思想史上不存在，在现实中也行不通。一部人类人权的发展史，就是一部人类不断追求权利平等的历史。平等权作为人权的一项基本内容，必然要求来自法律与社会的平等保护与平等对待，而这一人权基本理念已成为人类价值的共识与实践原则。《世界人权宣言》中“人人生而自由，在尊严和权利上一律平等”的宣言，宣示了现代人权的基本原则就是权利的平等对待。并且，“不得因一人所属的国家或领土的政治的、行政的或者国际的地位之不同而有所区别，无论该领土是独立领土、托管领土、非自治领土或者处于其他任何主权受限制的情况之下”。[①]换言之，“平等对待”没有任何附加条件，它所承载的一切权利和自由，不分种族、国籍、出身、肤色、性别、语言、宗教、政治或其他见解以及财产地位等任何区别。

平等推进原则在对象上具有广泛的包容性。它预设了所有人无论不同区域与不同群体均有获得平等的发展机会、参与发展过程和分享发展成果的权利。毫无疑问，达到这一目标，需要走出一条实现全人类共同发展的环境权利保障发展道路。一是要坚持制度正义与尊重和保障环境权利相统一。没有正义的制度，便无法保障权利主体平等权利的获得和实现。同时，发展好环境权利保障事业，不断提高环境权利保障水平，才能更好地促进制度正义的发展。二是要加强环境权利的法治保障。尊重和保障环境权利，依法保证全体社会成员平等参与、平等发展的权利，包括知情权、参与权、表达权、监督权，实现环境权利保障法治化。三是要建立体现权利公平、机会公平、规则公平的权利保障体系，保障所有社会成员各项环境权利不受侵犯，共享高品质的绿色生活。四是要尊重各国人民的平等权。不同国家在经济、政治、社会和文化方面存在客观差异，既要尊重由此形成的带有民族国家发展特点的不同环境权利的保障方式，又要避免仅维护辖区人民集体环境权而忽略或“侵蚀”外域人群集体环境权利的局限。应在保障人类集体

① 程味秋，杨诚，杨宇冠，等. 联合国人权公约和刑事司法文献汇编[M]. 北京：中国法制出版社，2000：81.

环境权利的高度，强化人类集体人权价值观和行为规范，明确人类社会成员对人类集体环境权利所承担的义务。通过对话增进理解，消除分歧，努力构建公平合理、合作共赢的全球环境治理体系，共同构建人与自然生命共同体以及人类环境命运共同体。

第二，环境权利协调推进原则。这一原则需要促进各项环境权利全面协调发展。一方面，促进环境生存权与环境发展权协调发展。维护环境权利本质上是“人权”这一宗旨，特别要注意促进环境生存权与环境发展权的协调发展，努力实现二者在更高水平上的良性互动。要以维护环境生存权为根基，为实现更为丰富的环境权利奠定基础；以提升环境发展权为必要中介，通过更好地保障公众参与、促进和享受发展的权利反哺环境生存权落实；以所有人共享发展为必要约束。发展权的最高价值目标是人自由而全面的发展，既不是一些孤立个人得到发展，也不是某些特殊群体得到发展，恰恰是所有人获得自由全面发展的权利。它要求充分尊重每一个人的环境权利，防止特权、奴役与压迫，避免一部分人的发展以牺牲另一部分人的发展为代价，使经济发展与生态环境治理成果切实惠及社会所有成员。另一方面，在注重整体性的同时，又要坚持具体问题具体分析，细心把握不同区域、不同社会群体之间环境权利状况的差异，处理好发展不平衡、不充分的矛盾。根本上，要立足环境权利的保障底线，优先促进环境生存权基本水平的满足，同时兼顾保障水平的提高。实际上，当我们强调环境权利的多重内涵和优先次序时，就等于承认了这一问题的“底线”。显而易见，发展中国家和贫困人口在生态环境退化和恶化的情况下更加脆弱，更难享受和增进基本权利，那么，当不同群体之间的环境权利产生冲突，首先保障环境生存权这一最具有肯定性的基本权利就不应是一个理论难题。

思想史上，许多哲学家对此都做出了一致的价值判断。无论是马克思“权利就不应当是平等的，而应当是不平等的”[①]，还是德沃金“所有的人都应作为平等者来对待，而不是讲所有的人都应同等地对待”[②]，抑或罗尔斯“最少受惠者的最大利益”原则，都表明平等作为现代社会的一种基本价值理念，要求平等保护与特殊保护相统一，普遍性与特殊性相结合。同理，作为环境正义首先要求社会体制和个体选择不得损害“社会最不利成员”——弱势群体的环

① 马克思恩格斯选集（第 3 卷）[M]. 北京：人民出版社，1995：305.

② 德沃金. 认真对待权力[M]. 信春鹰，等，译. 北京：中国大百科全书出版社，1998：300.

境利益。换言之，如果一个社会能够在保障基本环境利益平等分配的基础上，并在社会成员获得更好环境利益的机会方面也一视同仁，同时，对弱势群体的最大环境利益予以特别保护，那么，就意味着作为分配的环境正义的合理实现。对此，我国《国家人权行动计划（2021—2025 年）》明确提出，“加强对特定群体权益的平等保护和特殊扶助，促进所有人平等分享发展成果，为实现所有人全面发展提供政策支持”[①]这一规定体现了权利保障的平等对待与特殊分配的鲜明立场。

换言之，环境权利协调推进原则要求必须建立协调发展的系统观，统筹协调，均衡促进，切实推动各项环境权利平衡发展、全面发展，获得问题的最优解，避免片面化、孤立化。然而，环境权利没有最好，只有更好；环境权利保障只有进行时，没有完成时。最终，环境权利的平等推进要以相关主体的获得感、幸福感、安全感是否得到满足为衡量尺度。

第三，环境权利渐进推进原则。所谓渐进推进原则就是依据客观实际循序渐进地推进环境权利共享。环境权利共享注重的是解决社会公平正义以及人权保障问题，旨在促进生态文明建设的物质文明成果和精神文明成果由全体人民共同享有。然而，全民共享、全面共享不是一朝一夕就能实现的，权利发展的具体性、历史性和社会性决定了这是一个长期的、渐进的过程。如果说全民共享与全面共享体现了环境正义的内在要求、价值取向和最终目的，那么，共建共享和渐进共享则是达成全民共享与全面共享的有效途径。

所谓全民共享，是就共享的覆盖范围而言的。环境权利不是少数人共享，也不是多数人共享，而是全民共享。实质上，是人人享有、各得其所，每一个人都能享受到环境权利不断发展带来的成就感。它是一种覆盖面最广的共享。所谓全面共享，是就共享的多维性而言的，一般意义上，是指共享国家经济、政治、文化、社会、生态各方面的建设成果，全面保障人民在各方面的合法权益。对于环境权利而言，共享不仅是环境生存权的共享，也包括环境发展权以及程序性权利的共享。所谓共建共享，是就共享的公平性而言的，共建才能共享。全体人民既是成果享受的主体，也是文明创造的主体。实现共享发展，要坚持共建与共享的统一，共建的过程也是共享的过程。这就需要激发所有人的创造动能，共同参与

---

① 国务院新闻办公室. 国家人权行动计划（2021—2025 年）[M]. 北京：人民出版社，2021：4.

生态环境治理，创造更为丰富的优质生态产品，形成人人参与，人人尽力，人人都有更多获得感、幸福感、安全感的格局，使全体社会成员在共建中各尽其能，在共享中各得其所，实现更高水平的共享。

所谓渐进共享，是就共享的客观现实性而言的。环境权利发展是一个不断生成的自然历史进程，实现程度并非简单取决于人的美好愿望，而是与一国一地经济水平、政治状况以及国际正义的影响存在不可分割的关系，由此，决定了共享环境权利必然有一个从低级到高级、从不均衡到均衡的过程，即使达到很高水平也会存在差别。这就要求充分认识环境权利有效推进的条件制约，并为实现更高水平的共享创造条件，根本上，最重要的条件是经济的发展与社会的稳定。生产力的发展水平提供了坚实的物质基础，社会稳定提供了安全和谐的社会环境。马克思主义认为，人类社会发展遵循客观规律逐级演进。生产力和生产关系、经济基础和上层建筑的矛盾作为社会基本矛盾，贯穿于人类社会发展过程的始终，决定社会历史的一般进程，推动社会向前发展，它规定并反映了社会基本结构主要包括经济结构、政治结构和观念结构的性质和基本面貌。其中，生产力是人类社会生活和全部历史的物质基础，是推动社会进步最活跃、最革命的要素。生产力发展既是社会物质文明发展的基本内容，也是制约政治文明、精神文明和生态文明发展的基本物质条件。只有在生产力发展的基础上，才有可能充分满足人民物质生活和精神生活的需要。问题在于，生产力是不能任意选择的物质力量和历史活动的前提，生产力具有客观现实性和社会历史性，决定了共享什么、如何共享不可能超越经济社会的特定发展阶段。毕竟，环境权利不是绝对的教条和抽象的思辨，而是特定时代的产物，是特定社会关系中“现实的人”所应当享有和实际享有的权利。可见，对美好权利的追求虽然没有限制，然而如何实现却受现实限制。因此，享受更为丰硕的发展权利，必然要在遵循社会发展规律的基础上，在既定的历史前提下，努力实现社会生产力的高度发展、政治生态的持续稳定和人的素质的全面提升。

我国现在依然处于社会主义初级阶段，发展不平衡、不协调、不可持续问题还比较突出，实现全民共享与人民的现实需求之间尚存在一定的差距。一方面，要通过全面深化分配制度改革和社会保障制度改革，缩小东西部之间、城乡之间、区域之间、行业之间的发展差距，解决好人民日益增长的美好生活需要和不平衡、不充分发展之间的矛盾，使发展成果更多、更公平地惠及全体人民。

另一方面，要坚持从我国具体国情出发，立足经济社会发展水平制定共享政策，既不裹足不前，也不好高骛远，而是脚踏实地、实事求是，通过循序渐进的共享制度安排，不断满足人民过上绿色美好生活的期待。

概言之，环境权利平等推进、协调推进、渐进推进三项基本原则不是简单并列的关系，而是有机统一、不可分割的整体。分析把握其中任何一个原则，都不能脱离三者有机统一这个大前提。其中，平等推进原则是环境权利公平分配的根本保证，协调推进原则是环境权利公平分配的本质要求，渐进推进原则是实现环境权利公平分配的基本方略。坚持三者的有机统一，平等推进原则是关键，离开对所有社会成员的平等对待，权利的协调发展、渐进共享就不可能实现。

六、环境权利人权论的当代价值

坚持“环境权利人权论”价值诉求，以环境生存权和环境发展权作为环境权利的基本内容，对于解决环境正义“分配什么”继而维护不同群体间环境权利公平具有重要意义。

第一，承认环境权利是人类全体社会成员的权利受到保障的切实人权之一，在致力于环境正义的同时强化了社会公平，宣示了保障环境权利是一场关乎人类环境福祉，引领生态环境治理和持续发展的绿色变革，充分说明生态环境治理既要关注人与自然的和谐关系，更要对人的环境权益高度重视。在当今世界，环境保护行为不再仅仅限于对自然生态的修复工程，更要使生态文明发展成果为全体人类共享。这不仅是环境正义的内在要求，更是世界人权保障的价值目标。

第二，对环境权利作为人权的承认，进一步强化了公民的主体地位。环境权利作为基本人权的重要构成，预设了“权利—义务”的关系框架下公民作为权利主体、政府作为责任主体的合法性，决定了在重塑人与自然和谐共生的关系中，在走出一条经济发展与环境保护双赢之路中，公民的环境权利就是政府的环境义务，国家负有创造有利于个人发展条件的主要责任。一方面，限制和约束政府对个人权利可能构成损害的消极义务；另一方面，鼓励政府采取积极行动促进环境权利实现的积极义务。在此意义上，环境权利成为公民以及社会团体监督国家履行职责的重要武器，要求国家采取相应举措保护公民免予有毒有害的环境污染，使公民享有更多的优质生态产品。

第三，对环境权利的承认，进一步强化了以人为本的人权发展观。人权事业发展从根本上说是人的发展，只有充分树立人权的主体是人的观念，才能为所有的人成为发展的参与者和受益者筑牢根基。因此，要将人置于发展的中心，把增进人民福祉、促进所有人自由全面的发展作为发展的出发点和归宿。为此，要不断改善全体社会成员的发展条件，创造有利于发展的稳定政治环境和社会环境，制定适合本国国情的发展政策，确保实现每个人有意义地参与环境事务，并公平分享由此带来的环境福祉。

第二节　环境义务的合理担当

一、环境义务的核心内涵

“义务”是与“权利”相对的概念。一般意义上，义务泛指政治上、法律上、道义上应尽的责任。所谓环境义务，是指环境主体在保护与改善环境方面应尽的责任，如防治污染和其他公害、承担环境负担、消除环境风险等。在性质上，它既具有内心信念引导下自觉履行的伦理责任性质，也具有以国家法律规范强制保障其履行的法律性质。从主体角度来看，环境义务主要分为国家环境义务、法人环境义务和个人环境义务。

义务和权利作为一种社会现象，反映了一定的社会要求以及人们在社会实践基础上的相互关系。义务意味着任何人都受到一种责任的约束，或者说，义务是一切责任的主要内容或核心要求。英国政治学教授米尔恩（Milne A. J. M.）指出：“‘义务’在道德和法律中都是一个关键性的概念。它的中心思想是，因为做某事是正确的而必须去做它。说某人有义务做某事，也就是说不管愿意与否，他都必须去做，因为这事在道德和法律上是正当的。”[①]这一阐释表明，成为某人义务的行为是根据法律和道德规范所应当遵守的行为。因此，义务不能

① 米尔恩. 人的权利与人的多样性——人权哲学[M]. 夏勇，等，译. 北京：中国大百科全书出版社，1995：105.

被看作权利的"镣铐"。在功能上，它约束我们必须做应做之事。它表明，"任何人都不可以为自己争取比他给予别人的更多的东西（除非有特殊的权利这么做），而应当允许他人和自己一样，平等地享受属于自己的权利"。[①]

二、环境义务的基本构成

长期以来，人们习惯于人对自然的义务，却忽视了人与自然关系背后人与人之间的环境义务，从而造成"义务"的不平衡、不充分状况。当今，在共建共治、共享共担这一环境正义话语下，这一问题日益凸显。那么，应对这一问题，迫切需要在义务一体化框架下建构二元环境义务范式，既强调保护生态环境，维护生态正义，更要拓展传统义务视域，高度重视人与人之间环境义务的公平分配，维护环境正义，从而形成与生态文明建设、环境权利发展新要求相适应的完善的环境义务体系。

第一，建立广泛的、具有一定约束力的"对自然的义务"。这里的广泛，既包括地域的广泛——自然界的各个部分，也包括领域的广泛——人类社会生活的每一领域及过程。这一立论基于以下两点考虑。

一方面，环境保护所指"环境"具有宽广的外延。将生活环境和生态环境、天然、自在环境和人工环境设定为环境保护和改善的对象在众多法律文件中都有规定。例如，《人类环境宣言》第一条指出："人类环境的两个方面，即天然的和人类的两个方面，对于人类的幸福和对于享受基本人权，甚至生存权利本身，都是必不可少的。"[②]我国宪法第二十六条规定："国家保护和改善生活环境和生态环境，防止污染和其他公害。"[③] 这一规定凸显了环境的宽广外延，既包括与人类生活相关联的自然因素，也包括更为广泛的自然生态系统。规定虽明确指向国家义务，但也包含了公民环境义务的方向与范围。《中华人民共和国环境保护法》（2014 年修订）第二条规定："所称环境，是指影响人类生存和发展的各种天然的和经过人工改造的自然因素的总体，包括大气、水、海洋、

---

① 塞缪尔·普芬道夫. 人和公民的自然法义务[M]. 鞠成伟，译. 北京：商务印书馆，2010：111.

② 国际人权法教程项目组. 国际人权法教程：第二卷（文件集）[M]. 北京：中国政法大学出版社，2002：110.

③ 中华人民共和国宪法[M]. 北京：人民出版社，2018：16-17.

土地、矿藏、森林、草原、湿地、野生生物、自然遗迹、人文遗迹、自然保护区、风景名胜区、城市和乡村等。”[①]这一规定既强调自在自然与人化自然的区别，又关注自然生态系统与人类社会系统的相互联系与相互作用，充分反映了“环境”作为适宜人类生存和发展的物质条件的综合体所具有的系统性、整体性特征。可见，对于环境的概念，我国相关法规给予了方向性的规定。

另一方面，环境保护义务具有宽广外延。《中华人民共和国环境保护法》（2014 年修订）总则第六条规定：“一切单位和个人都有保护环境的义务”，这一概括性规定对不同法律主体的环境保护责任和义务进行了约束与限制，并且增补了“公民应当增强环境保护意识，采取低碳、节俭的生活方式”[②]，在“保护环境”总体义务的基础上将公民环境保护义务进行了更为具体的规定。这一转向并非表明公民义务范围的束紧或缩减，而是我国对于环境义务基本性质和功能的认识在不断深入，环境义务从最初的原则性规范转向更具引领性和操作性的规范。此种变化不仅为理论研究提出了新的课题，而且在实践上为公民环境责任落到实处拓展了新的空间。相应地，这种“广泛性”约束，必然要求树立整体性环境义务观以及确立富有约束力的义务规范。

建立整体性环境义务观，应着眼于人与自然整体和长远的协调统一基本原则，用系统、整体和关系的思维方式把握自然本身与人本身：自然、生命是整体，其中任何一个自然要素、任何一种生命都是整体中的一环，它的消失或改变会对整个生态系统产生不可忽视的影响；消费者、公民是整体，消费者义务与环境保护义务既不是平行的责任，也不是等同的义务，践行人与自然和谐共生的理念，迫切需要打破“重消费者义务，轻公民整体义务”的叙述常规，以一种更加广泛的整体主义视野，促进由消费者身份向生态公民身份、由局部义务向整体义务转变，将义务范围扩展到环境保护全过程、生态环境治理全领域，同步推进消费义务建设和全要素义务建设，致力于更为广泛、更为全面的环境保护行动。一是覆盖生态文明建设全领域。在环境保护、资源利用、生态修复方面，参与全域治理、全域保护、全域建设。二是覆盖生态文明建设全过程。积极参与全

① 中国法制出版社编. 中华人民共和国环境保护法：实用版[M]. 北京：中国法制出版社，2014：3.

② 中国法制出版社编. 中华人民共和国环境保护法：实用版[M]. 北京：中国法制出版社，2014：3.

程治理、全程保护、全程建设，推动生产、消费、流通、处理处置各环节绿色转型，形成绿色生产方式和生活方式全流程义务链。三是覆盖生态环境治理全方位。自觉履行在全球生态环境治理中的义务和责任。不仅要积极参与本国的生态文明建设，更要站在对人类文明负责的高度自觉履行全球责任。既要积极配合本国政府参与全球范围的环境保护，关心和维护其他国家公民的环境权利，也应积极参与各种国际环境非政府组织的环保活动，致力于全球生态文明建设，推动建设人类美好家园。

建立富有约束力的环境义务基本规范，应厚植现代环境意识，核心表现为人与自然和谐共生的价值观以及生命共同体意识。

一是尊重自然、顺应自然、保护自然。人类是在与自然的互动中生存、生活、成长和发展的。一部人类文明发展史就是一部人与自然互动的关系史。那么，人与自然的关系绝不能仅仅化约为主体和客体的外在关系，更应理解为人永远是自然有机体的一部分。它要求必须摒弃以牺牲环境换取经济发展的短视做法，牢固树立和践行人与自然和谐共生的观念，在生态环境保护和经济发展的辩证统一、相辅相成中，达到自然的解放与人的解放的一致，人道主义理想与自然主义理想的统一。它要求必须站在尊重自然、顺应自然、保护自然的高度，充分了解自然系统如何运行以及社会系统干扰对自然系统产生的影响，增强对自然环境与人工环境、城市与乡村区域中经济、社会、政治和生态相互依赖性的认识，以维护生态系统的完整、稳定与美丽为目标，以参与全领域、全过程、全方位生态环境保护为原则，在环境保护、资源利用与生态修复上充分增添义务“动能”。

二是爱护生命，共建地球生命共同体。人与自然是一个生命共同体。万物各得其和以生，各得其养以成。生物多样性关系人类福祉，是人类生存和发展的重要基础。然而，生物多样性丧失和生态系统退化一直是全球面临的共同挑战，对人类生存和发展构成重大威胁。应对这一挑战，促进共同发展繁荣，需要积极参与生物多样性保护事业，共建地球生命共同体。从而以自然之道，养万物之生；以呵护自然之态度，保护自然生命的生存和发展。（1）坚持生命共同体的理念与实践相统一，将生物多样性保护理念融入生态文明行动全过程。（2）坚持生态保护、绿色发展、民生改善相统一，进行规范的生物多样性友好型经营活动。特别是要革除危害物种、虐待动物、滥食野生动物的陋习，禁止损害自然界生命维持系统。退一步说，我们即使不能保障每一物种都能享有平等的生存权和发展权，每一生命体都能健康地繁衍生息，但至少要保障绝大部分物种和生命体的繁衍与繁荣。（3）坚持保护优先、自然恢复、主动作为相统一，加快形成绿色发展方式、绿色低碳生活，协同推进高水平生物多样性保护和高质量发展。

三是绿色消费。消费是人类生存与发展的重要活动，也是体现人与自然关系的基本领域。把消费观念的深刻变革作为解决资源浪费、环境污染和生态失衡问题的有效路径，对于减少对生态环境的消极影响具有重要意义。虽然我们说要引导环境义务走出“消费者义务”困境，但并不是要取消消费者责任。消费者义务是公民参与环境保护的重要环节和不可或缺的组成部分，当今，不仅不能削弱，而且必须向绿色消费发展。绿色消费，是防止或减少对生态环境和人体健康有影响的消费。它以健康、安全为特点，以资源节约型、环境友好型消费为原则，以符合可持续发展战略的消费为宗旨。（1）在购买环节，遵循适度消费原则，减少或消除基于虚假需求、奢侈需求的消费，选择对环境和人体健康无害、符合环保要求的绿色产品；（2）在使用和消费环节，遵守循环消费原则，防止、减少造成环境污染和生态破坏；（3）在废弃物处置环节，遵循环境正义原则。积极配合国家垃圾分类绿色行动，自觉承担消费废弃物分类回收义务，尽量减少进入处置环节废弃物品的总量。

四是审美情怀。人类所面临的环境，除具有传统意义上的经济价值、生态价值之外，还具有审美价值、科学价值、伦理价值、生命价值、宗教象征价值等多重价值。它表明，自然对于人的意义是多样性的统一。然而，长久以来，人类活动多集中于人与自然之间的物质变换过程，经济价值、消费性价值获得更多关注。增进义务感，要提升对于自然的认识能力和价值判断，丰富人的情感世界和精神境界，充分认识生态系统的丰富内涵：美丽、和谐、多样、复杂，并以对自然的审美情趣，克制物质至上、效用为先的功利主义态度，保持人对自然的审美情感。

第二，建立以平等对待为核心的“对人的义务”。

环境义务在不同地区、不同环境主体之间存在明显的不平衡性，欠发达国家和地区以及弱势群体多为环境负担的过度担当主体。义务与权利相背离的事实表明，对环境保护以及由此衍生的义务分配给予平等对待，成为日益迫切的问题。这一环境义务主要表现为尊重、保护各类主体环境权利不受侵犯，并努力促进其实现。

首先，正确认识“对人的义务”性质特征。

（1）环境义务是环境保护价值观与方法论的转变。从注重保护环境、防治污染、节约资源向关注人的平等权转变，从“设定权利—侵权—保障”到“设定义务—执行—履行”的转变。这是一种切实可行的理念与方法，促使人们更加主动有效地减少对他人权利的侵犯。

（2）环境义务是保障他人环境权益和维护社会环境公益的一种手段。义务是实现利益的手段。环境义务的主要目的是防范环境风险，保障他人环境权益、维护社会环境公益，它要求赋予人的自由、平等和安全应当在最大限度上与共同福利相一致。这一目的具有强烈的正义性，体现了正义的价值追求。坚持这一尺度，并不是给义务人佩戴镣铐，设置枷锁，也不是消解其权利，相反，环境权益正是它所要保护的内容和价值。它不仅对广泛的环境权益和社会环境公益具有保护作用，而且具有促进权益实现的指导作用。

（3）环境义务具有制约义务主体行为正义化的内在价值。环境义务导引着主体行为。在权利—义务关系中，义务以明确的价值导向指引人们为与不为。人们只要接受了义务所承载的价值，就会按照义务规范约束自己的行为。因此，环境义务具有环境权利所不具备的行为限制价值，具有独立性很强的责任调控功能。

（4）环境义务主体有其直接的特定权利主体。从最终的受益对象看，既包含自身，也囊括社会大众，还包括未来世代。人不是作为个体与自然发生关系，而是作为整体、作为类与自然发生关系，对环境的个别、局部行为产生的是整体性后果。因此，任何个人的生存发展不能以损害他人生存权和发展权为代价，任何地区的生存发展不能以损害别的地区生存权和发展权为代价，任何国家的生存发展不能以损害别的国家生存权和发展权为代价。人既有从生态环境中获取资源的权利，也应该对生态环境、对他人尽义务，包括子孙后代。

其次，“对人的义务”基本要求。

（1）促进区域间环境权利的平等。主要是一国之内发达地区与不发达地区之间在生态环境质量、生态产品供给、环境权利保护等方面达到均衡和谐。区域发展差异、城乡发展差异，同时也造成了群体差距，即由贫富悬殊引起的社会地位的不对等，造成强势群体与弱势群体之间的环境公平问题。根本改变存在从较为富裕地区向较为贫穷地区大规模输出环境问题的现实，扭转城市受益、农村受损，发达地区受益、贫穷地区受损，强势群体受益、弱势群体受损的非正义现象，必须加强生态文明建设成果的普惠性和可及性，让发展成果公平惠及所有地区的全体社会成员，促进社会公平正义。

与美国环境正义问题更多表现为种族间的不平等不同，我国环境正义问题区域性特征尤为明显，集中体现为城乡环境正义。“我国发展最大的不平衡是城乡发展不平衡，最大的不充分是农村发展不充分。”①在我国，农村与城市之间的经济发展差距长期存在，延伸至生态环境领域，形成了农村与城市之间生态环境质量、生态产品供给、环境权利保护等方面发展不平衡、不充分的态势，引发了城乡之间的公平正义问题。一方面，城市污染向农村地区空间转移。垃圾围村、工业污染“上山下乡”等突出问题导致农村面临难以规避的环境风险，凸显城乡之间环境问题上的严重不正义。另一方面，城乡环境治理能力与水平存在差距。农村环境治理基础设施不充分，行路难、如厕难、环境脏、村容村貌差等问题突出，农民长久以来成为城乡不平等关系中的环境弱势群体。因此，改变城乡生态环境不平衡、不充分的发展问题，从根本上改变“城市受益，农村受损”的非正义现象，大力推进城乡权利平等，成为以推动高质量发展为主题，坚定不移贯彻创新、协调、绿色、开放、共享的新发展理念的重要举措。一是开展生态宜居美丽乡村建设，让农村成为安居乐业的美丽家园。通过农村人居环境整治行动，保护生态环境、发展绿色产业、优化村镇布局、改善安居条件、培育文明乡风等措施，推动建设生产、生活、生态和谐共生的美丽乡村，让广大农民有更多安全感、获得感、幸福感。二是坚持农业农村优先发展，让发展成果更多更公平惠及全体人民。在共享基础上要更加注重在要素配置、公共财政投入、公共服务等方面向农村地区倾斜，向广大农民倾斜，以“优先发展”促进共同发展、共同繁荣，促进社会公平正义。三是建立健全城乡融合发展体制机制和政策体系制度保障，坚持走中国特色乡村生态振兴之路，促进城乡环境公正制度建设。“要把乡村振兴战略这篇大文章做好，必须走城乡融合发展之路。”②必须打通我国城乡二元社会结构，实现城乡二元管理向一元管理转化，以城乡融合克服城乡差距。特别要通过建立健全城乡融合发展体制机制和政策体系，改

---

① 习近平关于“三农”工作论述摘编[M]. 北京：中央文献出版社，2019：43.

② 习近平关于“三农”工作论述摘编[M]. 北京：中央文献出版社，2019：45.

变城乡利益失衡格局，实现城乡良性互动。要增加对农业农村基础设施建设的投入，加快城乡基础设施互联互通，建立健全城乡基本公共服务均等化的体制机制，推动公共服务向农村延伸、社会事业向农村覆盖。

这三个方面虽各有侧重，但相辅相成，共同揭示了美丽乡村建设是中国人民实现中华民族伟大复兴中国梦进程的重要组成部分。一方面，实现城乡环境正义，彰显了城乡权利平等。“不偏袒性”“非歧视性”是权利平等的核心，普遍受益是权利平等的关键。在当今时代，要高度重视解决城乡发展中不平衡、不充分的问题，着力缩小经济发展中形成的城乡贫富差距，打破由贫富差距导致的社会地位的分化，攻克由社会地位分化产生的社会分配的失衡，竭力保障广大农民在生态利益分配上的结果平等，从而使自然的恩赐和社会发展的成果公平惠及每一个人。另一方面，实现城乡环境正义，彰显了城乡实质正义。如果说普遍受益意味着作为人的普遍平等，那么，实现真正的平等、事实上的公平，必须直面差异，在保证全体人民共享的基础上向弱势群体和弱势地区倾斜。

（2）促进代际间环境权利的平等。《人类环境宣言》指出：“人类有权在一种能够过有尊严的和福利的生活环境中，享有自由、平等和充足的生活条件的基本权利，并且负有保护和改善这一代和将来的世世代代的环境的庄严责任。”①它宣示了当代人与后代人之间享有环境权利的平等意义，凸显了代际环境正义的平等关怀，所有人包括后代都有享受清洁环境和更多优质生态产品的权利。

代际环境义务是实现代际公平的重要途径。它要求人类应具有代际整体意识，对待人与自然协调关系具有宏大的历史感，把人与自然和谐共生理解为一个长期的动态过程，坚持当代人在利用资源时，也应该为后人尽保护环境的义务。一是保存选择义务。每一代人应该为后代人保存自然资源、历史文化资源、民族特色资源的多样性，使后代人享有和前代人同等的可供选择的多样性，避免限制、剥夺后代人的权利。二是保存质量义务。当代人有责任有义务为后代人的生存和发展提供高质量的环境资源和自然资源，在自己发展的同时也为子孙后代的发展打下坚实的基础，不能以牺牲后代人的生存权、发展权为代价来满足自身的需要。生态环境没有替代品，用之不觉，失之难存，因此，“在生态环境保护上一定要

---

① 田青，胡津畅，刘健，等. 环境教育与可持续发展的教育　联合国会议文件汇编[M]. 北京：中国环境科学出版社，2011：1-2.

算大账、算长远账、算整体账、算综合账，不能因小失大、顾此失彼、寅吃卯粮、急功近利”。[①] 三是保存共享义务。每代人均有享用前代人自然遗产的权利，并且有为后代人受益而接续保存的义务。简言之，生态环境关系后代人的福祉，我们必须充分考虑后代对美好生活的向往、对优良环境的期待、对子孙后代的责任，为子孙后代留下可持续发展的绿色银行。但基于代际正义主体的时空差异性，当代人为保护“后代人权利”所尽的一切责任与义务，不应以后代是否回报为前提，不应以后代能否提供对等反向优惠为条件。所以，世代与世代之间的环境义务具有非互惠性。

（3）促进国家间环境权利的平等。国际环境公平是指环境权利与环境义务在全球民族国家之间的公平分配，其核心是平等地对待和公平地参与。然而，在全球层面，发达国家与发展中国家非平等的对待导致事实上的不平等，环境权利之间存在巨大差异。环境权利公平分配长期以来存在“一条腿长，一条腿短”的不平衡、不充分发展问题。发展的不平衡主要指世界生态环境治理结构失衡，即发达国家、地区与发展中国家、地区之间的区域不平衡，以及强势群体与弱势群体间的群体不平衡两大方面。发展的不充分则是发展水平问题，主要包括国际社会生态环境治理的成果发展总量不够丰富、发展程度不够高阶、发展态势不够稳固，与世界人民特别是第三世界人民对美好生活的向往和需要存在差距，如生态环境质量有待充分改善、优质生态产品有待充分推进、国际生态环境治理体制机制有待充分改革，环境权利有待均衡发展。换言之，当今世界要实现环境权利分配上的进步与发展，需要在实现平等发展权的基础上重构合作共赢的新型国际关系。一是在价值观上，国际社会应秉持和平、发展、公平、正义、民主、自由的人类共同价值，坚持环境权利不是少数人的特权或专属物，而是人类重要的人权这一立场，立足世界整体性发展，谋求全人类的共同福祉，共同推动构建人类环境命运共同体。二是在机制上，国际社会要在确保发展和消除发展的障碍方面展开全面深入的交流、对话与合作，消除阻碍平等参与、平等发展、平等分享发展成果的制度障碍。一方面，在经济领域，着力促进包容性发展，促进区域间的平衡发展，加强对发展中国家特别是最不发达国家的支持。另一方面，在治理领域，推动形成更加公正合理、开放包容的全球环境人权治理体系，使各类环境主体能

① 习近平关于社会主义生态文明建设论述摘编[M]. 北京：中央文献出版社，2017：8.

以平等的地位和均等的机会充分参与环境保护事务，共享发展成果。总之，要尊重和保障人的尊严和权利，满足不同群体的现实需要，服务于人的全面发展以及全人类的共同发展。

三、环境义务合理担当基本原则

环境义务公平分配基本原则的建构主要着眼于解决现实中权利主体与义务主体分离，重保护自然的义务、轻人与人之间的义务等不足，主要包括普遍性原则、同阶性原则、共进性原则。

第一，普遍性原则。

生态环境治理需要从发展理念、法律制度、多元主体、技术介入等方面加以全面推进。其中，多元主体治理体系，不仅预设了国家主体顶层设计与依法推进生态环境治理的主导作用、企业主体防治污染的法律与道义责任，而且对公民主体环境义务提出了十分迫切的要求。显然，它预设了对一切单位和个人普遍适用的义务。

环境义务普遍性原则要求所有环境主体包括国家、企业、公民以及社会组织均应毫无例外地承担保护环境的责任，努力防止或者减少对自然环境以及动植物的伤害、维护人与人之间在环境权利上的公平正义。它蕴含两层含义：一是环境义务无时不在，无人不有。二是环境义务具有基础性。它表明，该义务不附带任何免除条件，是对一切环境主体起码的要求与约束，是在其能力范围内能履行的义务。因此，这一义务是绝对的、不容置疑的、必然的。

首先，环境义务获得了国际社会的承认。自 20 世纪 70 年代以来，随着工业化进程的加快，人类福祉所依赖的生态系统持续恶化，促使人们对环境义务的关注与日俱增。通过全球性、多主体的共同努力扭转环境退化成使环境无害化和社会经济持续发展的主要手段。在这一背景下，关于环境义务与环境保护的密切关系，获得了国际社会的广泛认可。

1972 年《人类环境宣言》呼吁保护和改善人类环境已经成为一个紧迫的目标，其中，第二条对政府的责任进行了规定："保护和改善人类环境是关系到全世界各国人民的幸福和经济发展的重要问题；也是全世界各国人民的迫切希望和各国政府的责任。"[①]第七条对企业、公民等环境主体责任进行了规定："为

---

① 国际人权法教程项目组编写. 国际人权法教程：第二卷（文件集）[M]. 北京：中国政法大学出版社，2002：110.

实现这一环境目标，将要求公民和团体以及企业和各级机关承担责任，大家平等地从事共同的努力。”[①]这一原则声明了一个共同的信念，即人类有权在富有尊严和福祉的环境中享有自由、平等和充足生活条件的基本权利，并且负有保护和改善当代和将来世世代代环境的庄严责任。1982 年，为纪念《人类环境宣言》颁布 10 周年，国际社会成员云集内罗毕，要求各国政府和人民巩固与发展已经取得的进展，并且迫切希望全球、地区与国家为保护和改善环境而继续努力，其中，《内罗毕宣言》第九条呼吁：“在促进环境保护工作中，必须每个人负起责任并参与工作。所有企业，包括跨国公司在内，在采用工业生产方法或技术以及将此种方法和技术出口到别的国家时，都应考虑其对环境的责任”，并在第十条规定：“国际社会敦促世界各国政府和人民既要集体地也要单独地负起历史责任，使我们这个小小的地球能够保证人人都能够过着有尊严的生活，代代相传下去。”[②]1982 年《世界自然宪章》附录部分呼吁，“人类必须充分认识到维护自然的稳定和质量、保护自然资源的迫切性”。[③]第二十四条要求“人人有义务按照本宪章的规定行事；无论是以个人身份采取行动、与他人联合或通过参与政治生活，人人都应努力奋斗，以确保达成本宪章的目标和要求”。[④]

可见，上述不同原则集中表达了一个共同的主题，各国不仅要履行保护环境所承担的义务，而且所有环境主体都应考虑对环境的责任。只有集体地以及单独地负起其历史责任，才能保障所有人都能够有尊严地实现可持续的发展。除此之外，在国际共识的影响下，世界各国法律对国家与企业法律责任、公民在环境保护领域的权利和义务都做出了相关规定，承担环境义务在各国法理上不存在障碍。尤其是宪法与环境法通过对公民与环境有关的行为进行规范，宣示了公民环境义务的“应当性”，保护环境不仅是国家的重要职责，也是公民的基本义务。公民平等享有宪法和法律规定的环境权利，必须履行宪法和法律规定的环境义务，任

① 国际人权法教程项目组编写. 国际人权法教程：第二卷（文件集）[M]. 北京：中国政法大学出版社，2002：111.

② 田青，胡津畅，刘健，等. 环境教育与可持续发展的教育 联合国会议文件汇编[M]. 北京：中国环境科学出版社，2011：13-14.

③ 田青，胡津畅，刘健，等. 环境教育与可持续发展的教育 联合国会议文件汇编[M]. 北京：中国环境科学出版社，2011：9.

④ 田青，胡津畅，刘健，等. 环境教育与可持续发展的教育 联合国会议文件汇编[M]. 北京：中国环境科学出版社，2011：12.

何人都没有法律规定之外的环境特权。

其次，以“国家环境义务说”替代公民环境义务，本质上是一种误判[①]。重新检视环境权利与环境义务的平衡状况，我们发现环境保护虽然并不存在权利的饱和，但真正的问题是义务的不足。基于生态环境问题的整体性特征，在多元主体中，将政府（国家）设定为环境义务的主要承担者或主要主体，更有利于环境保护目的的实现，这已然成为国际社会以及我国生态环境治理主体格局的共识。然而，政府应在生态环境治理中发挥主导作用，并不意味着公民环境义务的免除。“政府环境义务—企业／组织环境义务—公民环境义务”主体次序逻辑，仅代表它们承载的功能不同，而不是淡化、回避甚至免除公民环境义务的理由。也就是说，义务主体之间不是互相免除或相互替代的关系，而是分工协作和相互促进的关系。环境资源的共享性和环境利益的公共性，既决定了仅依靠国家这一单方主体进行生态环境治理的非现实性，也表明公民只是对应地享受权利而无须履行义务的非合理性。因此，认为环境保护就是政府的环境义务，而不应成为人人的环境义务的“公民环境义务免除说”本质上就是一种误判。从全球生态环境治理实践来看，环境民主是现代国家生态环境治理的本质特征，公民参与是环境民主治理的实质性要素，体现环境民主原则的“参与式治理”是环境治理的普遍模式。无疑，公民参与是环境保护的一项基本原则，生态环境治理民主化是通向生态环境治理现代化的有效途径。没有公民参与就没有生态环境治理现代化，没有多元主体的社会共治就没有生态善治。那么，环境义务的“应当性”，既表征了各环境主体尤其是长期被忽略的公民主体与环境保护之间应然联系的状态或性质，又隐含着各主体承担经由政治法律所设定、道德规范所认可的保护与改善环境的责任。

最后，环境义务是公民身份的本质规定。环境义务不是一种被动性负担，而是公民身份的内在要求。在现代民族国家中，“公民”既不限于政治理论的基本概念，也不限于法律所规定的具有某个国家国籍的正式成员，而是表征了公民身份与国家权力组成的现代国家的基本政治关系，构成了国家与社会关系解释维度的关键。

---

① 鉴于学术界对政府与企业主体环境义务关注较多，而对公民主体关注还很欠缺这一现状，本书重点对公民主体环境义务展开分析。

（1）平等体现了公民身份的本质。这一本质决定了公民权利与义务的平等关系。“公民”“臣民”“子民”等概念的分殊潜含着截然不同的政治关系和政治意识。在传统社会，身份是等级地位的标志和不平等的尺度。故而，权利和义务因人而异。既然不存在共同的权利标准，也就不存在所有社会成员一视同仁的权利共享与义务共担。于是，阶级差别的不平等原则、权利与义务的严重分裂，在平等与不平等之间划出了一条清晰的界线。在社会经济政治结构中居于强势地位的人站到了权利一边，居于弱势地位的人则站到了义务一边。与“重义务、轻权利”的传统民权特征相比，现代意义上成员身份强调的重点从义务转向权利，“平等、自由、人权”等权利要素特征表明了公民的现代性、主体性以及享受法律赋予政治经济等各方面自由的平等性。从而，平等原则成为公民身份的实质表现。“公民身份是一种地位（Status），一种共同体的所有成员都享有的地位，所有拥有这种地位的人，在这一地位所赋予的权利和义务都是平等的。”[①]这一表述表明，以公民身份衡量社会的进步与发展，就是要实现更加充分的平等。它暗含着“权利主体”与“义务主体”身份的统一，意味着一项权利总是伴随密切相关的义务，不可放弃、不能让渡。在国家的支持下，以义务来促进和保持权利，“你不得……你应当……”通常成为公民义务的常规表达范式。

（2）义务是公民身份的内在要求。必须承认，“权利本位说”是以权利为核心的言说逻辑，为重新审视“国家本位说”提供了理论支持。但是，它在弘扬公民权利时忽视了义务的重要性，导致它的解释力局限。把义务看作“被迫而做”的外在规定，甚至是自身利益的牺牲，而不是公民“分内应做”的主体意识觉醒，甚至在追求权利实现的过程中，把义务视作一个必须扫除的障碍，与其说是公民权利的扩大，不如说是公民权利的缺失。原因在于，现代公民身份的演进带来与生俱来的义务“限制”。平等，一方面，在内容上进一步丰富并表现为公民正式权利；另一方面，公民身份依然存在不可僭越的义务约束。它说明，义务不是一个异质要素，它原本存在于公民公共职责之中，凸显公民身份的社会属性和必然要求。既然如此，履行义务如同享有权利一样是取得公民资格的同一路径。换言之，一旦植根于公民身份中的义务因子从中剥离，公民概念必然受到

---

① T. H. 马歇尔，转引自应奇，刘训练. 公民身份与阶级社会[M]. 南京：江苏人民出版社，2007：15.

"销蚀"直到荡然无存。所以，我们必须意识到这样一个事实：仅仅正式承认公民权利平等是不够的，还应正视嵌入公民身份结构中的义务元素。正如同权利不是一个可以讨价还价的问题，义务也不是一个可以任意放弃的事项。公民身份的首倡者 T. H. 马歇尔指出："如果在捍卫权利时诉诸公民身份，那么就不能忽视公民身份相应的公民义务。"①

马克思深刻揭示了权利和义务的辩证关系，为我们认识这一问题提供了正确的方法论。他指出："没有无义务的权利，也没有无权利的义务。"②这一论断揭示了权利与义务的并生关系，二者同根同源、相互依存。这意味着，既不能有无权利的义务，也不能有无义务的权利，不能享有较多权利而承担较少义务，也不能承担较多义务而享有较少权利，权利与义务保持协调统一才是公平正义。那么，公民既是权利主体，也是义务主体，且不存在主次之分就成为必然的理论逻辑。它要求反对两种倾向：对于自身，注重"权利"和"应得"；而涉及他人，却高喊"应该"和"必须"。

（3）公民身份内嵌"权利—义务"的互动结构。有一种担心，认为强调环境义务很可能会削弱环境权利，从而导致新的不平等。实则不然，公民概念恰恰表明权利和义务是相互为用、相互促进的关系，二者具有彼此平衡、互动发展的良性互动机制，表现为任何权利均伴随义务，或任何权利的实现总是以义务的履行为条件。例如，公民具有受教育权利，也具有必须接受教育的义务；公民有婚姻自由权利，但必须承担法律与道德约定的婚姻责任；公民有通过工作获取合理收入的权利，也有依法缴纳有关捐税的义务。事实上，公民受教育权、婚姻自由权及工作权并没有因义务的存在而影响权利属性及保障。同理，环境权利作为社会权利特别是人权的组成部分，不会因为环境义务的确认而影响权利实现，反而是在一定程度上会实化和强化环境权利的内容及保障。

在我国，公民概念取得宪法地位已数十年之久。基于个人在国家中负有责任的成员资格，社会成员与国家形成了不可分割的内在联系。国家是公民身份所含权利的维护者，公民也必须对国家履行相应的义务。尽管我国宪法并未对公民的

---

① T. H. 马歇尔，转引自应奇，刘训练. 公民身份与阶级社会[M]. 南京：江苏人民出版社，2007：34.

② 马克思恩格斯选集（第 2 卷）[M]. 北京：人民出版社，1995：610.

环境义务做出直接规定，但宪法第三十三条规定“任何公民享有宪法和法律规定的权利，同时必须履行宪法和法律规定的义务”。[①] 表明权利与义务相一致是我国法律的一项基本原则。然而，各种生态环境意识调研显示，当前我国公民仍处于主张环境权利阶段，对环境义务还没有建立起深刻认知，主要表现在环境保护呈现较强“政府依赖性”与“自我保护性”的特点，知多行少、说多做少、怨多行少等知行脱节问题比较突出。要把建设美丽中国转化为全体人民的自觉行动，人人有责、人人尽责、人人享有，必须“构建政府为主导、企业为主体、社会组织和公众共同参与的环境治理体系”[②]，重点补齐公民参与短板，根本扭转对环境保护高认同、低认知、践行度不够、知行存在反差这一局限，充分发挥公民主体性，使政府管制与公众动员相结合、国家主导与公民参与相促进，形成“自上向下”与“自下向上”相结合的全社会共治模式。历史与现实证明，生态环境治理不是政府的“独角戏”，而是多元主体协同共治的“交响乐”，公民主体必须摆脱“看客”的旁观心理，在环境保护实践中以自主、主动、能动、自由的“剧中人”身份参与环境保护事业，奉献于共同的环境福祉。简言之，参与环境保护、履行环境义务不是一个自选动作，而是一个必选项目。只有在这个意义上，自由享用应当享有的环境权利才是合理的。

综上所述，环境义务成为一种必须履行的公民义务与法律行为充分表明，一方面，我们不仅要确立人类有权在富有尊严和福祉的环境中享有自由、平等和充足的生活条件的基本权利，并且负有保护和改善当代和将来世世代代的生存环境的庄严责任，而且特别要认识到保护环境既要集体地，也要单独地负起历史责任。另一方面，环境正义既要维护公民环境权利平等化，更要重点把握好公民环境义务要素的发展重点、演进规律与有效分配，形成环境权利与环境义务均衡发展的局面。一是要在主观世界建立起公民意识与法律义务意识，将义务的“应当”与“必须”内化为主体的心理和行为。二是在实践领域要在义务意识统摄下建立有利于环境的行为模式，在主客观相统一中履行公民义务。三是在教育环节上强化公民意识与法律义务的法律责任影响。既看到义务的正当性，又要充分认识义务的强制性与必为性。作为法律主体，公民应依照法定规范做应做之事，否则，就要承担相应的法律责任。

---

① 中华人民共和国宪法[M]. 北京：人民出版社，2018：19.

② 习近平谈治国理政（第 3 卷）[M]. 北京：外文出版社，2020：40.

第二，同阶性原则。

位阶，一般指等级，所谓同阶性意指等级相同。环境义务合理担当的同阶性原则，指环境义务所涵盖的两种义务——人对自然的义务与人对人的义务具有同等重要的地位。它们作为环境义务的一体两面，不存在序位高低与主次之分。维护他人环境权利的义务并不是“对自然的义务”的副产品，而是生态环境治理中不可推卸的另一种同等责任。二者虽然侧重不同，但相互联系、相互制约、相互促进。

生态环境保护的双重价值尺度决定了环境义务的同阶要求。

（1）人与自然和解和人与人和解的有机统一。历史与现实充分表明，人与物的关系、人与自然的关系掩盖着、表现着人与人的关系，并通过现实的社会结构转化为、还原为具体的人与人的关系。生态环境问题的解决，同样是与经济、社会问题的解决联系在一起的，也是在历史的实践中渐进实现的。人与自然的和解与人与人的和解两个问题紧密联系在一起。解决好人与自然之间的物质变换关系，有助于建立合理的劳动关系、经济关系、交往方式，也有助于人和人的和解；反之，要达到上述目的，前提是建立真正自由人的联合体与公平、正义、自由的社会状态，人们之间按照“真正人”的方式结合，并按“真正人”的方式与自然结合，就会实现人与自然的和解。那么，我们在研究环境义务问题时，也应该遵循这一辩证致思路径：自然问题的解决与人的问题的解决结合起来，指向自然的义务与针对人的义务结合起来。

从全球来看，环境正义运动起源与发展实质上都是围绕人如何不受到环境的损害这个中心进行的，呼吁在保护自然、消除造成环境破坏行为的同时，肯定并保障所有人的环境权利也应是环境保护的一个重要维度。环境正义运动表达了对环境种族歧视、对不发达国家和地区的生态掠夺与环境殖民、对一国之内弱势群体环境权利的忽视、对全球少数族裔的迫害等多向度问题的关注。世界多地发生的环境维权事件一再表明，环境利益在当代已经成为人类的迫切需求。因此，能否协调好由环境问题衍生的利益冲突与纠纷、弱化环境问题对人类不同群体的差别性影响，越来越成为影响环境治理成效的关键。

（2）绿色发展与共享发展的有机统一。如果说绿色发展体现了生态正义的基本原则，那么共享发展即是对环境正义精神的最好诠释。绿色发展注重的是解决人与自然和谐共生的问题，要求必须坚持节约资源和保护环境，坚定走生产发展、生活富裕、生态良好的文明发展道路。共享发展注重的是解决社会公平正义问题，要求必须坚持发展为了人民、发展依靠人民、发展成果由人民共享，做出更有效的制度安排，推进全体人民自由而全面的发展，绝不能出现“富者累巨万，而贫者食糟糠”的现象。共享发展与绿色发展的有机统一表明，在当今条件下，我们不仅要关注人与自然的和谐共生关系，而且在应对生态问题上对人与人之间的利益关系给予更多重视。人民的美好生活不仅要求创造出更多的优质生态产品，更要使生态文明发展的成果在全体社会成员中实现共享。这些新变化对环境义务提出了新要求、新向度，义务的着眼点应从自然生态保护向人的权利保护拓展。

（3）生态保护与环境人权的有机统一。当今世界，生态环境治理日益凸显出生态保护与环境人权的有机统一。环境权利作为人权的重要组成部分，在维护公平正义、促进人的全面发展中占据重要地位且发挥了导向作用。然而，环境权利作为一项人权，以及环境保护具有的广泛性特征，决定了这项权利的实现必须以相关义务主体的责任保障为前置性条件，不仅要求国家采取相应步骤保护公民免受有毒有害污染，提供有利于公民身体健康和精神福祉的优质环境产品，而且要求企业兼具“守法人”与“道德人”的自觉，在环境法与社会道义的约束监管下对排污行为进行限制，更需要来自权利主体之间的互相支持。只有环境主体在享有适宜环境权利的同时承认并承担保护环境的义务，特别是抑制相互之间的环境损害，才能真正实现相关各方的环境权利，从而，切实避免每一个人都谴责环境不公正，但针对自己时又都想让别人承担不公正，而自己享有公正的吊诡现象。生态保护与环境人权的有机统一表明，建立人与自然和谐共生的关系，维护与促进环境人权存在基础、发展进程和建设成效，必须以相关主体的义务支持为支撑。

第三，共进性原则。

这一原则要求所有社会成员在承担环境义务时要坚持两个统一，即消极义务与积极义务相统一、共益性与自益性相统一。

（1）坚持消极义务与积极义务相统一。消极义务是义务主体必须不进行一定行为的义务。在序列上，它属于底线义务，以“不伤害”为基本特征。故此，在性质上，消极义务就是不伤害义务。不伤害原则是古老的道德第一原则，最早可以追溯至古罗马时期，它主张，为了自己的利益，伤害他人是不合理的。作为义务范畴，不言自明一个共识，即一个人必须承担对其他人不造成伤害或有类似危险的责任，一旦产生对他人正当利益有害的行为，就说明违背了义务，自然要受到道德谴责或法律制裁。依据这一逻辑，将不伤害义务纳入环境义务，目的是最大限度地防止或减少对生态环境与他人环境权利和社会公益的损害。一方面，它要求不伤害自然。环境主体在从事与生态环境有关的活动时，应充分避免行为本身对生态环境产生的消极影响或损害，如造成生态退化、环境结构和功能变化等行为。另一方面，不伤害他人。政府作为社会整体的代表，所能合法施用于个人环境权利保障的行政权力必须符合“不伤害”原则；企业以及个人不能伤害他人以及社会整体的利益。显然，消极义务的核心表达是“禁止性”，它要求人们高度自律，由此，又被称为是对自己行为和思想进行限制的“主观的法”。

我国立法充分体现了这一宗旨。宪法第九条规定：“国家保障自然资源的合理利用，保护珍贵的动物和植物。禁止任何组织或者个人用任何手段侵占或者破坏自然资源。”[①]这一规定通过禁止“所有人”侵占或破坏自然资源行为，确认了公民具有不得破坏自然环境的义务。第五十一条规定：“中华人民共和国公民在行使自由和权利的时候，不得损害国家的、社会的、集体的利益和其他公民的合法的自由和权利。”[②]这一权利限制条款限制了权利行使的边界，公民在行使权利时有维护公共利益和其他个体利益的义务。特别是《中华人民共和国环境保护法》（2014 年修订）第六十四条明确规定：“因污染环境和破坏生态造成损害的，应当依照《中华人民共和国侵权责任法》的有关规定承担侵权责任。”[③]该规定涵盖对环境污染和生态破坏两种损害行为的惩戒，从侵权责任方面宣示公民具有不损害自然环境的法律义务。

积极义务是义务主体为满足权利人的利益需要，在权利限定的范围内必须作为的义务。它以“必须做什么”或“必须付出什么”为基本要求，以“有利于”为基本特征。在环境保护与权利维护方面，要求自觉、主动、积极地作为。一是在公共生活与私人生活中主动践行生态文明规范，自觉做环境保护的倡导者、行动者与示范者。通过生产方式、生活方式与消费方式的绿色化，实现政府绿色行

① 中华人民共和国宪法[M]. 北京：人民出版社，2018：11.

② 中华人民共和国宪法[M]. 北京：人民出版社，2018：24.

③ 中国法制出版社编. 中华人民共和国环境保护法：实用版[M]. 北京：中国法制出版社，2014：55.

政、企业绿色生产、公民绿色生活，并通过三者有机结合特别是充分唤醒公民力量，形成共建共享的治理格局，充分释放绿色治理合力。二是从人权高度充分维护和促进所有人的环境权利，行尽保护环境质量的义务，为共享资源、共享机会、共享发展提供助力。

（2）坚持共益性与自益性相统一。生态环境具有公共产品属性，凸显了环境义务双向权益性尺度。表现一：环境义务虽直接指向“对环境的义务”，但实质上涉及“对人的义务”。因此，环境义务既要有利于实现人与自然的和谐共生，又要追求人与人之间环境平权、义务平等。表现二：环境义务既维护人类整体环境福祉，也增进个体环境权益。自然环境是人类所有人赖以生存与发展的环境支撑系统，对于生活在自然环境中的每一个人都具有同等重要的价值。如果环境遭到破坏，不仅破坏了“破坏者”自身生存与发展的环境，也破坏了其他所有人生存与发展的环境，从权利角度，也对所有人环境生存权与环境发展权构成了侵犯或干扰。因此，环境污染、生态破坏所损害的对象不仅是公共环境、公共利益，而且侵害了多数人的权益，包括个体权益。

显然，履行环境义务所产生的影响效果体现了共益性与自益性的统一，充分认识环境义务这一多重效应，对于矫正环境义务俨然是一种“牺牲”的片面认知具有重要意义。一是环境义务共益性权益尺度，要求任何环境主体都应致力于减少有毒有害污染、共担环境风险、环境负担，积极促进所有社会成员环境福祉的普惠并不断完善。二是环境义务自益性权益尺度表明，环境权利作为一项个人权利的私权性质，决定了这项权利的实现必须以相关义务主体的责任保障为前置性条件，不仅需要环境主体互相承担环境义务，还尤其不能免除自身相应的环境义务，例如，想要得到蓝天、碧水与净土，不仅要求他人不排污，本人也不能排污。因此，环境义务既包括对公共生态环境的爱护，也包括对他人环境权利的尊重，更是对自己享有环境权利的对等给付。只有兼具这三种义务，才能真正实现各方主体在平等意义上共享环境权益。它要求国家主体发挥生态环境治理主导作用，企业主体约束、限制排污行为，更需要来自广泛公民主体的义务支持，共同致力于防范对公共环境利益的侵害，增进他人以及本人的环境权利。

第五章　环境正义的程序问题

在西方思想史上，自从亚里士多德直至20世纪60年代，尽管有关正义的理论学说学派纷立，但对正义的关注多聚焦于“分配的正义”“均衡的正义”以及“矫正的正义”，皆强调“给予每个人以其所应得的对待”或者“对同等情况予以同等对待”，只要人们所应得的权益得到平等的维护，应得的义务得到平等的履行，应得的责任得到合理的分配，就属于正义。从本质来看，这些观点强调的是活动结果的正当性，而不是活动过程的正当性。因此，它们基本上属于“实质正义”或“实体正义”（Substantive Justice）范畴。这一逻辑表明，只要涉及某种权益分配或者义务承担的活动，最终分配结果符合人们认同的正当性与合理性标准，这种活动本身就完全可以接受，而完全不必关心得出结果的过程怎样。事实上，人们不仅关心结果本身，而且同样关心导出结果的程序是否正义。尤其对于弱势群体而言，由于其社会经济地位以及由此相关的权力、能力、话语权的缺失，导致其被动承受大量的环境非正义结果。由此，这种结果从何而来，继而在环境事务程序中如何确保处于弱者地位的人获得基本的公正对待就变得非常关键。

第一节　程序正义要义

程序（Process）是指“事情进行的先后次序”，或者“按时间先后或依次安排的工作步骤”。[①] 它包含顺序、手续、步骤、次序等多重含义。我们日常所说

---

① 见《辞海》《现代汉语词典》“程序”条。

的选举程序、行政程序、订立合同的程序等都是"程序"的具体体现。在法律中，程序是指"按照一定的顺序、程式和步骤制作法律决定的过程"。[①] 它是包含一系列法律原则、规则和手续的复合体，是一种规范化了的法律实施过程。相应地，法律上的程序正义是指在法律实施的方法和过程上，要求用于解决利益争端的法律程序必须是公正、合理的。那么，由法律领域拓展至社会政治、经济生活各个领域，程序正义作为一种理念，是指解决利益分配的方法和过程必须是公正、合理的。程序的正当性是程序正义的核心问题。

一、程序正义注重过程公平

程序正义（Procedural Justice）又称"看得见的正义"，它源于英美一句人所共知的法律格言——正义不仅应得到实现，而且要以人们看得见的方式加以实现（Justice must not only be done，but must be seen to be done）。程序正义作为一种重要的正义理念，指相对于结果而言的过程的公平，或相对于结论而言的程序的正义，它强调通过公正合理的程序所得出的结果更加具有可接受性。比如，就法律而言，案件既要判得正确、公平，完全符合法律规定和精神，还应使人感受到判决过程的公平性和合理性。英国哲学家培根在《论司法》中曾言："一次不公的判断比多次不平的举动为祸尤烈。因为这些不平的举动不过弄脏了水流，而不公的判断则把水源败坏了。"[②]这段话被人们广泛引用，因为它道出了程序公正的重要性。

20世纪60年代以来，忽略"过程"的研究格局发生转变。1971年罗尔斯在《正义论》中提出并分析了程序正义的三种形态：纯粹的程序正义（Pure Procedural Justice）、完善的程序正义（Perfect Procedural Justice）以及不完善的程序正义（Imperfect Procedural Justice）[③]。尽管人们对"完善的程序正义"与"纯粹的程序正义"的区别并不完全认同，但他所提出的程序或者过程本身的正当性问题引起当世极大的关注。"完善的程序正义"具有一种判断其结果是否正确的独立标准，是有可能设计出一个能够确保达到正确结果的程序。"纯粹的程序正

---

① 陈瑞华. 程序正义理论[M]. 北京：中国法制出版社，2010：1.

② 培根. 培根论说文集[M]. 水天同，译. 北京：商务印书馆，2017：197-198.

③ 罗尔斯. 正义论[M]. 何怀宏，等，译. 北京：中国社会科学出版社，1988：80-83.

义”有一个达到正确结果的程序，但没有判断正确结果的独立标准。以博彩为例证，如果博彩的程序是公平的，而且人们是自愿参加博彩的，其中没有任何欺骗，那么赌金的任何一种分配都是公平的。它表明这种正义形态具有这样一种独特价值：程序一旦被实际执行，它所达到的任何结果都是正义的。相比较而言，“不完善的程序正义”则没有这种可以达到正确结果的程序。例如，刑事审判的基本规则是遵循法律规定的合理审判程序，达到正义的审判目的。那么，只要被告犯有被控告的罪行，此被告就应当被宣判为有罪。但是，现实中，审判程序不能确保每次审判皆能实现正确的结果，一个无罪的人可能被判有罪，而有罪的人则可能逍遥法外。这表明，此程序是不完善的。但“不完善的程序正义”也具有一种判断结果是否正确的独立标准，例如，司法审判的正义标准表现为“有罪者被判有罪，无罪者加以释放”。罗尔斯的上述理论思考推进了人们对程序正义实质的认识。之后，一些学者相继开始研究过程或程序本身的正当性问题，有关程序正义的理论和学说不断出现，程序正义在西方成为政治学、法学等领域所共同关注的理论话题。这些研究从不同角度揭示了这样一种观念：在对公共决策活动的正当性做出评判时，不仅要考虑实体结论的合理性，而且要考虑过程本身对参与者影响的正当性。

下面一组案例反映了程序正义的重要作用与意义。

案例：和尚分粥——分粥人最后取[①]

一个庙里有若干个和尚，他们每顿饭都是同吃一锅粥。但由于没有有效的计量工具，导致总是分配不匀。他们商量制定一个公平的制度解决这个棘手的问题。（1）选举一名德高望重的和尚分粥。他们认为只有由最有道德的人主持分配才会公平。但由于僧多粥少，这位负责的和尚得到的粥总是又多又稠。（2）让所有人轮流分粥。这看似最公平的办法，却导致每个人只有在自己分粥的时候才能吃饱，其他日子都是饥肠辘辘。原因在于，每个分粥人都运用分粥的权力将个人利益最大化。（3）执行民主监督制，成立分粥委员会和监督委员会。但由于各派意见分歧不断，争来吵去，导致效率低下，常常是粥凉了人还没吃上。只好废

---

① 案例来源：崔建霞. 六堂公开课：案例中的哲学沉思[M]. 石家庄：河北教育出版社，2020：131-132.

除这种制度。（4）分粥人最后拿原则。每个分粥人要让所有人先拿，自己吃最后剩下的那碗。在这种规则下，出于自利，分粥人只能最大限度地追求平均分配。结果，每餐粥都分得非常公平。这个看似无解的问题被一个公平合理的程序彻底解决。

案例：轮流捡柴

严寒的冬天，第一一群人点燃了一堆火。大火熊熊燃烧，烤得人浑身暖暖的。所有人都在想，天这么冷，我绝不能离开火，不然我就会被冻死。于是，这堆火因无人添柴，不久便熄灭了，结果这群人全被冻死了。第二一群人点燃了一堆火。所有人都在想，如果大家都只烤火不捡柴，火迟早会熄灭。于是，大家都去捡柴。最终，所有人都被陆续冻死在捡柴的路上，火也因缺柴而灭。第三群人点燃了一堆火，他们没有全部围着火堆取暖，也没有全部去捡柴，而是制定了轮流取暖、轮流捡柴的制度，一半人取暖，一半人捡柴。从而，人人参与捡柴，人人获得温暖。火堆因得到了足够柴源而熊熊燃烧，人的生命得以保障。

这组案例中做法的对与错，正义与非正义，无须深思就能轻易得出结论。保证分粥公平的程序规定为“你分但我先拿”，或者“分的人最后拿”。它表明这样一个理论逻辑，正义应是正义程序的结果。如果程序本身是正义的，那么它所达成的任何结果都是正义的，而无论结果怎样。对于分粥而言，正义的标准就是平均分配，因此，程序设计的正义性就在于保障达到平均分配这一结果。这样，“评价程序正当性与结果正当性的标准事实上就合二为一了，结果正当性成为程序正当性的必然结果”。[①]质言之，只要人们遵守并执行正当的程序，那么，所产生的结果就应被视为是正确和正当的。显然，这一逻辑对过程、程序的正当性与合理性提出了严格要求。

综上所述，我们可以得出以下结论。第一，正义是由程序建立或保证的。程序正义的关注点不是正义的具体内容，而是获取正义的普遍形式。当我们把正义称为“程序正义”，注重的是正义过程的重要性；把正义称为“实质正义”，强调的是正义结果的重要性。一个村子要选出一位合格的村主任，对于

① 陈瑞华. 程序正义理论[M]. 北京：中国法制出版社，2010：22.

实质正义来说，只有当村主任的职位由最能胜任此项工作的人来担任才是正义的，恰如亚里士多德所主张的“最好的长笛应该配给最好的乐手”。对于程序正义而言，要求必须建立起“选择最能胜任村主任的正义程序”。如果选择的程序是正义的，那么一般情况下，遵循这个程序选择出来的任何人来担任村主任的结果都是正义的。所以，程序正义是追求实体结果过程中的正义，主张通过平等、公正的程序性法律规范、制度、规约达至正义的结果。俗话说，没有规矩不成方圆，程序正义就是保证结果公正过程中的“规矩”。现实中“黑箱操作”等现象之所以不正义，是因其违背了程序正义。第二，程序正义有利于人们接纳结果，坚定正义信念。人们关心结果的善与恶，但同样关心导出结果之程序的对与错。在实践中，评价各项决策对人的权益影响是有利还是不利的，不能仅仅关注结果的正当性，还要考察结果的形成过程、结果据以形成的程序本身是否符合正当性与合理性标准，如平等、参与、理性、人的尊严的维护等内在价值。一言以蔽之，既然程序决定结果，程序的正义性将保证结果的正义性，那么，坚持程序本身具备客观性和公正性，必将使人们因对结果的得出方式的认可和满意而最大化接纳结果，提升正义的信念。

二、程序正义坚持程序对等和中立

程序对等与程序中立，是程序正义“过程的公平”这一核心价值的原则体现。

程序对等原则坚持不同主体在程序、过程上的同等对待，一视同仁，不偏不倚。保障不同主体在程序、过程上的待遇具有对等性，要求决策者在决策过程中，要给予各方参与者平等参与的机会，对各方主张、意见予以同等尊重和关注，对各方利益予以同等对待，并将各方提出的有效观点平等地考虑在内。（1）以科学为尺度。要对决策的根据进行科学、充分的论证，力戒主观主义。（2）以平等为原则。决策之前对各方提出的意见和与此相关事实进行归纳、讨论和评议，合理吸纳有效意见，防止类别、阶层歧视。（3）以事实为根据。明确据以决策的根据和理由，对所作决策的合理性、必要性做出论证与说明，避免脱离实际、脱离群众。

程序中立原则要求程序的制定与执行必须保持中立，从而保证一个中立的程序平等施用于任何社会群体。它表明，决策者应在相关利益方之间保持无偏袒的态度和行动，既要排除决策者个人好恶和偏见对结果的影响，也要排除外来干扰。一是制度设计具有中立性。制度是社会正义的根本保证。针对事件处理过程的制度、法制以及规则的设计与决策，在立场上，要坚持不偏不向、不带有任何感情色彩、认理不认人的中立立场。在目标上，要保障利益攸关方能够在同一个程序中实现各自合理的利益诉求。二是制度执行具有中立性。制度程序施用于任何社会群体时，在对立各方之间，不倾向于任何一方，公正透明。不存有支持一方、反对另一方的预断、偏见或歧视甚至打压。在机会上，给予利益攸关方平等的参与机会。富有意义的公众参与，不仅是程序正义的核心要素，而且对于程序正义实现具有极为重要的意义。在过程上，保证相关方都得到公正对待，避免因人为操作导致处理过程偏离公正轨道。鉴于现实多元利益纠葛的复杂性，实现制度执行的中立，需要不断排除各种不公正、不合理情况的干扰。

三、程序正义具有独立内在价值

程序内在价值议题是针对长期盛行的程序工具主义、程序虚无主义所主张的程序观念而提出的。它关涉一个值得思考的重要问题，即程序的正义问题是否具有独立的地位或价值。程序正义内在价值的观念旨在说明，程序正义并非仅仅具有一种有助于公正结果产生的工具性价值，它自身就具有一些独立价值，这些价值包括公平公正、合理、平等、参与、关注弱势群体、人格尊严，等等。

程序工具主义的立场表明，如果一项程序或者一项程序规范对于形成正确或公正的裁判结果是有效的，那么，它就具有正当性和可接受性。这一逻辑展示出这样一种理念，程序相对于它所要达到的实体结果而言，只具有一种工具或者手段上的意义。从理论逻辑上说，程序工具主义属于功利主义的一个分支。按照功利主义立场，程序正当性的评价标准是“好结果”。当事人获得程序保障的最终目的在于实现实体性权利，更高目的则在于实现“最多数人的最大幸福”。那么，法律等一切程序不过是用来实现这一目的的工具或手段。之后，相当长的一个时期，程序理论的焦点一直集中在如何确保程序为某一外在目标也就是结果的服务上。由此，程序的正当性只需要从它要产生的结果得到证实，程序自身内在价值则不在考虑之内。诺奇克赞同这一立场，他认为程序不是为了它本身的内在价值而存在的，正当法律程序充其量只是保护实体权利的手段。[①]可以说，程序的

① K. R. Seherer. Justice：Interdisciplinary Perspectives[M]. Cambridge University Press，1992：126.

正义问题在程序工具主义理论体系中不具有独立地位。

20 世纪 70 年代以后，通过罗尔斯“作为公平的正义”理论、法学家罗伯特·萨默斯（Robert S. Summers）“程序价值”理论以及杰里·马修（Jerry L. Mashaw）“尊严理论”等研究，程序本身的内在价值问题引起了人们的广泛重视，程序正义的独立性渐成共识。这一共识表现为，通过法律程序本身所体现出来的价值为程序的内在价值，这种价值独立于裁决结果，是程序本身所内含的独立价值。对于程序本身价值的界定，马修称为“尊严价值”，大体包括平等、可预测性、透明性、理性、参与、隐私等方面①，它们的直接目的是维护法律程序自身的公正性、人道性或者合理性，终极目的在于从不同角度维护当事者作为人的尊严，使那些受裁决结果直接影响的人获得基本的公正对待，使他们成为积极参与裁决过程、主动影响裁决结果的程序主体，而不是消极等待、被动承受的程序客体，从而，具有自主地决定个人命运的选择机会和尊严。进而，在法律程序的设计和实施中，全力维护人的尊严，这既是必须通过法律程序得到实现的价值目标，也是衡量一项法律程序公正与否的基本尺度。

综上所述，程序正义不仅具有工具或者手段方面的意义，也具有自身的独立性。程序的正当性或合理性不能仅从程序有助于实现好结果的能力得到证明，还应从程序自身的价值得到验证。坚持程序正义的独立性与内在价值，消除程序工具主义的影响，对于促进公平正义具有极大的启示意义。

第一，有助于改变“重结果轻程序”的做法。实践中，不承认程序具有独立于实体目标之外的价值和意义，甚至偏执于程序在保证实体正义上的有效性，直接带来“重结果轻程序”的弊端。相反，尊重程序的内在价值，对于纠正人们一味追求结果的公正，忽略过程的正义具有巨大的矫正作用。一是保障那些受结果直接或间接影响的人，具有与相关机构平等的主体地位，从而可及时了解程序的进展、结果以及结果得出的根据和理由。二是面对可能对自己产生不利影响的决定，有为自己权益进行争取、说服或交涉的权利，避免了即使受到不公正对待，却只能听从权力机构对自己权益单方决定的被动。因此，程序正义规约了使实体性权利得以实现的方法以及在这种权利受到侵犯时获得补救的手段。

第二，有助于警惕将“程序”等同于“程序正义”的认知误区。“有程序就

---

① 陈瑞华. 程序正义理论[M]. 北京：中国法制出版社，2010：254.

有程序正义”，这是需要警惕的一个观点。程序与程序正义，二者不能混为一谈。确切地说，程序虽已广泛建制于各级各类制度与规则之中，但并不是所有的程序都具有合理性或完全正当性。现实中，使人们产生严重不公感觉的“坏程序”“恶程序”确实存在，导致信任崩塌，引发矛盾冲突，造成坏的结果。当今，“所有既存的法律程序、规则、制度都具有正当性”，这种观点的支持者正在逐渐减少。人们越来越认识到，对法律程序做适当的评价、对规则本身做必要的反思、对制度设计持审慎的态度，有赖于对其正当性的严苛检视。制度、规则、程序的正当性，既是程序正义的内在品质，也是人们认同、接受和信任的基础和根据，更是社会稳定的调节器。如果它们自身缺少正义，无论怎样严守程序，都将导致不公的结果。因此，在理论上，不能简单将程序等于程序正义，在实践中，更要理性清除“恶法”，保护“良法”。

第三，有助于厘清程序正义的标准。与程序工具主义相比，程序本位主义坚持程序自主性原则，认为程序正义具有一种独立于实体正义的“非工具价值”，从而简单地得出“公正结果是公正程序的自然延伸”的结论。这两派学说尽管都具有鲜明的理论特质，但却都没有正确解决程序与结果的辩证关系问题，均把二者做了不适当的分离，只看到矛盾对立性，而没看到矛盾统一性。质言之，确定程序正义标准，需要对程序正义的意义建立全面的认识，以一种整体性视野，在二者的辩证统一中进行把握。那么，构成评价程序正义的标准，至少应涵盖正义的目的与公正的程序两个方面。

一方面，程序必须具有产生好结果的能力。保证正义的目的，达到“好结果”，不仅是正义的基本要求，也是判断程序是否合理、正当的根据。确切地说，程序是实现正义的前提。因此，它不仅要保证产生结果，而且要产生正确的结果。结果的公正性需要依靠程序自身的公正性加以保障。所以，一个程序无论设计得多么精致合理，但不能产生公正的结果就是不好的程序。所谓公正的结果，就是每个人得其所应得，“一个人所应得的，就是他有权得到的”。[①]因此，程序正义作为实现实体正义的工具性价值是必要的。

另一方面，程序本身必须符合程序正义的要求。评价一个程序的好坏，不仅要看它是否具有形成正确结果的能力，还要看它本身是否符合程序正义的要求，

---

① 艾德勒. 六大观念[M]. 郗庆华，薛金，译. 北京：生活·读书·新知三联书店，1991：191.

是否具有公正、合理、正当等内在品质。否则，忽视程序自身的正义性，就可能导致为了结果正确而不择手段的恣意妄为。例如，随意变更程序、模糊规则、刑讯逼供、损害人格尊严等各种非正义手段。这种“只要真相能够得到，它是如何获得并不重要”的操作，不仅严重背离、否定了程序正义精神，而且揭示了一个残酷的事实，即正确的结果可以通过不公正的程序而产生。美国学者泰勒（Tyler）指出，“在一般情况下，公正的程序比不公正的程序能够产生更加公正的结果”。[①]那么，消除因过程不公而产生的非正义感，势必要杜绝无论通过什么程序只要实现有效性就行的现象。否则，即使结果在事实上正确，这种不当程序都构成对当事人的不公正对待和伤害。美国前联邦最高法院大法官道格拉斯（Douglas）曾讲过一句名言：“权利法案中的大多数条款都是关于程序的规定，这并不是没有任何意义的。正是程序决定了法治与恣意的人治之间的主要区别。”[②]易言之，程序不仅仅是依附于实体而存在的，从一定意义上讲，“程序正义的实现即意味着实体正义的实现；从法律层面上讲，在严格程序下所实现的法律公正即意味着实现了客观公正”。[③]所以，应充分认识和尊重程序正义的独立价值与意义，坚持程序正义的内在价值对产生好结果的促进有保障作用。

第二节 环境正义的程序性权利

环境正义的程序性权利包括各环境主体在相关环境事务上的环境知情权、环境参与权和环境监督权，分别代表信息取得、公众参与及司法救济。三者共同构成了程序性环境权利架构的三大支柱。

一、环境知情权

环境知情权是公众参与环境保护的重要前提。公众只有在了解环境信息的

① G. M. Pops. T. J. Pavlak. The Case for Justice[M]. Jossery-Bass Publishers，1991：85.
② 陈瑞华. 程序正义理论[M]. 北京：中国法制出版社，2010：9.
③ 于海生. 程序正义理念：法治精神的重要内涵[N]. 人民日报，2008-11-17.

基础上，才能有效地参与环境保护。

首先，环境知情权的内涵。

"知情权"是现代政治文明建设的重要内容，它要求相关部门防止消极对待政务信息公开化、任意扩大保密权限的官僚主义倾向。环境知情权则是知情权与环境保护相结合的延伸概念，是知情权在环境保护领域里的具体体现。由此，环境知情权是公民依法享有获取、了解与环境问题和环境政策相关信息的权利，包括本国乃至世界环境状况、国家环境管理状况以及自身环境状况等有关环境信息。这一权利既是公民参与环境保护的前提条件、客观要求和基础环节，又是环境保护的必要民主程序，更是环境权利的基本内容。此外，环境信息公开是环境知情权的重要内容。环境信息包括公共信息和个别信息，前者是指向全社会发布的环境信息；后者是指只有在公众提出要求的情况下才提供的个别信息。质言之，环境知情权赋予公众这样一种权利，有权获知他是否暴露于环境风险之中。

国际《奥胡斯公约》[①]（*Aarhus Convention*）（以下简称《公约》）被称为环境信息公开制度发展的里程碑。它不仅是一个环境方面的条约，而且在政府问责、透明度和政府对公众的回应等方面进行了详细规定。所以，尽管《公约》是区域性的，但它的影响力却非常广泛。《公约》第一条明确规定："为促进保护今世后代人人在适合其健康和福祉的环境中生活的权利，每个缔约方应按照本公约的规定，保障在环境问题上获得信息、公众参与决策和诉诸法律的权利。"[②]而且，对公众参与的权利，以及签约国政府及其公共政府部门承担相应的义务进行了规定。"在涉及地方、全国以及跨国境的环境问题时，政府的决策过程中应赋予公众知悉有关信息和参与的权利，并规定了保证行使这些权利的有效司法机制。"[③]特别是《公约》第三条第9款规定了公众参与环境事务的程序权利："在本公约

① 1998年6月25日，在丹麦奥胡斯市，联合国欧洲经济委员会（United Nations Economic Commission for Europe，UNECE）在第四次部长级会议上通过了《奥胡斯公约》。该公约由来自欧洲和中亚的35个国家签署，美国与加拿大虽为UNECE 成员国，但并未参加签署。随后又有39个国家也加入该公约。该公约的全称为《在环境问题上获得信息、公众参与、决策和诉诸法律的公约》（*Convention on Access to Information, Public Participation in Decision-making and Access to Justice in Environmental Matters*）（简称 *Aarhus Convention*，1998）。该公约于2001年10月31日生效。

② 吴浩. 国外行政立法的公众参与制度[M]. 北京：中国法制出版社，2008：51.

③ 吴浩. 国外行政立法的公众参与制度[M]. 北京：中国法制出版社，2008：31.

有关规定范围内公众应能在环境问题上获取信息参与决策和诉诸法律，不因公民身份国籍或居所而受任何歧视，法人则不因注册地或有效活动中心所在地而受任何歧视。”[①]综合来看，这些程序权利包括：（1）环境信息知情权。公众有权要求信息公开，这是参与环境事务的前提。（2）环境决策参与权。公众具有参与制定环境政策、决定环境项目、表达决策意见的权利。（3）对违反环境法事件运用司法救济的权利。质言之，《公约》确认并强调各国政府只有通过利益攸关方的参与，才能实现可持续发展。

其次，环境知情权的权利主体、权利客体与义务主体。

第一，环境知情权的权利主体。这一权利主体所指是谁应该享有环境知情权。《公约》第二条第 4 款和第 5 款对此进行了规定。第 4 款：公众是指一个或多个自然人或法人以及按照国家立法或实践兼指这种自然人或法人的协会组织或团体；第 5 款：所涉公众是指正在受或可能受环境决策影响或在环境决策中有自己利益的公众；为本定义的目的倡导环境保护并符合本国法律之下任何相关要求的非政府组织应视为有自己的利益。[②]这些规定揭示了作为环境知情权权利主体的大众具有两层含义。（1）包括正在受或可能受环境决策影响且具有利害关系的人。（2）泛指普通大众，不仅包括利害关系人，而且包括自然人、法人以及相关社会组织。例如非政府组织作为环境知情权的权利主体，是公众参与环境事务的重要形式。与个体相比，它在经济能力、专业知识以及影响力上更具优势，这一特点已经获得诸多国家的法律承认。应当说，环境知情权的权利主体超越利害关系人的界限，体现了行政公开制度和知情权发展的国际趋势。环境问题的公共性表明，一地一国的环境状况不仅影响本地本国公民，同时也影响其他区域以及世界环境。任何人都可能由于普遍联系效应而与之存在利害关系。如果以直接利害关系人为条件对环境知情权的主体身份进行限制，在实践中不仅缺乏可操作性，而且造成部分人主体性权利缺失。因此，所有公众都具有平等的知情权利，而无论何种主体形式。

第二，环境知情权的权利客体。客体是主体活动所指向的对象。环境知情权的权利客体是指环境知情权的权利主体应该享有的环境信息。概括来看，环境知

---

① 吴浩. 国外行政立法的公众参与制度[M]. 北京：中国法制出版社，2008：53.

② 吴浩. 国外行政立法的公众参与制度[M]. 北京：中国法制出版社，2008：52.

情权的权利客体包括有关环境要素及环境保护、资源利用、管理等方面相关的信息。从环境要素角度来看，既包括自然资源信息，也包括人类活动引发的环境污染信息；从资源利用与生态环境治理角度来看，包括政府对生态环境与人类生活和健康保护方面的行政立法、政策规划、成本效益分析等信息。《公约》第二条第3款对此做了规定：

"环境信息"指下列方面的书面形式、影像形式、音响形式、电子形式或任何其他物质形式的任何信息，包括：(a)各种环境要素的状况诸如空气和大气层、水、土壤、土地、地形地貌和自然景观、生物多样性及其组成部分包括基因改变的有机体，以及这些要素的相互作用；(b)正在影响或可能影响以上(a)项范围内环境要素的各种因素，诸如物质、能源、噪声和辐射，包括行政措施、环境协定、政策、立法、计划和方案在内的各种活动或措施，以及环境决策中所使用的成本效益分析和其他经济分析及假设；(c)正在或可能受环境要素状况影响或通过这些要素受以上(b)项所指因素、活动或措施影响的人类健康和安全状况、人类生活条件、文化遗址和建筑结构。[①]

但是，环境知情权具有明确的权利界限或边界，存在免予公开环境信息的例外。环境知情权权利主体享有环境信息应坚持以公开为原则，不公开为例外。"例外信息"大致分为国家秘密和商业秘密两类。前者关系国家安全和利益，在特定时间仅限于一定范围、特定人员具有知情权，如有关矿藏、重要自然资源的科学情报、资料和地图。后者是指能为权利人带来经济利益的技术信息和经营信息。但是，这类采取保密措施的商业行为一旦被证实存在对环境、人类健康、安全产生损害，"例外"自然消除。

《公约》第四条第4款确定了可以驳回的例外请求：

(a)国家法律规定的公共当局工作事务的保密；(b)国际关系国防或公共安全；(c)司法审理、个人受到公正审判的权利或公共当局进行刑事调查或纪律调查的能力；(d)为保护正当经济利益由法律规定予以保护的商业信息和工业信息的保密，在这个范围内与环境保护有关的排放信息应公开；(e)知识

① 吴浩. 国外行政立法的公众参与制度[M]. 北京：中国法制出版社，2008：52.

产权；（f）当事人不同意公开且国家法律规定予以保护的与自然人相关的个人数据或档案；（g）本身没有法律义务或不可能被要求承担法律义务提供请求所指信息但提供了这种信息且不同意予以公开的第三方的利益；（h）珍稀品种养殖场等与请求所指信息相关的环境。①

第三，环境知情权的义务主体。环境知情权的义务主体是指履行环境信息公开义务的主体，主要指掌握环境信息的行政机构，还包括由法律授权或行政机关委托的组织。这类组织与行政机构一样，都对保障公众环境知情、参与环境决策过程负有义务。此外，排污企业也理应成为义务主体。环境知情权的义务主体所负义务主要包括：一是充分了解相关活动是否可能对生态环境造成重大影响；二是当人类健康或生态环境面临紧急威胁时，要及时向可能受影响的公众发布相关环境信息，帮助公众采取措施，预防或减少各种威胁造成的损害；三是建立透明和公正的程序，保障公众参与环境决策和质疑、异议的权利。

《公约》第五条对义务主体的义务，宏观规定为"收集和散发环境信息"。

1. 每个缔约方应确保：（a）公共当局具备并更新与自身职能相关的环境信息；（b）建立强制性的制度，保证公共当局能够充分了解拟议和正在进行的可能对环境造成重大影响的活动；（c）在人类健康或环境面临人类活动或自然原因造成的任何迫在眉睫的威胁的情况下，公共当局立即毫不迟延地向可能受影响的公众发布所掌握的、一切能够帮助公众采取措施预防或减少此种威胁造成的损害信息。2. 每个缔约方应确保在国家立法的框架内公共当局以透明的方式向公众提供环境信息，确保环境信息得到切实有效的掌握。②

总体来看，作为程序性权利，环境知情权关涉权利主体、权利客体、义务主体三个组成部分，体现为权利主体与义务主体的关系架构，即环境知情权享有者与掌握环境信息的行政机构、企业主体之间的关系。权利主体与义务主体构成环境知情权最根本的实践关系，二者表现为主体客体化与客体主体化双向促进关系。一方面，权利主体因获得必要的环境信息而使权利的应当性、主体自主性和能动性得到确证；另一方面，义务主体因负担起环境信息公开责任并满足了知

① 吴浩. 国外行政立法的公众参与制度[M]. 北京：中国法制出版社，2008：54-55.
② 吴浩. 国外行政立法的公众参与制度[M]. 北京：中国法制出版社，2008：55-56.

情需要，才使自身职能义务得到实现。只有信息对称、环境管理公正透明，才能提前预防或及时补救可能出现的环境损害。

二、环境参与权

首先，环境参与权的内涵。

环境参与权是指公民、法人和其他组织依法参与环境保护公共事务活动的权利。

从各国官方规定来看，我国环境参与是指“公民、法人和其他组织参与制定政策法规、实施行政许可或者行政处罚、监督违法行为、开展宣传教育等环境保护公共事务的活动”。[①]美国环保局（EPA）在《公众参与指南：公众参与的互联网资源》中立足于公众参与生态环境治理的需要，从政府角度对环境保护领域的公众参与做了较明确规定，提出公众参与是指由赞助机构或其他实体进行的一系列活动和行动组成的过程，以告知公众并从他们那里获得意见。公众参与为利益相关者提供了影响那些影响其生活的决策的机会。[②]英国环境部在《对公众参与的评价方法：文献综述》中基于公众评价方法对涉及公众环境参与的相关概念进行了说明，提出公众参与的前提是政府对相关权力的让渡与下放，责任当局转移给公众的权力数额决定公众参与的程度，认为公众参与主要包含教育和信息提供、信息反馈、参与和咨询以及扩展的参与即建立共识和审议过程等环节或方法。[③]

一些学者观点展现了对环境参与权的多元理解视域。（1）学者彼得·勒罗伊（Pieter Leroy）和詹·范·塔滕霍夫（Jan P. M. Van Tatenhove）从环境参与的目的出发，认为环境参与是一种改变权力平衡（the Balance of Power）的极具广泛政治意义的运动：一方面确保在政府决策过程中更多地考虑环境方面的问题，另一方

① 中华人民共和国环境保护部. 环境保护公众参与办法[EB/OL].[2015-07-13].https://www.mee.gov.cn/gkml/hbb/bl/201507/t20150720_306928.htm.

② U.S. Environmental Protection Agency. Public Participation Guide： Internet Resources on Public Participation[EB/OL].[2022-07-05].https://www.epa.gov/international-cooperation/public-participation-guide-glossary-guide-terms.

③ U.K. Environment Agency. Evaluating Methods for Public Participation：Literature Review[EB/OL].[2000-01-01].https://www.gov.uk/government/publications/evaluating-methods-for-public-participation- literature-review.

面使公民和环保主义运动者更容易获得和更容易核实政府在环境领域的决策。[①]（2）哈佛大学副教授阿肯·冯（Archon Fung）认为，推行任何领域的公共参与都是由于决策者在知识、能力等方面是有缺陷的，他们需要公众参与来弥补自身在决策中出现的不足，以产生更理想的集体决策和行动的实践和成果。因而，在环境领域也是如此。[②]（3）学者詹·范·塔滕霍夫（Jan P. M. Van Tatenhove）和彼得·勒罗伊（Pieter Leroy）立足于不同主体，认为消费在现代环境参与中发挥着重要的作用，包含政府和公众两个主要方面内容：一方面以国家为导向，推动生产消费的绿色化，这种参与是基于持久的和以规则为导向的战略；另一方面，消费者和他们的组织试图通过几种方式直接影响生产过程，从购买生态产品到自己成为生产者。在这里，参与更加广泛，包括混合指导和规则的参与策略。[③]

经过改革开放以来数十年的研究与实践，我国政府和学界对环境参与的本质要求有了更加明晰的认识与理解，例如，将环境参与视为公民应有权利的一个重要组成部分，明确环境知情权、环境参与权与环境监督权是公众环境参与实践中应予以保障和实现的基本内容，强调公众参与环境保护行为的自主性与合法性、独立性与公共性的统一。相较于国内的研究与实践成果，国外对于环境参与概念的研究与理解更加多样，常有政治学、管理学、法学等多元学科视角。对比中外有关文献可以清楚地发现，国外学者、政府及非政府组织等大多认为公众参与是现代社会治理中的一个必要方面，是对政府行政与决策权力的有效制约与补充，是公众政治参与和民主权利在环境保护领域中的有效体现，因而更加强调个体及非政府组织在环境参与实践中的主体地位，强调公众环境参与的独立性以及对政府开展环境保护事业的监督、制约和完善。

另外，充分理解环境参与权，还需进一步厘清公众参与的正当性、目标、路径以及公共权力机构的义务等问题。

其次，公众参与的正当性。

---

① Leroy P，Van Tatenhove J P M. Environment and Participation[M].Greening Society. Springer，Dordrecht，2002：163-184.

② Fung A. Varieties of Participation in Complex Governance[J]. Public Administration Review，2006（66）：66-75.

③ Van Tatenhove J P M，Leroy P. Environment and Participation in a Context of Political Modernisation[J]. Environmental Values，2003，12（2）：155-174.

公众参与的正当理由，肇端于生态环境治理目标、民主治理价值以及国际人权法精神。

第一，公众参与是生态环境治理的重要力量。“自上而下”的生态环境治理范式在当今已愈加困窘。反之，构建政府为主导、企业为主体、社会组织和公众共同参与的环境治理体系，特别是在多元共治格局中充分夯实公民力量已成为最优选项。一系列国际公约对公众参与决策过程的权利给予了诸多承认。简略来看，1992 年《里约环境与发展宣言》强调，环境问题最好是在全体公众的参与下进行，应使他们有机会参与各项决策进程。“各国应通过广泛提供资料鼓励公众参与。应让人人都能有效地使用司法和行政程序，包括补偿和补救程序。”①《21 世纪议程》明确公众的广泛参与和社会团体的真正介入是实现可持续发展的重要条件之一，“要培养与可持续发展相一致的环境意识和道德意识、价值观和态度以及技能和行为，并实现公众对决策的有效参与”。②1992 年《生物多样性公约》从保护生物多样性上，要求缔约国“采取适当程序，要求就其可能对生物多样性产生严重不利影响的拟议项目进行环境影响评估，以期避免或尽量减轻这种影响，并酌情允许公众参加此种程序”。③ 通过国际规约的推动，当今，公众参与无论在理论认知还是实践行动上都日渐增强，自上而下和自下而上相结合的环境共治模式作为摆脱环境困境的必然选择，业已成为国际潮流，充分彰显了公众参与作为政府行动的补充力量，为维护环境公共利益发挥了重要作用。

第二，公众参与促进了决策结果的正当性。结果的正当性体现了环境议题与环境民主的重要关联性，它昭示了以民主方式实现环境保护目的的必要性。实质上，程序正义集中体现为环境民主原则。公众参与是实现环境民主的有效形式，公众以及社会组织都有权利且有充分的机会直接或间接地参与同环境有关的法律和政策的制定，并能对决策发挥有效的影响，表明公众在生态环境治理方面具有影响和制约政府权力的权利。法学家萨默斯指出：“在现代民主社会中，大部

---

① 田青，胡津畅，刘健，等. 环境教育与可持续发展的教育 联合国会议文件汇编[M]. 北京：中国环境科学出版社，2011：15.

② 田青，胡津畅，刘健，等. 环境教育与可持续发展的教育 联合国会议文件汇编[M]. 北京：中国环境科学出版社，2011：17.

③ 田青，胡津畅，刘健，等. 环境教育与可持续发展的教育 联合国会议文件汇编[M]. 北京：中国环境科学出版社，2011：27.

分公民宁愿自行管理自己的事务，也不愿意别人主宰自己的命运，哪怕别人做得要比自己更好。参与性统治的反面是奴隶制、政治服从或者军事管制。”[①]根本上，环境民主透露出公众参与环境决策过程是政治参与的一种形式，具有重要的理论意义与实践价值。一方面，环境议题的参与式民主，强调政府和公众双向互动，通过公众参与提升环境决策质量与执行效能；通过促进环境议题的公共意识，保护公众对关心事项表达意见的权利，推动相关部门将民意纳入决策考量。另一方面，有利于防止环境公共政策和行政行为的偏差和失误。公众参与权的行使，可以有效地避免因错误的环境决策而导致的环境非正义。一是促使政府在环境决策过程中，公正地平衡和协调各种利益冲突，审慎地比较与权衡拟议中的环境计划对社会不同群体利益的差别性影响。二是坚持补偿正义，推进相应补偿措施的有效性。

第三，环境议题的跨界性质，催生了国家间环境正义程序的正当性问题，也使公众环境参与具有跨国特征。基于特定开发行为可能造成跨越国界环境影响，一些国际公约对公众跨国参与权利做了规定。1991 年《跨国环境影响评估公约》允许任一缔约国公众参与行为国的环境影响评估程序。《公约》第三条第 7 款要求缔约国“应促进在国际环境决策过程中和在环境事务相关国际组织框架内应用本公约的原则”。[②]2005 年《公约》第二次缔约国会议通过《促进奥胡斯公约原则在国际论坛之适用准则》[③]，进一步发展了国际环境决策的公众参与原则。同时，基于国际法“不歧视原则”（Non-discrimination），个人或非政府组织可通过跨国参与对全球层面的环境公共利益保护发挥积极作用。上述规约强化了公众参与环境决策的国际跨界意识，也为此提供了对跨界环境问题进行处理的基本遵循和有力保障，当特定国家的环境行为造成了邻国的环境损害，受影响的一国公众拥有表达不同诉求的权利。

再次，公众参与的目标与路径。

公众参与作为处理环境事务的程序人权，至少要考虑以下三个目标。（1）改

---

① R. S. Summers. Evaluating and Improving Legal Process-A Plea For “ProcessValues”[J]. In Cornell Law Review，1974，60(1)：25-26.

② 吴浩. 国外行政立法的公众参与制度[M]. 北京：中国法制出版社，2008：53.

③ Almaty Guidelines on Promotingthe Application of the Principles of the Aarhus Convention in International Forums（简称阿尔马地准则）.

善环境决策。通过获得环境信息、参与决策过程以及监督环境法规各项权利保障，对环境损害如何发生、是否发生以及何时发生表达关切，提出意见，促进环境决策的公正性、可行性和可持续性。（2）考虑公众关切。确保使那些利益可能受损的人得到相关机构的决策考虑。在项目规划之前，促使相关机构综合运用环境影响评估、环境听证会、工作坊以及民意调查等方式，增强受影响群体的参与度。（3）监督履行承诺。对相关决策机构已经做出的参与承诺监督落实，对可能产生的环境损害行为予以关注和监督。另外，如何实现公众参与是公众参与议题的重要内涵。公众参与涉及环境立法、决策、执法等多种公共行为，加之国情、民情、社情、生态环境治理发展阶段等复杂因素影响，决定了各国公众的参与路径不可能完全一致。从一般意义上，公众参与公共决策的基本程序主要包括：受影响的公众参与议事、参加咨询、参加听证会。通过这些方式，各利益团体与相关机构保持持续的双向信息交流，充分表达观点，发表意见，平衡利益，提高决策透明度。从而，促使公众由政府信息的被动接收者转变为决策的主动参与者，加强公众对政策的认同、遵守与支持。此外，在世界环境运动发展史上，通过集会、请愿等形式表达环境权益诉求也成为参与环境决策形式的有益补充。总体来看，拓展公众参与公共决策路径，要把握类型与需要两个要素。既要实现公共决策类型参与途径的匹配，又要照顾不同群体的特殊需要，特别是对社会弱势群体予以最大关切。

最后，公共权力机构的义务。

公众参与环境决策过程的权利，相应地，规约了公共权力机构所负的义务。概括而言，要实现公众上述权利，一方面，决策者与受决策影响的利益相关人员，应具有双向沟通和协商对话的基本价值认同，另一方面，建立公众直接与政府或其他公共机构的互动机制，疏通权利主张实现渠道，化解非必要限制。具体来看，主要包括建立信任、信息公开、沟通协商、具体指导、技术与财政支持五个方面。（1）建立信任。促进政府部门与公众之间的互相信任，增强公众的信心与认同，避免全输或全赢的零和博弈。（2）信息公开。确保公众及时、准确地获得拟议、拟建项目及其过程变化等重大议题信息，包括污染风险。（3）沟通协商。环境决策关涉不同主体间的利益关系，公众参与一定程度上也与自身利益密切相关。所以，确定受影响的公众并与之交流协商是不可缺少的环节。因此，首先必须厘清利益关系，特别要把受到环境决策影响的利害关系人作为重点，保障他们参与环境决策过程，避免产生因机会缺失而引发结果的不公平。其次要确立公平、平等和公开的对话程序，为达成共识创造条件。（4）具体指导。遵循“理解关切，回应疑难，科学解释，人文关怀，消除不安”的指导原则，在信息服务、参与项目、决策时间和决策愿景方面提供帮助，对参与活动及时进行客观评价与反馈，推动参与走向广泛和深入。（5）为公众参与决策提供必要的技术、财政支持。

总体来看，在特征上，公众参与具有依法参与、自愿参与、全程参与、多主体参与的特征。在目的上，彰显环境事务程序性权利，提升决策公正性、正当性和合理性。在意义上，公众参与制度化作为环境保护的有效手段是保障公众程序性权利的必然要求与必要保障。脱离了公正合理的参与程序与制度，不仅难以规范和保障公共权力和公众权利的统一，也容易导致盲目参与、难以参与、过度参与、非理性参与等现象。

三、环境监督权

环境监督权是指公民具有对环境行政机关及相关人员行使公共权力进行监督的权利。它是公民程序性权利中一项不可缺少的内容，主要包括批评权、建议权、申诉权、控告权、检举权五项权利。

首先，监督范围。环境监督的核心理念表现为有权必有责，用权受监督，侵权须赔偿，违法要追究。在监督范围方面，主要包括环境立法与决策、环境行政与执法、滥用权力或不作为等行为。《公约》也明确了对违反环境法事件质疑的司法救济权利，使环境监督权成为与环境知情权、公众参与权三足鼎立的程序性权利。对于公众质疑、监督的范围，《公约》（第 9 条第 1、2、3 项）规定了请求司法审查监督的三类受害于有害环境的情况：（1）拒绝提供适当环境信息；（2）关于任何决定、作为或不作为；（3）与环境有关的国家法律规定的个人和公共当局的作为和不作为。最后一条涵盖了受害于有害环境的所有情境：作为或疏忽懈怠。显然，这种覆盖广泛、约束限制方向明确的公众监督机制，强化了公众在环境事务参与中的主体地位，对保障公众监督权利、促进环境执法的有效性产生了广泛而深远的影响。

其次，监督职能。一方面，对环境决策部门合法或正当行使公权构成必要限制。当公众对环境事务决策与作为存在合法性上的质疑，有权要求行政及司法部门进行审查。另一方面，公众监督机制的特别意义在于，公众有权要求行政及司法程序保障公民权利。如果程序参与权遭受权力部门的阻止与侵害，公众具有获得司法保障的权利。

最后，监督手段。主要是运用特定民主程序对被监督者行为进行纠察，而不是从实体上取消或代替监督对象的职能。在这种监督模式下，监督程序的正义性设计显得格外重要。要确保环境监督制度一以贯之地发挥作用，根基则在于民主。毛泽东指出："这条新路就是民主。只有让人民来监督政府，政府才不敢松懈。只有人人起来负责，才不会人亡政息。"[①]"民主"一词，古希腊原意是"人民进行统治"，在德语中就是"人民当权"。在马克思看来，民主的本质属性就是人民当家作主。"在民主制中，国家制度、法律、国家本身都只是人民的自我规定和特定内容"[②]，民主制"是一切国家制度的实质，是作为国家制度特殊形式的社会化了的人。它对国家制度其他一切形式的关系，正好像类对自己的各个种的关系一样"[③]。这一阐释表明：（1）民主具有合法性；（2）国家制度的实质是民主；（3）民主承认公民一律平等，承认大家都有决定国家制度和管理国家的平行权利；（4）民主最大优势在于目的正当性，最大限度地保护公民基本权利不受侵犯，即使遭到一些侵犯，也容易获得司法救济。

监督权的实质就是以权利制约权力，这种监督既是一种制约，又是支持和促进。加强公众对公共权力的监督，有利于避免权力不公侵害环境正义，有利于促进环境决策的客观性与公平性，有利于公众自身环境权利得到保障。

综上所述，公众参与环境事务的知情权、参与权、监督权三种程序性权利是一个相互联系、互为条件的整体，三者缺一不可。其中，知情权是前提，参与权是关键，监督权是保障。没有知情权，缺乏取得环境政策与立法相关信息的信息渠道，参与权和监督权的实现就无法真实有效；没有参与权，知情权将会失去意义。而且，脱离公众参与这一核心权利，就不能通过行政与司法途径对违反环境法规的各种非正义环境行为进行有效斗争；没有监督权，公众知情以及参与的程序权如若受到侵害就失去了保护救助屏障。

---

① 中共中央文献研究室. 毛泽东年谱（1893—1949）：中卷（修订本）[M]. 北京：中央文献出版社，2013：611.

② 马克思恩格斯全集（第 1 卷）[M]. 北京：人民出版社，1956：281.

③ 马克思恩格斯全集（第 1 卷）[M]. 北京：人民出版社，1956：582.

第六章　环境正义的主要类型

环境正义类型也称“环境正义外延”或“环境正义向度”。对此，学界大致有四种划分方式：（1）种际正义、代际正义、代内正义；（2）种际正义和人际正义；（3）代内正义、代际正义；（4）国内正义、国际正义和代际正义。可以看出，各类划分之间存在交叉重叠现象，其间的差异并不显著，各自侧重在不同时空范畴内言说正义，表明在环境正义类型上，各派学者基本形成了共识。其中，代内正义与代际正义成为划分的基本范畴。代内正义又具体分为国内正义与国际正义，国内环境正义一般包括地域间和群体间两个维度。如果说存在争议，也只是围绕“种际正义”是否属于环境正义范畴而产生。

本书采用代内正义与代际正义的划分方式。对于代内正义，重点分析国际正义。一般意义上看，一国之内的环境正义问题涉及一国国情、社情与民情的差别，决定了环境平权何以可能以及如何实现存在多元特殊性。但从本质上看，“强者受益，弱者受损”是任何地域环境正义问题的共有模式。

第一节　国际环境正义

国际环境正义是指环境权利与环境义务在全球民族国家之间的公平分配，其核心是平等的对待和公平的参与，其焦点主要关注发达国家与欠发达国家之间的环境公平性问题。

全球范围内的生态破坏、环境污染和资源损耗，不是一国一地的问题，而是全人类面临的共同挑战，已影响到国际社会的各个方面，成为全球共同关心的热点议题。在这一背景下，尽管环境问题的解决在很大意义上是社会建构的结果，不同社会制度下、不同社会情境中、不同文化习俗下，人们与环境之间的关系样态存在差异，但在不同国家、不同社会空间、不同社会群体内，人类对减少破坏全球环境和生态系统、保护人类共同家园议题已达成基本共识。然而，过去几十年，国际经济政治力量对比发生深刻演变，而全球治理体系未能反映新格局，缺乏代表性和包容性，公平问题日益突出，全球生态环境治理依然面临巨大的压力与挑战，具体表现为人与自然关系持续紧张，全球环境权利与环境义务发展失衡问题未能有效解决，全球生态环境治理模式与全球生态环境问题不对称，全球生态环境治理机制难以适应新需求等。特别是当前，人类社会正处于冷战结束以来最深刻、最复杂的历史过渡期，矛盾对立突出，各种矛盾冲突相互叠加：全球化与反全球化、多边主义与单边主义、开放包容与封闭排他、协商合作与冲突对抗。在这些挑战的影响下，全球生态环境治理体系产生“东升西降”的力量变化，中国成为影响国际生态环境治理格局和发展变化的一个重要因素。

一、国际环境问题的主要特征

国际环境问题是指超越主权国国界和管辖范围的全球性环境污染和生态平衡破坏问题。具体体现为两个方面：一方面，地球上普遍存在的环境问题，表现为不同国家和地区的环境问题在性质上具有普遍性和共同性，如气候变化、臭氧层的破坏、水资源短缺、生物多样性锐减等；另一方面，国家或地区性环境问题影响和危害具有跨国、跨地区特征，如酸雨、海洋污染、有毒化学品和危险废物越境转移等。简言之，全球环境问题主要是指当代国际社会所面临的一系列超越国家和地区界限，关系整个人类生存和发展的严峻问题。当前，引起全球普遍关注的环境问题主要包括全球气候变化、酸雨污染、臭氧层耗损、有毒有害化学品和废物越境转移和扩散、生物多样性锐减、海洋污染等。发展中国家普遍存在的生态环境问题包括水污染和水资源短缺、土地退化、沙漠化、水土流失、森林减少等。

国际环境问题虽是各国、各地环境问题的延续和发展，但它不是各个国家或地区环境问题的机械加和，而是表现出鲜明的整体性特征。

首先，全球化。就范围而言，它不是指单个国家面临的个体问题，而是指多个国家乃至全球面临的共同问题。农业社会和工业化初期出现的环境问题虽然发生在世界各地，但其影响范围、危害对象或产生的后果主要集中在污染源附近或特定生态环境中，其影响空间有限。而当代国际环境问题影响范围具有大尺度、全球性特点，表现为跨国、跨地区的流动性，如跨国海洋、河流污染，一些国家大气污染造成的酸雨、雾霾，甚至涉及外层空间的环境问题，都可能会影响别国环境。除此之外，高新技术的发展在某种程度上加剧了环境问题的跨地域特征，如核事故、电磁波以及噪声引发的环境问题、超音速飞机引发的臭氧层破坏、星际探索、航天飞行引发太空污染等。这些环境问题技术含量高、影响范围广，控制难度大，引起世界各国的高度关注。

其次，复合化。传统环境问题主要针对自然环境污染，当今，国际环境问题已远远超越这一范畴，涉及与人类健康影响相关的环境人权问题。环境保护不再是对自然生态的简单修复，更强调人与自然背后人与人之间环境权益上的正义问题。因此，解决当代全球环境问题是一个复杂的系统工程，需要以更广泛的视域综合考虑自然存在与人的发展多方面的因素。

最后，政治化。随着环境问题，特别是全球气候变化带来的威胁的日益严重，当代环境问题已不再是单纯的技术问题，而成为国际政治、各国国内政治的重要议题。一方面，全球气候变暖问题不仅应迅速列入国际政治议程，而且应成为各国政治议程。各国政府应逐步制定和完善环境保护政策和法规，加强国民环境教育，并且使环境问题应对逐渐成为评价政党、政治人物、政府管理阶层政绩的重要内容以及成为政治开明、国家文明与现代化的重要标志之一。另一方面，国际社会围绕气候变化问题的治理、各国在环境责任和义务的承担、污染转嫁等问题展开激烈而漫长的政治博弈。由于它事关各国能源结构和能源体系的保持或改变，事关在能源发展和经济竞争中的地位，事关各国短期经济利益和未来发展空间，因此，“政治化”实质上反映了各国发展权之争。

二、国际环境非正义的主要表现

国际环境非正义的主要特征表现为生态殖民主义、环境霸权主义以及国际环境保护制度公正性欠缺。

首先，生态殖民主义引发生态剥削。生态殖民主义是在不平等的国际政治经济秩序的框架内，西方发达国家针对发展中国家在生态环境问题上带有明显剥削与掠夺性质的经济和政治行为的总称。控制国内资源消耗的减少、增加本国在世界各地的资源储备是其基本战略；占据发展中国家生态资源、国内污染越境转移是主要形式；通过市场或通过军事或通过不平等占有和剥削是主要手段。生态殖民主义本质是殖民主义殖民性在生态问题上的集中体现。第二次世界大战后，全球贸易自由化不仅导致了国际间财富分配的南北失衡，更给发展中国家带来了巨大的环境破坏。全球木材贸易与发展中国家的森林滥伐、野生动物贸易与生物多样性的丧失、危险废物的越境转移、有毒化学品的国际扩散以及污染密集型产业向发展中国家转移等这些环境问题背后，是世界范围内长期存在的发展不平衡及秩序不平等问题。加之欠发达地区和国家为了获取高附加值工业产品、提高本国经济水平和摆脱贫穷，不得不承受与发达国家和地区之间的不平等经济合作。全球环境资源买卖看似是在自愿规则下进行，事实上，贫困导致穷人处于相对弱小的博弈地位。贸易和投资自由化虽使发展中国家得到了暂时的利益，但对于穷人而言很高的售价，对于富人却非常低廉。其结果导致资源开采过度，形成了以破坏和掠夺为特征的生态恶性循环，并由此造成强者与弱者之间事实上的不平等。在不平等的国际政治经济格局中进行全球生态财产的市场分配，其结果强化了对发展中国家的环境非正义。

其次，环境霸权主义造成污染越境转嫁。在全球环境问题进一步恶化的背景下，发达国家从自身利益出发，把本国高污染、高消耗企业及工业和生活废弃物转移到发展中国家，利用发展中国家环境法规不健全和环境标准宽松的局限从中牟利，不仅加重了发展中国家的生态负担，也使公众健康遭受严重影响。危险废物越境转移已经成为全球环境保护的一颗“毒瘤”。其实质，环境问题的影响并不是平等地作用于每一个国家和每一个人，它带来人们在利益、受害和责任分担上的不公平，其中，发达国家为主体的环境霸权主义，无形中导致环境异化的产生，生态环境公共属性产生变异，环境控制限缩在全球的小部分国家中；发展中国家、弱势群体常常成为环境破坏与污染的最直接受害者，一些发展中国家重新沦为发达国家的生态殖民地。在一定意义上，发达国家在发展中国家进行大规模开发和工业建设的过程，也是发展中国家自然生态和公众健康受到损害、土著民族原有生活方式遭到破坏的过程。

案例：苹果的另一面[①]

美国苹果公司是一家市值位居全球 IT 行业之首的巨无霸企业，每一款新产品上市都会引发全球粉丝彻夜排队等候。企业承诺确保供应链有安全的工作条件，确保工人受到尊重并享有尊严，确保生产过程对环境负责，无论产品是在哪里生产，都确保最高标准的社会责任。对人的尊重和肩负对环境保护的社会责任，是美国苹果公司对外传播的企业理念。然而，在中国，苹果公司散布在中国各个地区 27 家工厂，在环境污染和劳工保护问题上都违反了自己的承诺，环保组织将苹果公司的产品称为“毒苹果”。毒之害一：其代工厂之一武汉名幸电子有限公司超标排放含有重金属铜的污水，致使工厂旁边三千多亩[②]水面的南太子湖受到严重污染，总铜的含量比标准要高两三百倍。现在，湖水早已不能饮用，被渔民承包用来养鱼，然而，鱼也难以成活，经常发生大面积死鱼现象。毒之害二：默许工厂要求工人用含有毒性的正已烷取代酒精来擦拭手机显示屏，以提高优良率，由原来的只有 40%～50%达到 96%～98%。正已烷是一种具有一定毒性的化学溶剂，会通过呼吸道、皮肤等途径进入人体，长期接触可出现头痛、乏力、四肢麻木等慢性中毒症状，严重的甚至导致死亡。但一线工人没有劳动保护措施。所有保护措施，都是为了保证产品质量，而不是人身安全。例如，无尘衣，一次性口罩、手套，要求是防尘的，防止手上有脏污的东西粘到玻璃上去，而不是针对员工健康的防毒护具，中毒员工肢体周围神经的传导速度变慢，四肢瘫软乏力，造成上下肢周围神经源性损害。然而，中毒员工向苹果公司的投诉长期得不到回应。后来在国际环保组织的干预下，苹果公司回应进行调查和赔偿。

苹果公司是一个典型的品牌输出企业，只负责研发设计和营销。这样一个电子帝国，没有一家自己的工厂，小到一颗螺丝钉，也完全由代工厂进行生产。产业链上，它强势控制了下游代工企业。当苹果公司决定将大量生产都外包到发展中国家时，它利用了这些发展中国家的环境监管漏洞，与污染企业携手实现利益最大化，放弃了在经济之外，以国际生态公民的担当践行企业环境保护的社会道义和责任。而且，在全球化的市场背景下，不断增加的电子垃圾贸易中，80%

① 案例来源：中央电视台《新闻直播间》，2012-12-20。

② 1 亩≈666.67 平方米。

流向了亚洲的发展中国家。主要来自美国、欧洲、韩国和日本等发达国家的电子垃圾，被这些国家以出口的方式“排出体外”。其危害主要表现为以下两方面：一是大量危险物质进入环境，造成严重的生态恶果。由于缺少专业知识，资源提取过程简单原始，大多依靠手工焚烧、破碎、倾倒、浓酸提取贵重金属、废液直接排放、掩埋等方法处理，造成空气、土壤和水污染。二是废弃物循环提取附带的污染物，使居民健康受到影响，导致癌症、呼吸疾病和身体残疾。总体来看，全球供应链中的非正义，引发了大量的环境危机和对人权与劳工标准的境外侵犯。1992 年《巴塞尔公约》生效，禁止富裕国家的污染物在发展中国家处理，将环境保护非正义行为视为环境犯罪和对人权的侵犯。

最后，富有意义的参与上存在非平等对待。富有意义的参与是指在国际环境事务决策过程中，各国无论大小、强弱都有平等参与国际环境政策和规约制定、实施的权利。这一权利的核心包括以下几个方面：其一，以平等为基础。各国体量有大小、国力有强弱、发展有先后，但都是国际社会平等的一员，都有平等参与国际环境事务的权利。“国际社会应该按照各国共同达成的规则和共识来治理，而不能由一个或几个国家来发号施令”[①]，更不能搞实用主义、双重标准。以平等为基础的全球生态环境治理，要求全球生态环境治理体系更好地反映世界经济政治格局演变现实，增加新兴市场国家和发展中国家的代表性和发言权，确保各国在国际环境共治中权利平等、机会平等、规则平等。其二，以合作为导向。全球生态环境治理以合作为导向，就是要坚持合作理念、实施合作政策、完善合作机制，鼓励各方积极参与和融入，防止治理机制封闭化和规则碎片化。应坚持共商、共建、共享原则，使全球生态环境治理体系变革的主张转化为各方共识，形成一致行动。合作机制要多边合作、多边发展，不孤立、不倾斜、一视同仁地发展，而不是搞霸权主义、独权主义和强权政治。在各国相互依存日益紧密的当今世界，只有坚持开放合作才能获得更多的发展机遇和更大的发展空间。其三，以共享为目标。全球生态环境治理成果不能强者通吃，而是要遵从利益共享原则，实现合作共赢。综上所述，平等、合作、共享决定了富有意义的参与，意味着每一个国家都拥有在国际事务中参与对话、讨论以及在国际社会中表达自己意见的平等权利。在谈判和决策程序中，所有

---

① 习近平谈治国理政（第 4 卷）[M]. 北京：外文出版社，2022：462.

国家主体都被平等和无歧视地对待，它涉及决策如何做出、投票程序如何设计、采用何种决策框架制定国际生态环境治理制度等。

然而，事实上，第二次世界大战以来，全球治理基本上是“西方治理”。尽管数十年来，国际经济、政治力量对比发生深刻演变，而全球生态环境治理体系未能反映新格局，缺乏代表性和包容性。公平问题日益突出，南北差距有待弥合，可持续发展事业面临严峻挑战。特别是当今世界正经历百年未有之大变局，新兴市场国家和发展中国家的崛起速度之快前所未有，新一轮科技革命和产业变革带来的新陈代谢和激烈竞争前所未有，全球治理体系与国际形势变化的不适应、不对称前所未有。这三个“前所未有”，充分体现了全球生态环境治理体系改革的紧迫性，进一步凸显了全球生态环境治理存在的短板。一是影响力未能适应国际经济政治力量对比的深刻演变。近年来，新兴市场国家和发展中国家快速发展、国际影响力不断增强，对全球经济增长的贡献率已经达到 80%，但全球生态环境治理的决策权、投票权、话语权分配并未充分反映国际力量对比的这一革命性变化，发达国家与发展中国家之间存在严重的不平衡状况。发达国家凭借决策权优势，在权利分配上呈现迎合自身利益的倾向。在多边经济体制中，一方面利用世界贸易组织的一系列条款打击国际贸易中的环境保护主义，另一方面又利用单边主义为自己谋取特殊的贸易保护和霸权地位。在行动上，全球环境保护体现出强烈的民族主义特征，且在“环境共有”名义下，“责怪受害者”现象频频发生。相反，发展中国家在国际环境事务中始终位于半中心化或边缘化位置，导致其在土地利用、资源撷取与废弃物排放问题引起的国际冲突中，尤其以发展中国家、少数族群及弱势群体所遭受的侵犯与迫害最为显著。国家之间交往奉行强权至上的法则，在这样一种国强必称霸、国弱必被欺的国际关系逻辑下，国家之间特别是大国与小国之间的相互尊重与平等无从谈起。大国之间试图通过维持均势、推卸责任等手段削弱彼此，而小国则通常沦为传统国际关系中长期恪守的零和博弈思维的棋子和工具。零和博弈是引发国际环境正义问题的重要因素之一。全球生态环境治理体系迫切需要反映世界经济格局的深刻变化，增加新兴市场国家和发展中国家的代表性和发言权。二是全球生态环境治理机制未能适应新需求。以经济全球化为引擎的经济变革深刻影响全球产业布局，新的产业链、供应链、价值链日益形成，各国都是全球合作链条中的一环，日益形成利益共同体、命运共同体，而全球生态环境治理规则未能跟上新形势，机制封闭化、规则碎片化突出，及时性和灵活性不足，难以有效化解日益严峻的国际环境问题，尤其是以民族国家为主体的治理模式受制于国家贫富发展的不均衡，在生态环境资源分配和环境责任承担上存在很多难以调和的矛盾。三是未能有效解决全球环境权利与环境义务发展失衡的问题。受单边主义和保护主义抬头等影响，环境权利与环境义务分配不平等、发展空间不平衡已成为全球生态环境治理面临的突出问题。治理赤字、发展赤字不断扩大，这种水火不容、不可调和的竞争思维和模式越来越难以适应经济全球化下利益交融的当今世界。因此，通过构建人类命运共同体的"全球新政"，消除"你之所得我之所失"的不平等和不公正，构建平等相待、合作共赢的崭新全球生态环境治理体系势在必行。国际环境正义既反对环境殖民行径，又主张透过程序的正义这一"看得见的正义"，实现公正的国际环境秩序、公正的国际政治经济关系、公正的国际贸易关系以及公正的全球资源共享原则，促进国际环境事务各方主体平等地对待与富有意义地参与。

三、国际环境非正义的产生原因

第一，资本逻辑的扩张本性突破国界的限制走向世界市场，加剧了环境问题的外溢效应。率先发展的西方资本主义国家是经济全球化的首批受益者。资本主义世界经济的兴起和由此造成的生态问题是一个世界历史过程中的两面。一方面，资本主义世界经济具有无限积累和牟利的资本特性，从而对自然资源产生无限的攫取要求。为了利益最大化无情榨取域外地区的原材料，毫不顾及自然资源的再生与废弃物的妥善处置，导致环境污染和生态系统问题。另一方面，资本主义世界经济为了保证经济垄断地位，又必然要维持一种不平等、不合理的国际秩序。所以，国际环境正义问题从资本主义体系全球扩张伊始就已存在。美国学者彼得·S. 温茨从发达国家补偿义务的缺失角度，批评了正义之害。他指出："美国及其西方工业国家在某种程度上对许多第三世界国家的人民的贫困负有责任，要求这些国家把农田改种香蕉、养殖肉牛出口美国，而不是让这些国家的穷人种植必需的粮食以改善营养不良。这种行为的受益者是美国消费者，他们享受到便宜的香蕉和汉堡。这就表明，这些国家的孩子在同心圆的位置离我们很近，只是我们没有意识到对他们具有补偿义务。当公众为其获得利益做出补偿时，正义才似乎得以实现。”[①]这一观点对国家、资本主义和正义之间的关系做了解析，反映出社会批判理论的特征，表明关心环境问题更应关心其产生的社会原因、社会影响和社会反应。公正地看，经济全球化应该是均衡发展、共同进步的全球化。各国应该共同发展、不封闭、不牺牲他国利益来谋取本国的利益，坚持发展成果共同享受、坚持各个国家共同进步，杜绝独占思维和零和博弈。在生态环境治理上，各国应该为建设人类共有的家园而努力，不要为片面地追求本国经济利益而牺牲世界生态环境。

第二，资本积累以及由此造成的全球经济政治发展不平衡、不充分。经济政治因素与环境正义存在复杂的关联。从本质上看，国际环境问题产生的真正原因在于国际社会关系和社会结构的不平等，以及由此造成的人与人之间关系的失调。国际社会不同利益集团间的政治关系不是一个空洞抽象的概念，而是具象化在国际环境事务中的每一个环节。在环境保护过程中，这种政治关系集中呈现为代价的分配与担当以及由此所代表的具体权利—义务关系上。发达国家与发展中国家所占据的优势与劣势以及由此决定的各种差异，直接影响了国际社会以及各阶层环境权利与环境义务之间的平衡。“世界供应链最末端的血汗工厂的工人，往往来自这种家庭：曾经以一种更可持续的方式维持生活，而他们那些赖以生存的资源已被投入了工商业生产。”[②]污染的最小抵抗路径通向经济地位低微、物质资源欠缺且既无政治权力资本也无金钱资本的弱势群体。作为路径起点，他们无力阻挡；作为结果——对环境污染、生态破坏、健康损害也只能被动承受。相反，强势群体利用低廉成本享受着环境资源拓展带来的利益。环境资源就这样在富国与穷国、富人与穷人、强势群体和弱势群体之间不平等地循环着，弱势群体的生存挑战更加严峻。说到底，世界在环境权利和环境义务上表现为强者受益而弱者受害的严重不公现象，其制度肇因缘于不平等的国际政治经济秩序。针对发展中国家被动受害的解决方案，一些学者认为发展中国家的福祉应该放到优先的考量中，因为他们长期以来是西方殖民主义的受害者。但是，消极等待发达国家的“恩赐”是不现实的，呼吁要行动自救，积极应对生态灾难。因为基于资本主义制度建立在

---

① 彼得·S. 温茨. 环境正义论[M]. 朱丹琼，宋玉波，译. 上海：上海人民出版社，2007：423.
② 马克·史密斯，皮亚·庞萨帕. 环境与公民权：整合正义、责任与公民参与[M]. 侯艳芳，杨晓燕，译. 济南：山东大学出版社，2012：31.

金钱和利润的概念上，服务于人类的需要受到制度内在逐利天性的挑战。对此，美国生态经济学家、国家人文科学院院士小约翰·柯布（John B.Cobb，Jr）指出："就美国经验而言，资本主义财团越来越多地控制了对政府的支配权，很难抑制或者减缓少数人剥削多数人的制度性后果。"[①]不仅如此，这些财团又因掌控了传媒权，从而使问题的针对性表达受阻。"这世界的许多国家都在大财阀精英阶层的控制之下，他们除了增长个人财富之外对一切都不感兴趣。在美国，这一精英阶层掌控了大众传媒，使得记者很难发表不利于他们的报道。"[②]这些现象充分表明，脱离社会正义的环境正义是乌托邦，而脱离环境正义的社会正义也是一种残缺。

第三，以环境种族主义为特征的人权歧视。由于环境正义比较基准的背后隐藏着强烈的价值判断，发展中国家和发达国家对"平等的对待"存在争议与歧见。生态殖民与环境霸权症结与白人至上的环境种族主义价值观一脉相连。例如，对于发达国家的废弃物处理方式，发达国家生存优越论成为废弃物出口到发展中国家的推手。1991 年世界银行首席经济学家劳伦斯·H. 萨默斯（Lawrence H. Summers）建议世界银行要鼓励废弃物、污染型企业和生产活动转移到发展中国家。理由有三："首先，南方国家人的平均寿命与收入相对较低，由疾病与过早死亡造成的生产与收入损失较低，污染成本也就较低。其次，那些还没有被污染的国家比北方国家有更多的容纳有毒工业废弃物的环境容量并且相比之下环境效益也较低，北方国家面临的环境压力已经非常沉重，污染的边际附加费用也极其昂贵。最后，穷国环境受到破坏时，其补偿费用估价并不会很高。"[③]概括地看，民众寿命短、有容纳污染物的环境空间、补偿低廉成为这一论点的三个关键词。这种环境权利的区别对待与污染企业的一致外迁，除了促使生产成本下降而实现经济价值最大化之外，也反映出环境正义领域内的人权歧视与压迫。"救生艇伦理"展现了相同的立场。

---

① 何慧丽，小约翰·柯布. 后现代的希望在中国——柯布博士访谈录[J]. 当代中国马克思主义哲学研究，2014：249-264.

② 大卫·格里芬. 怀特海式建设性后现代主义与生态思维[C]. The Place of Harmony in Ecological Civilization—Sixth International Forum on Ecological Civilization. Claremont，CA，U. S. A，2012：27-28.

③ 托马斯·安德森. 环境与贸易：生态、经济、体制和政策[M]. 黄晶，等，译. 北京：清华大学出版社，1998：69.

案例：救生艇伦理[①]

20 世纪 70 年代，美国生态学家加勒特·哈丁（Garrett Hardin）提出处理南北关系的“救生艇原理”（Lifeboat Ethics）。他把地球比喻为一个漂浮着许多救生艇的大海。这些救生艇分为两类：一类是富人乘坐的发达国家救生艇，另一类是穷人乘坐的发展中国家救生艇。前者由于人员有限比较舒适，后者则因人口众多而导致许多人落水。如果落水者游向发达国家救生艇寻求救助，那么，这些富人应当如何应付这种局面才合乎正义？哈丁提出四种解决办法。

（1）把跌落艇外的所有人都接纳到发达国家救生艇上。这种选择显然是人道主义选择。因为人人平等且每个人都有生存权，让落水者上船合乎正义。但是，救生艇会因超载而倾覆沉没，所有人都会被淹死。结果是“彻底的正义却换来彻底的灾难”。虽然有“生死与共”这样的超平等主义，但理性的人大多不会做出这种选择。

（2）解救部分人。这样做毕竟会拯救一部分落水者。但这种做法也十分不妥。一是救生艇一旦满载就失去安全保障。一旦让一部分人登艇，自然会带来大批落水者蜂拥而至，随着船员增加和混乱升级，也许船上的人必须做出“要么杀死那些强行登船的落水者，要么允许所有的人上船”的选择，结果是救生艇随时都有颠覆的危险。二是我们无法选择究竟让哪些人上船，是让最好的人上船，还是让最需要的人上船？面临如何做到公平筛选这类难题。结果是“部分的正义却伴随着歧视”。

（3）出于利他主义将自己的座位让给落水者。这种选择诉诸的是人们的良心与无私的利他主义。自己下船而让落水者上船，这样做的结果使道德高尚者选择死亡，能够生存下来的都是利己主义者。因为肯以他人的生命为代价爬上救生艇的人绝不可能是一个道德高尚的人。在救生艇状态下，利他主义的选择结果会使利他主义者遭到彻底的淘汰，这显然是最糟糕的一种选择。

（4）干脆不让落水者上船。这种做法虽然会让人感到憎恶，但是“彻底的冷漠就是彻底的正义”。这种利己主义或者说是集体利己主义的选择，虽然违背

---

① 案例来源：王全权. 加勒特·哈丁的生态思想及其启示[J]. 合肥工业大学学报（社会科学版），2013，27（5）：47-50.

正义或极端残酷，但“有限性”与“稀少性”决定了别无选择。所以，这可能是救生艇状态下的最佳选择。

“救生艇伦理”的潜台词就是“反对帮助穷人的论辩”。这些事实进一步揭示，并不存在所有人的环境问题。在环境正义比较基准的背后，人们并没有共同受益，也没有共同受害。欧洲人民在享用工业文明成果时，非洲人民却在呐喊“我们需要基本的药物和食品”；富人在享受绿色保护区时，穷人却在哭泣“我的耕地都去哪里了”。深入观察，每一个具体的环境不公，皆反映出不同的主体与环境问题之间错综复杂的利益关系与权利承认。正义既要求所有处于险境的人得到相同的对待，更关注在紧急情况下的看护最弱者原则。认识和保护今世和后代人生活在对健康和福利都适宜的环境中的权利，不是特定国家的特权，而是针对全人类共享环境权利的庄严宣言。它要求世界各国延续环境人权的承认与保障，在正确反映这一客观存在的基础上妥善应对全球性生态危机。“责怪被害人”既不公正，也违人道。

第四，过度消费导致生态空间束紧。过度消费与经济全球扩张成为两条平行线，加剧了对自然的掠夺以及世界资源的不平等分配。地球生产和吸收废弃物能力的有限性，决定了生态空间分配应遵循平等原则，每个人都应享有均等的生态福祉。但是，消费享乐至上、金钱第一的观念，导致以物质消费建构起来的生存方式成为全球资本主义发展的一种内在规定力量，推动人们习惯于围绕着满足这些欲望的方式去组织生活。同较穷的国家如孟加拉国、海地、马里和尼泊尔的居民相比，发达国家人均能量消耗、纸张与金属等资源耗费量不可同日而语。资源过多消耗一方面衍生大量废弃物及其跨境转移，另一方面加剧了域外环境供给需求。马克思在 100 多年前一针见血地揭露了这种异化现象：“随着人类愈益控制自然，个人却似乎愈益成为别人的奴隶或自身的卑劣行为的奴隶。甚至科学的纯洁的光辉仿佛也只能在愚昧无知的黑暗背景上闪耀。我们的一切发现和进步，似乎结果是物质具有理智生命，而人的生命则化为愚钝的物质力量。”[①] 在这种物的逻辑下，自然的物质效用或功利价值被无限放大，不仅加剧了自然洗劫，也造成弱者环境权利的损害。

---

① 马克思恩格斯全集（第 12 卷）[M]. 北京：人民出版社，1965：4.

四、国际环境正义治理方案

生态环境问题不是一国的难题，而是全人类面临的共同挑战，需要世界各国共担责任。公平正义从来不局限于一国之内，而是具有全球维度，蕴含对人类整体命运的关切以及维护国际正义的深刻意蕴。国际生态环境治理上的公平正义是指环境权利与环境义务在全球民族国家之间的公平分配，其核心是平等地对待和公平地参与。然而，长久以来，在全球层面，存在从发达国家向发展中国家、从富裕地区向贫困地区、从强势群体向弱势群体大规模转移环境污染的不正义行为，生态殖民主义与环境霸权主义的双重推手，使得发达国家、富裕地区、强势群体的环境权利得到了更好的保护，而经济上处于劣势的发展中国家、贫困地区及弱势群体无力抵抗这类强加的、加之市场力量导致的环境威胁。中国提出构建人类命运共同体，也是要通过促进民族国家之间互利合作和共同发展扭转全球生态环境治理零和博弈的不公平状况。可以说，以“构建人类命运共同体”为价值导向，并以“共同但有区别的责任论”作为维护国际环境正义的价值目标，为全球生态环境治理提供了中国方案。

第一，倡导构建人类命运共同体，推动全球生态环境治理实现权利共享。其一，世界各国要建立平等相待的新型伙伴关系。习近平总书记在党的十九大报告中指出：“各国人民同心协力，构建人类命运共同体，建设持久和平、普遍安全、共同繁荣、开放包容、清洁美丽的世界。”①提出应以“命运共同体”的新视角，在尊重各国主权的原则下，以合作共赢的新思维重新审视全球环境治理框架下国家之间的关系。其二，遵循共商、共建、共享的公平正义基本原则，破除弱肉强食的丛林法则和霸凌行径。权利共享是公平正义的基本准则，反对“支配—被支配”不平等结构是共同体的内在要求。只有坚守正义的原则，建立更加平等均衡的全球生态环境治理体系，各国在追求本国利益时兼顾他国合理关切，人类共同的地球家园才能清洁美丽、和谐永续。其三，谋求包容互惠的发展观，实现世界各国共同发展。习近平总书记在 2013 年博鳌亚洲论坛上指出：“人类只有一个地球，各国共处一个世界。共同发展是持续发展的重要基础，符合各国人民长远利益和根本利益。”②只有通过全球协调与合作，在谋求本国发展中促进

① 习近平谈治国理政（第 3 卷）[M]. 北京：外文出版社，2020：46.

② 习近平. 论坚持推动构建人类命运共同体[M]. 北京：中央文献出版社，2018：29.

各国共同发展，才能化解民族国家之间的生态利益矛盾。

第二，倡导构建人类命运共同体，推动全球生态环境治理实现义务共担。公平正义不仅事关权利和利益的合理分配，也包含义务和负担的公正承担。针对各国在气候变化等全球性环境问题义务分担上的争论与歧义，2015 年，习近平总书记在第 21 届联合国气候变化大会（以下简称巴黎大会）上指出："如果抱着功利主义的思维，希望多占点便宜、少承担点责任，最终将是损人不利己。巴黎大会应该摒弃零和博弈狭隘思维，推动各国尤其是发达国家多一点共享、多一点担当，实现互惠共赢。"①这一阐述进一步揭示了以人类命运共同体为组织载体解决当今人类共同面临的生态环境危机的必要性。生态问题之所以在全球层面难以解决，与人类政治结构中对"共同体"的认同密切相关。实践表明，环境问题不是个体行为的直接结果，而是复杂集体活动的产物。经济全球化引发的全球流动，环境问题的公共性，使以封闭的民族国家为单一基本单位应对全球环境治理陷入困境。因此，转换单一民族国家主体架构为多元主体，构建合作平等、共担共享、共同繁荣的人类命运共同体，不仅是对生态危机的应对与拯救，并且为反对国际环境保护中"强者破坏，弱者受害"的不平等现象贡献了中国智慧和中国方案。人类应该创造一个各尽所能、合作共赢的未来。任何国家无论大小、贫富都对保护全球环境负有一份责任，都必须在保护和改善环境方面承担应尽的义务，通过国际交流与合作，构建全球环境治理的合力。

第三，倡导构建人类命运共同体，推动全球生态环境治理践行"共同但有区别的责任"。实现全球环境治理的公平正义，既需要强调共同权责，又要考虑各民族国家发展程度不同的现实因素，遵循"共同但有区别"的原则。习近平总书记在巴黎大会上指出："《巴黎协定》应该有利于照顾各国国情，讲求务实有效。应该尊重各国特别是发展中国家在国内政策、能力建设、经济结构方面的差异，不搞'一刀切'。应对气候变化不应该妨碍发展中国家消除贫困、提高人民生活水平的合理需求。要照顾发展中国家的特殊困难。"②基于这一判断，"共同但有区别的责任"原则不仅没有过时，而且应该得到遵守。"共同但有区别的责任"并不意味着"平均主义"，而是强调责任承担的差别性。发达国家应该为历史上

---

① 习近平谈治国理政（第 2 卷）[M]. 北京：外文出版社，2017：529.

② 习近平谈治国理政（第 2 卷）[M]. 北京：外文出版社，2017：528-529.

工业化发展过程中造成的环境污染埋单，同时利用先进的技术为治理全球环境问题率先垂范，承担起比发展中国家更大、更主要的责任。同时，对于发展中国家而言，有区别的责任并不是免去发展中国家保护环境的义务，而是应该承担与其能力相适应的责任。“共同但有区别的责任”体现了公平正义的价值诉求，成为国际社会应对气候变化等全球性环境问题的基础性机制。

总体来看，以“构建人类命运共同体”为价值导向，以“共同但有区别的责任论”作为维护国际正义的价值目标，为全球生态环境治理提供中国方案，具有重要的理论价值和世界意义。其一，特别展示了在世界可持续发展进程中的引领性贡献，极大地推动了全球环境治理从狭窄的特定领域与具体问题领域中走出来。在人类命运共同体的新理念、新框架下推动全球生态环境治理，对于改变众多国际环境条约原则规则碎片化导致的约束力欠缺的现状，制衡一些国家以国家环境主权原则为借口逃避国际环境责任，具有重大意义。其二，在注重全球普遍性或共性原则的前提下，重点关注在世界格局中处于弱势的发展中国家以及弱势群体，强调“共同但有区别的责任”，不仅凸显了普遍性与特殊性、共同性与差异性的统一，而且在当代条件下创造性地继承了马克思“权利就不应当是平等的，而应当是不平等的”[①]这一伟大洞见，为打破发展中国家在环境权利与环境义务上的不平衡提供了理论武器。其三，提出了实现环境权利与环境义务公平分配的治理机制。核心原则要坚持多边主义，不搞单边主义；要奉行双赢、多赢、共赢的新理念，扔掉我赢你输、赢者通吃的旧思维。也就是说，平衡全球环境治理中的共同利益，要以合作共赢、可持续发展与共同繁荣为原则；解决民族国家生态利益冲突，应以对话解争端、以协商化分歧。

第二节 代际环境正义

区别于代内正义关注同代人之间正义问题，代际环境正义主要关注当代人与后代人之间环境权利享有上的平等状态，在保障环境生存权和环境发展权方

① 马克思恩格斯选集（第 3 卷）[M]. 北京：人民出版社，1995：305.

面，既要满足当代人的发展需要，也要满足子孙后代的发展需要，不可对后代人满足其生存和发展需要的根本条件构成危害。如果说前者是针对现实生活着的人，后者则指向现实人与未来人之间公平地享有自然资源与生态环境。代际环境正义的实质是地球上的有限资源在不同代际间的合理分配与补偿问题。为了人类的可持续发展，当代人有责任和义务在实现自己环境权利的同时也为子孙后代的发展预留生态空间。

一、代际正义何以可能

对于是否存在后代人的权利以及如何对待这一权利，众多具有广泛影响力的国际文件都做出了一致性的肯定回答，并引发世界学术界的广泛讨论。

1972 年《人类环境宣言》“共同信念”部分明确规定：“人类有权在一种能够过着尊严和福利的生活的环境中，享有自由、平等和充足的生活条件的基本权利，并且负有保护和改善这一代和将来的世世代代的环境的庄严责任”，而且“为了这一代和将来的世世代代的利益，地球上的自然资源，其中包括空气、水、土地、植物和动物，特别是自然生态类中具有代表性的标本，必须通过周密的计划或适当的管理加以保护。”①特别是联合国人类环境会议首次提出“我们不是继承了地球，而是借用了子孙的地球”理念，从代际角度揭示了人类对自然资源问题负有的责任和义务，在人们面前打开了一个在过去实际上被人们搁置一边的生死攸关问题的重大领域——当代人对后代人的责任和义务。

1987 年，世界环境与发展委员会在《我们共同的未来》中提出具有广泛认同性和可操作性的“可持续发展”理念，“既满足当代人的需要又不对后代满足其需要的能力构成危害的发展”。② 这一理念开启了关于社会正义和环境正义关系问题的新认知，它试图协调当代人与未来后代人的需求，以及对未来世代的考虑。其中，也包含环境正义的代际平等关怀，因为自然的可持续利用，实质就是对后代人利益的保障。“可持续发展”概念反映了人类对自身走过的发展道路的反思和扬弃。之后，保障各代人平等发展权利的可持续发展成为世界各国发展战

① 田青，胡津畅，刘健，等. 环境教育与可持续发展的教育 联合国会议文件汇编[M]. 北京：中国环境科学出版社，2011：2-3.

② 世界环境与发展委员会. 我们共同的未来[M]. 王之佳，等，译. 长春：吉林人民出版社，1997：52.

略和现实选择。

除此之外，其他一系列国际社会应对环境危机的文献普遍认为，即使后代人尚未存在，我们也应当在环境决策中考虑后代人的利益。例如，《里约环境与发展宣言》原则三强调，“为了公平地满足今世后代在发展与环境方面的需要，求取发展的权利必须实现”①；《世界自然宪章》附录部分（c）款重申“人类必须学会以保存各种物种和生态系统以造福今世和后代的方式来维持和增进他们利用自然资源的能力”②；《联合国气候变化框架公约》前言部分明示“决心为当今和后代保护气候系统”③；《生物多样性公约》目的部分表示“决心为今世后代的利益，保护和持续利用生物多样性”④；1992 年《二十一世纪议程》更是明确强调各国立法的变革是实现可持续发展的基本要求，代际环境权是可持续发展的核心内容，也是一项新型的基本人权。随后，在环境政策制定上应该考虑对未来世代的关心，在世界范围获得广泛认同和响应。

学界特别是西方学者围绕着代际正义何以可能展开了辩驳，一部分学者坚称代际之间不可能存在正义关系。非互惠性关系、后代人主体权利是一种虚构、后代概念难以确定，成为代际之间不可能存在正义关系阐释的基本思路。（1）当代人与未来人之间不存在互惠性关系。未来时代只能在一种显而易见的情形下参与政治过程，即当代人可以影响未来人而不是未来人可以影响当代人（互惠性关系并不存在）。其实，他们之间的权利关系并不对称，生者对未来时代自身利益的思考只有有限的认知。（2）后代人这一主体及其权利是一种理论上的虚构，根本不存在环境代际正义。当代人没有能力对后代的经济、社会、环境状况做出详尽具体的预测，更不能预知后代人的具体偏好和价值取向。由于不能确切地知道他们的需求，所以，难以在现代决策中顾及后代人的利益，也就不知道应该给他

---

① 田青，胡津畅，刘健，等. 环境教育与可持续发展的教育 联合国会议文件汇编[M]. 北京：中国环境科学出版社，2011：14.

② 田青，胡津畅，刘健，等. 环境教育与可持续发展的教育 联合国会议文件汇编[M]. 北京：中国环境科学出版社，2011：9.

③ 田青，胡津畅，刘健，等. 环境教育与可持续发展的教育 联合国会议文件汇编[M]. 北京：中国环境科学出版社，2011：29.

④ 田青，胡津畅，刘健，等. 环境教育与可持续发展的教育 联合国会议文件汇编[M]. 北京：中国环境科学出版社，2011：28.

们留下什么。所以，当代人在利用资源、保护环境的时候没有必要考虑后代人的利益，与其关心不存在的未来人的利益，还不如多考虑地球上遥远的异地人的利益。“为什么我应当为生活在遥远的将来的人做出牺牲？为什么我应当关心子孙后代？子孙后代已经为我做了什么吗？”[①]正义是“共时性”的，只要对现在活着的人负责即可，至于对那些还未出生的后代并没有义务。（3）后代的概念不清晰。“最大的困难在于人口是一个新生儿不断加入而逝者不断离去的流动概念。结果使得到底什么人构成‘一代人’这个问题变得模糊不清。”[②]

然而，在全球环境危机的话语背景下，“后代人权利”的概念在世界范围内从理念到行动都产生了广泛影响，也使代际之间不可能存在正义关系的命题与讨论日渐衰微，如何更好地促进代际正义的实现，成为人们思考的重心。

二、代际环境正义的基本原则

肯定代际之间存在正义关系，代表了将正义共同体扩展到未来世代的价值立场。无论是基于血脉情感、道德共识、平等权利还是固有的生态传承，跨代正义都再难说是一种虚妄。所谓关心后代，其实质就是关心人类自身，尽管关心的方式和程度是按照当代人的需要、能力和理解来进行的，但问题的关键是建立了当代人与后代人作为跨代正义共同体的价值关照。综合来看，在时空上，代际环境正义是以空间同一性、时间差异性为维度体现现实的人与未来的人之间利益关系的环境正义。实质上，代际环境正义是自然资源利益上的代际分配问题。保护后代人的权利，并不是保护后代人的人身和财产，而是保护其赖以生存的环境资源，避免资源枯竭、环境恶化、物种灭绝等具有久远影响的环境危机。在要求上，维护当代与后代的共有生态财产，既要弘扬当代人的主体性又应兼顾后代人的生活优化，达到利己与利他的统一。要达到这种状态，需要建立最有效的机制或原则，以保证后代人的利益当下被承认并且受到认真对待。这些原则包括保护质量原则、保护机会原则、非互惠原则、预防原则、科技介入原则。

---

① Pojman L. P. Environmental Ethics：Reading in the Theory and Application[M]. Boston：Jones and Bartlett Publishers，1994：216.

② 保罗 · M. 伍德，劳瑞尔 · 沃特曼. 可持续发展的障碍：越权的环境事件[J]. 李亮，译. 南京林业大学学报（人文社科版），2010，10（3）：26-35.

第一，保护质量原则。保护质量原则要求每一代人都要承担保护环境质量的职责。在代际正义共同体中，相对于当代，后代人是处于被动地位的弱势群体。生态资源在何种程度上承继、后代人能否平等享受环境资源，受制于当代人在生态环境方面的所作所为。避免环境质量恶化，要深切认识造成生态恶化的动因。工业革命之后的几百年，大范围和高强度的改造自然活动，不仅实现了人类“征服”自然的意愿，也达到人类获取财富的目的，更引发了多样化环境事件。这与人们长期以来忽略了下列三个重要事实密切相关。(1）环境纳污容量是有限度的。(2）自然资源的补给、再生和增殖是需要时间的。一旦超过环境承载力的阈值和自然资源新陈代谢的极限，极有可能出现生态系统的“断裂”，要想恢复非常困难，有时甚至是不可逆转的。(3）环境危害具有时滞效应。它表明环境危害的显现并不是即时性的，相反，却是一个缓慢发生作用的过程。正是由于这一特征，遮蔽了当代人对后代人造成损害的严重性。

潜在环境危害表现为多个方面。一是全球生物多样性的丧失。生物多样性丧失本质上是一个代际正义问题。人类活动导致生物栖息地丧失、物种资源过度开发、外来物种侵入生态系统等行为，导致产生和维持生物与人类长期需要的生态系统功能发生改变，生物圈的创生属性遭到破坏。显而易见以及可预见的结果，表现为当代人从中攫取了大量短期经济效益，而后代人不得不承受在生物资源贫乏条件下挣扎求生的重负。这种使当代人受益，却使后代人受损的现象是环境不公的跨代表现。二是气候变化是一个具有严重时滞效应的环境问题。气候变化本质上也是一个代际正义问题。当今，世界石化燃料消费模式使当代人从中受益，但把石化资源转化为温室气体不断地累计排放，严重影响了未来人类生活的自然环境条件。而且，气候变化在未来几十年中或许也会成为生物多样性丧失的诱因。易言之，气候变化使当代人得到短期利益，但是未来可能危及后代人的生存和发展。三是核废料的处置隐藏环境风险。核废料泛指在核燃料生产、加工过程中产生的，以及核反应堆用过的不再需要的并具有放射性的废料。由于核废弃物辐射的危害性会持续数千年，如果处置不利，巨大的负面影响将波及后代人，包括对环境、水源、土壤、空气、人体健康的危害。如何彻底地妥善处置核废料，是全世界至今也未能解决的难题。按照国际原子能机构的要求，安全性和永久性是处理核废料的两个必需条件，其中最重要的是安全。即能够永久地将核废料封闭在一个“容器”里，并保证数万年内不泄漏出放射性污染。

短期内，可以将核废弃物存放在容器中或掩埋在河流岩床下，这种方式相对安全。但是，长期看，容器具有腐蚀风险、岩床可能发生断裂，加之地震活动，这些因素可能导致核废弃物释放出来或进入地下水系。所以，找到一种能够在几万年内都经受得住放射线辐射的物体，一直是科学界努力的方向。此外，日本福岛第一核电站的核污染水海洋排放，给全球海洋生态环境和人类安全造成潜在威胁以及实质性损害。

无论是严重的环境恶化，抑或时滞效应转变为后代人的危害，都给当代人保护环境质量提出了两个互相联系的警示。一是要求当代人既要保证对自然改造的可视结果必须要利大于弊。比如，城市扩建、交通道路建设要避免造成生物栖息地丧失和集中污染源出现等不良后果；开采森林伐木和开发海洋渔业的速度不要超过它们的再生能力；开采金属矿物和原油等不可再生资源过程避免产生有毒、有害废弃物等污染副产品。二是更要防止有益于当代人而有害于后代人的潜在环境危害。质言之，保护环境质量，杜绝由当代人的利益迅速转变为后代人的危害，不仅是代际正义的内在要求，更是看护弱者的伦理纲常。

第二，保护机会原则。保护机会原则是指每一代人均应有平等享有资源多样性和良好生存环境权利的机会，也有保护环境质量的义务。不可否认，后代人（未出生的公民）对当前环境保护缺乏有效的参与，现在他们只是潜在的社会成员而非利益相关者。但是，正视后代人共享良好生产生活环境的机会，规范现实的人对此所应当承担的责任具有充分的理由。

（1）亲代责任。所谓亲代责任，意指人类的发展从过去到今天再到未来呈现出一种必然的责任逻辑，即前辈把自然生存条件完好地传递给后人，基于公正原则，后人也应当把这些惠赠完好无损地传递给后代。人的社会属性不仅表现为横向的社会交往，而且还突出体现在历史的逻辑脉络，即由前辈通过当代达致后代所串联的代际链条。代际传承，并不是通常意义上祖孙三代短暂的代际，而是人类千秋万代意义上的长远链接，其中，我们对未来世代的关照根植于这样一种关系。无论是否在时间上同时存在、在空间上彼此触及，时空距离消解不掉对后代的责任和义务，更难以泯灭跨代的爱意情感。为后代深谋远虑甚至牺牲自我是父辈的本能情感。当意识到自身生产生活方式将破坏后代的发展前景、危及后代健康生存，任何父母都不会因此产生快乐和幸福。在正义共同体中，后代人并不是虚幻的符号而是源自当代人的后人。“因为此时已有了未来之可能性的现实的载体。这个未来不再属于一些抽象的、设想出来的别人，而是属于我们自己的未来。这个未来是由我们现在存在的人承载和传递着的。它不是从虚无中硬造出来的，而是由我们贯穿起来的。它是我们这一代的未来，是由我们生发出来的未来，是我们生命之河的下游。”①当代与后代并非完全孤立，后代并非一个抽象的存在。

马克思指出：“人们自己创造自己的历史，但是他们并不是随心所欲地创造，并不是在他们自己选定的条件下创造，而是在直接碰到的、既定的、从过去承继下来的条件下创造。”②当代人今天所享有的一切均源于无数代前辈的代际传承，但时间的一维性约束我们不可能回馈他们。然而，“亲代情感接力”激励我们把前辈对我们的关爱传递给后代，后代再以同样的方式一代代延续下去，从而形成一种感恩、馈赠、责任代际传递的单向序列，一种特殊形式的跨代义务与爱意的单向契约。丰富的自然资源、优美的生态环境是祖辈传赠给当代的自然遗产，如果这份珍贵的遗产对于我们当代人来说是应得的，那么意味着对于后代人来说也同样是应得的，这就决定了我们具有保护、传承的强烈责任。反之，如果破坏了这份遗产，传递给后代荒芜恶劣的生存发展环境，不仅意味着我们失责，更意味着对后代造成了巨大的环境不公和代际性亏欠。因此，留给后代人一个适宜他们生存发展的自然空间，为提高他们生活质量和幸福指数保存更多的生态公共产品，离不开人类世代延续的内在责任逻辑，离不开对后代所应享有的环境生存权和环境发展权的前瞻考量与关切。换言之，这一传承的历史性前提不能归因于对利益的算计与理性博弈，而应将其纳入与人类整体、成员关系、代际传承之间的亲代联系，交融着前辈的责任义务与血缘亲情。

概括地说，我们之所以要对后代人讲环境正义，是因为过去、现在和未来之间有一种“世代恩情”。每一个后代人都从上一代处获得继续生存和发展的利益，当代人从上一代人那得到的恩惠应该返还给未来的人们。我们之所以要为后代保护环境，是因为他们是我们的“直系子孙”，“爱的纽带”将我们与他们相连。

---

① 霍尔姆斯·罗尔斯顿. 哲学走向荒野[M]. 刘耳，叶平，译. 长春：吉林人民出版社，2000：97.

② 马克思恩格斯文集（第2卷）[M]. 北京：人民出版社，2009：470-471.

（2）自然资源是祖传的遗产。一代人有一代人的追求与梦想，代际兴趣和价值观肯定存在差别。因此，我们确实无法确切地判断后代人主观偏好的变化。但是，自然资源是祖传的遗产点明了代际之间生态环境的传承。良好生态环境是人类社会可持续发展的基础，决定了人类生存和发展所必需的环境条件、自然资源这类天然的自然资本，对于后代同样不可或缺。以后代人的价值观不确定为理由疏忽代际关怀，实际上混淆了兴趣和正义的本质区别，犯了以兴趣的相对性否定正义的绝对性，以价值观的变动性取代生命的至上性的错误。确切地说，“尽管我们确实不（明确地）知道代表未来人们应当做什么，我们仍有大量的信息指导自己不该做什么”。[①]当代人至少应当对这一事实保持清醒，当最后一棵树被刨，最后一条河被污染，最后一条鱼被捕捞的时候，钱是不能吃的。解决好当代人与后代人的利益平衡，是事关短期和长期、局部和整体、当前与未来的关系问题。虽然代际环境正义与代内环境正义所体现的利益关系主体不尽相同，代内正义是现实的人与人之间的利益关系，代际正义则是当代人与后代人之间的利益关系，但它们都属于人类整体的生存、发展与福祉议题。那么，应在人类整体性视域下，每一代人各自承担起维护环境正义的责任。所以，代际环境权的动态平衡只体现在后代人对他们的下一代负有生态保护的义务，在此，权利—义务关系没有对等性。我们不仅要顾及当代需求，也不能忽视后代利益，至少保障自己的后代拥有与当代同等的环境生存权和环境发展权，并以此推动人类整体的环境福祉行稳至远，促使代际之间正义、自由与和谐。

（3）后代人本身应有的权利。“后代人权利”最早由美国著名哲学家约尔·范伯格（Joel Feinberg）于 1971 年在《动物与未来世代的权利》中提出。如果说我们为了我们的子女、我们的下一代保护环境是一种爱的行为；而我们为遥远的后代保护环境则主要是一个诉之于未来世代权利的正义事件。[②]如果后代人权利包括对生存空间、肥沃的土壤、清洁的空气之类事物的拥有权利，那么，耗竭肥沃的土地，把垃圾倒进湖泊、河流和海洋中，砍伐森林，有毒气体污染大气等行为都属于侵害了后代人的权利。

---

① 克里斯汀·西沙德-佛莱切特. 后代人及社会契约. 载：维西林，冈恩. 工程、伦理与环境[M]. 吴晓东，翁端，译. 北京：清华大学出版社，2002：206-207.

② Joel Feinberg. The Rights of Animals and Unborn Generations，in E. Partridge，ed. Responsibilities to Future Generations[M]. New York：Prometheus Books，1981：139.

一方面，看待后代人的主体地位，要以他们同属于人类环境命运共同体成员这一属性为基准。作为所有世代的人类，与作为行为主体的当代人一样，都拥有享受美好生活的权利诉求，且这种权利不容受到任何主体可能的影响与侵害。认可了这一点，便认可了作为人的普遍尊重与平等性。对每个人的基本权利，包括环境权利这一人权的保护具有绝对性、无条件性，它不受利益对比和权重考量的影响，也不能因为权利主体是离我们遥远的后代人而有所削弱或漠视，这决定了当代人没有任何理由或特权掠夺本属于后代人的生态资源。地球以及广袤的宇宙资源是全人类的共同财产，因而每一代都应在一定的限制中获取属于自己的那部分为己所用，余下的应供给那些未参与分配的后代人。对此，罗尔斯的正义储蓄说给予了独特的阐释。针对人类社会是由不同世代构成的延续，“人类不可能不考虑后代的需求，而为了惠顾当前的最少受惠者也应确立一个适当储备点”，“正义的储蓄原则适用于世代与世代之间，而差别原则适用于世代之内”[①]，这种储存原则要求“各自承担实现和维持正义社会所需承担的公平的一份”。[②]换言之，代际正义是通过一定的社会制度对各种自然善或者社会善进行代际分配。

另一方面，看待后代人的主体地位，要以人类人权与人格的平等原则为基准。所有的人，无论其身处哪个时代，都拥有一种与当代人同等的环境人权与尊严。它要求当代人要保持分配的正义、程序的正义、补偿的正义以及承认的正义，防止对后代人权益造成任何形式的侵害。基于公正理念，以一种适宜的态度对待利益分配，做到满足自己的需求须以不损害未来世代满足其需求的能力为前提，给后代人留下足够的自然生态资源，使世世代代能够享有符合环境人权要求的生活。质言之，当代人作为行为施加主体，应免除任意，严格执行这一普遍化的标准，承担对后代人的责任与义务。后代人作为行为的被动接受者，理应获得当代人的关怀与合理对待。

第三，非互惠原则。互惠是指利益或特权的相互让与。互惠原则也称对等原则，指双方相互交往时，依平等原则互相给予相同或类似的权利，承担相同或类似的义务。回报是互惠原则的真正目的。相反，非互惠原则是指一方给予另一方

---

① 罗尔斯. 作为公平的正义[M]. 姚大志，译. 上海：上海生活·读书·新知三联书店，2002：263.

② 罗尔斯. 正义论[M]. 何怀宏，等，译. 北京：中国社会科学出版社，2003：278-279.

普遍优惠，却不要求对方提供反向优惠。质言之，不期待、不要求利益报答是非互惠原则的核心。对于代际正义而言，在场的当代人给予不在场的后代人生态资源分配上的普遍优惠，而不要求后代人向当代人提供反向优惠。当代人对后代人这样一种代际道德责任，展现了正义关系一种新的面向和新的视域，表现在正义的行为主体与行为对象在时空上并不统一，而是处于一种遥远的、长久的且不曾谋面的分离关系，这一特点，决定了义务互惠原则适用于世代之内，非互惠原则适用于世代与世代之间，即对后代的义务不以后代的回报为前提。

这一原则具有以下几个特征：（1）不可逆性或非对称性。前代对后代具有义务而无权利，后代无法回报前代，是一种非互惠性质的单向义务关系。（2）“接力模式”而不是“反馈模式”。代际关系不遵循相互报答逻辑，而是每一代都遵循给予后代的接力模式，而后代出生后不反馈上一代。（3）非交换关系。代际交换论主张交换关系中关系主体都存在自己的利益诉求。但在代际正义范畴内，要求当代主体具有独立、完整、自愿的付出动机，而付出往往需要亲情、责任等交换关系之外的因素来发挥作用。因此，交换关系仍然是一个代际正义范畴之外的问题。（4）尤为重要的是，能自觉承担对后代人的责任伦理，甚至自愿自觉做出节制、让步乃至自我牺牲。调节当代人与后代人关系的道德责任，完全由当代人单方面遵守与承担，而不存在对等关系中的双向约束与担保。当代—后代的关系结构，一方面，决定了当代人把生态环境治理好，最终惠及后代人，但完全不会给予回报；另一方面，当代人把环境破坏了，直接危及后代人的生存发展且可能受到埋怨与责怪，但无论如何也不会得到后代人的制裁。由此看来，这样一种单向度的正义结构，因缺乏制约而显得松散无力。显而易见，在代际关系的正义问题上，正义能否实现以及实现的程度，完全取决于当代人单方面的道德感、责任心与自我牺牲精神。恰恰由于这种不见后代人约束的不同寻常，迫切需要人们形成一种前所未有的全新思维，促进人类观念的正义转向——当代人须以一种纯粹利他主义精神为后代做出单向度的、自我牺牲式的道德奉献。一是当代人建立“绿色银行”，为后代长期“储存”环境福祉。二是当代在维护自身环境权时，牢记对后代人环境生存权与发展权的辽远关照与宏观考量。三是深入推进生态环境治理现代化进程，以环境治理法治化、民主化、科学化推动生态文明实现新进步。四是强化人类环境命运共同体成员“未来人”的内涵认知，以宏大视野看待绵延不绝的代际链条，并保证这一链条不在任何“当代”断裂。

第四，预防原则。环境风险不是发生在当前而是发生在未来，是一种只带来损失而无可获益的风险。由于这类风险关涉人类的决策、责任和行为后果之间的因果关系，故建立风险意识，以预防的原则，通过人的计划性、目的性、创造性的实践活动，采取适当的措施防范与减缓风险发生概率，对于规避未来世代可能遭受不可弥补的灾难性后果具有重要意义。

预防原则的核心理念在于要防患于未然，对于一种可能发生的巨大风险之危害，必须进行事先预防。《里约环境与发展宣言》倡导各国采取预防原则防御可能而来的重大伤害，第15项原则规定：“为了保护环境，各国应按照本国的能力，广泛使用预防措施。遇有严重的或不可逆转损害的威胁时，不得以缺乏科学充分确实证据为理由，延迟采取符合成本效益的措施防止环境恶化。”①概括来看，预防原则关涉下列基本要求：其一，预防原则倡导环境损害应当首先在源头上进行预防，而不是从结果上进行纠正。其二，即便在科学信息并不确定的情况下，也要树立底线思维做最坏结果的打算。即使发生的概率、发生时间、发生状况、发生结果严重程度存在不确定性，尚没有得到科学的确切证明，但不可逆转的环境危险一旦存在，就必须按照预防原则制定对策，实施最大可能性规避。其三，当代人具有采取预防原则的道德义务。后代人是尚未出世的弱势群体，“不在场”属性决定了他们既不可能对风险承担呈现自主意愿，也无法表达对前代风险决策的不满或抵制，他们只能被动接受先辈所为。如果预判风险及其危害具有不可逆和不可控性质，且损害规模、灾难影响巨大，恰当的做法就是为了后代必须警惕与预防风险的发生。不然，在后代人毫不知情的前提下，将他们置于巨大的风险与危害之中，无论如何都是不公平的。

退一步说，尽管对环境风险不可能实现“零规避”，但预防性原则所包含的公民环境权利与生命安全不受环境危险活动侵害的前提假定，兼具科学性与价值性的统一，获得了越来越多的国际认同。如果仅从经济角度而言，事前预防所花费的费用要远低于公害发生之后为恢复当地环境并承担受害人的救助、补偿的费用。

---

① 田青，胡津畅，刘健，等. 环境教育与可持续发展的教育 联合国会议文件汇编[M]. 北京：中国环境科学出版社，2011：16.

第五，科技介入原则。尽管将正义共同体扩展至后代人的环境权利保障这一理念为代际正义提供了价值指引，但生态环境治理实践依然需要更为清晰的指导原则。为了满足当代人自身发展需要，资源消耗是不可避免的。在这一前提下，既不能竭泽而渔、焚林而猎忽略自然，也不能因噎废食消解当代人的正常需要。那么，在强调每一代人保护生态资源多样性责任之外，深刻把握全球生态环境治理的国际科学技术合作也是一个重要选项。“科技创新是人类社会发展的重要引擎，是应对许多全球性挑战的有力武器。”[①]国际合作意味着技术共享，要彻底应对全球性环境问题，世界各国要携手打造开放、公平、公正、非歧视的科技发展环境，促进科技成果互惠共享，让科技造福全人类。比如，建立健全绿色低碳循环发展的经济体系，通过科学技术为现存资源以及所耗费资源开发替代品，提升废旧资源利用技术，创造更为有效的资源开发过程，推进能源生产和消费革命，构建清洁低碳、安全高效的能源体系，推进资源全面节约和循环利用，降低能耗、物耗，实现生产系统和生活系统循环链接等。总之，通过国家、民族间技术合作助力生态资源的平衡与稳定，从而为后代人保留生存与发展所需的自然与环境资源。

综上所述，生态环境保护功在当代、利在千秋，不仅是国家与民族永续发展的千年大计，也是人类命运共同体的共同期盼。人类共同体中的每一位成员，包括未来世代，都拥有不容侵害的环境人权。作为权利的普遍性，这种诉求在当代人与后代人之间不存在任何本质上的差别。值得注意的是，虽然我们强调代际环境正义的必要性和重要性，但其实现的程度仍取决于代内环境正义状况。没有代内正义，代际正义无从谈起。如果当代人的环境权利难以保障、环境保护难以为继，自顾不暇的当代人也难以关心后代人，而且，代内不正义延续累积到后代有可能导致更大的不正义。因此，两者相比，代内环境正义具有优先性和决定性，它是代际环境正义实现的基础与前提。也恰恰表明，当代人必须站在后代人受惠的角度，由尊重自然、顺应自然、保护自然深入至对世世代代子孙的责任，深刻认识人类对大自然的伤害最终会伤及人类世世代代。那么，当代人既要有效防止在开发利用自然上的“暴政”，又要对已遭破坏的自然进行恢复，提升生态系统质量和稳定性，还自然以宁静、和谐与美丽，为后代能更充分地享受绿色福祉筑牢生态根基。

---

① 习近平谈治国理政（第 4 卷）[M]. 北京：外文出版社，2022：465.

第七章　环境正义的理论基础

对于环境正义可能的理论基础，国内外学术界普遍认为罗尔斯的正义论是环境正义的必要理论基础。罗尔斯的正义理论对解决环境问题上的受益与责任分担问题，尤其是弱势群体遭受的环境不公提供了重要的理论和方法论参考。然而，马克思主义公平正义理论作为环境正义的理论基础却没有受到学界足够的重视。马克思主义生态观已然包含环境正义尺度，马克思主义中克服一部分人对其他人的剥削，在贫富之间设置正义、平等和合理分配的伟大洞见，对于解决环境受益和责任分担问题具有重要理论参考价值。概括来看，对于环境正义可能的理论基础，功利主义正义理论、阿玛蒂亚森平等正义理论、社群主义正义理论、以诺奇克为代表的自由放任主义正义理论，也受到各派学者的普遍关注和热烈争论。本章以罗尔斯正义理论以及马克思主义正义思想作为分析对象。

第一节　罗尔斯“作为公平的正义”原则

美国哲学家罗尔斯在保护弱势群体方面颇有建树，他创立了很有影响的正义论——“作为公平的正义”。罗尔斯认为正义是社会制度的首要价值，正义总是意味着某种平等，他所关注的社会正义将自由与平等紧密结合，从而将正义哲学的主题由自由变为平等，由此，罗尔斯完成了西方政治哲学主题的转换，也成就了他的历史地位。

罗尔斯参加过第二次世界大战，1945 年 8 月 6 日，原子弹在日本爆炸时，他就在太平洋战场。他认为使用核武器是错误的。如同许多参加过战争的人一样，他也想创造一个更美的世界、更好的社会。但是，对于他而言，改变世界的方式是思考和写作，而不是参加其他政治活动。他写《正义论》时，战争正在进行，全美爆发了抗议活动。战争引发了他对人类正义问题的思考，他试图寻找一个建设正义秩序、良好社会的解决之道。罗尔斯摆脱了对形而上学争议的纠缠，超越了对具体社会问题的一时讨论，投入到建构性的哲学任务之中，深入思考关于抽象正义的普遍问题。罗尔斯把正义问题的妥善解决寄托于社会制度的合理设计之中，希望构建一个秩序良好的社会以使人们获得一种有价值的美好生活。可是，规则怎么制定？由谁制定？人人都说的美好世界标准是不一样的，但是，有一点又是相同的，人人都会在意自己在其中的地位以及所得所失。因此，规则由哪个阶层的人制定都难免主观。

于是，罗尔斯想出了一个思想试验，他称为“原出立场”，以减少人们自私的偏见。它的中心思想：你设计更好的社会时，不应当知道你在那个社会中的地位。你不知道你在那个社会中是穷还是富、健康还是残疾、英俊还是丑陋、聪明还是愚笨、是否有技能。在这个想象的“无知之幕”后，你不知道自己最后的结局，不知道自己会成为什么样的人，此时，你才会选择更公平的社会原则。在不知道自己社会地位的条件下做出选择。由于在“无知之幕”性质的“原始状态”中，“所有人的处境都是相似的，无人能够设计有利于他的特殊情况的原则，正义的原则是一种公平的协议或契约的结果”①。根据这个思想设计，罗尔斯形成了他的正义理论，这一理论基于以下两条原则。

一是平等的自由原则。“第一个原则：每个人对与其他人所拥有的最广泛的基本自由体系相容的类似自由体系都应有一种平等的权利。”②每个人所具有的自由权利都是平等的，都必须给予公平的对待。换言之，人人必须享有最广泛的、不可剥夺的基本自由，如信仰自由、选举自由、表达思想的自由等。人人都有权利得到它们，任何人都不应把它们夺走。

二是差异原则。“第二个原则：社会和经济的不平等应这样安排，使它们：

---

① 罗尔斯．正义论[M]．何怀宏，等，译．北京：中国社会科学出版社，1988：12.

② 罗尔斯．正义论[M]．何怀宏，等，译．北京：中国社会科学出版社，1988：60-65.

（1）与正义的储存原则一致的情况下，适合于最少受惠者的最大利益；（2）依存于在机会公平平等的条件下职务和地位向所有人开放。”[①]这一原则揭示，任何不平等都是可以允许的，其前提必须是有利于包括社会最底层平民在内的每一个人，必须产生于机会平等的条件之下，适合于最少受惠者的最大利益。易言之，要给予最不幸者比较平等的财富和机会。罗尔斯这一作为公平的正义思想，要求面向全体社会成员平等分配财富、机会和自由，分配的指导规则不得为任何社会成员提供对于其他成员不公平的优势。“所有社会价值——自由和机会、收入和财富以及自尊的社会基础——都应该加以平等的分配，除非对所有这些价值或任何一种价值的不平等分配有利于每一个人。”[②]例如，医生比卡车司机能获得更多的收入，但公正的社会允许有这种不平等。因为二者先期付诸的努力、投入的时间、经济成本不同。但是，这种不平等有两个必需的前提。其一，必须在机会均等的条件下出现。例如，考医学院成为医生的机会应该向每一个社会成员开放，包括卡车司机。其二，一切政策必须对那些处于社会最不利地位的人有利，使社会中的最弱势群体在社会分配过程中获利最大。

罗尔斯两个正义原则是密不可分的关系。首先，第一个原则是处理公民的政治权利，第二个原则处理公民的社会和经济权利。罗尔斯坚信，只有同时满足两个原则，才不会产生贫富悬殊的社会，才是一个公正的社会。其次，原则排序有先后。第一原则优先于第二原则，只有在满足第一原则的情况下，才能考虑第二原则。因为个人基本自由不能以任何理由遭到限制或剥夺，自由只能因为自由的缘故而受到限制。在第二原则内，机会平等原则优先于差异原则。最后，差异原则关注社会最底层的弱势群体。差异原则对社会和经济的不平等进行了严格限制，只有在对最弱势群体有利的情况下，不平等才是被允许的。

罗尔斯最关心最弱势群体的绝对地位而不是相对地位。如果绝对平等能够最大限度地改善最弱势群体的绝对地位，差异原则就会支持绝对平等。如果允许存在一定程度的不平等，这样更有助于改善最弱势群体的绝对地位，差异原则也不反对这种不平等。这里，社会最底层的参照系是其本身，只要有助于改善这些人的境遇，社会资源无论怎么分配都是正义的。可见，在弱势群体问题上，他既不

① 罗尔斯. 正义论[M]. 何怀宏，等，译. 北京：中国社会科学出版社，1988：60-65.

② 罗尔斯. 正义论[M]. 何怀宏，等，译. 北京：中国社会科学出版社，1988：62.

反对绝对平等，也不绝对反对不平等。罗尔斯正义思想体现了鲜明平等主义色彩。他把一般正义观“合乎每一个人的正义”转变为“合乎最少受惠者的最大利益”，把能否满足弱势群体的利益视为衡量一个社会是否公正的标准。这个原则又被称作“最大最小”原则（Maxmin），这正是罗尔斯理论的独特之处。差异原则蕴含了对社会最底层群体的人道主义关怀，充分彰显出最大限度地改善社会最底层境遇的鲜明立场，对世界正义理论以及人文社会科学各领域都产生了重大而深远的影响。

罗尔斯正义理论与环境正义之间的理论关联体现为两点。一方面，公平原则包含差别原则的平等主义思想，为当代环境问题的责任分担提供了重要理论基础。按照罗尔斯的理论，环境问题的责任分担应当体现公平原则，但是这一公平并不是要求每一个国家和个人都承当相同的责任，而是在责任分担上要区别对待。当我们说所有人的平等义务时，又要区别对待社会弱势人群的能力差异。国际以及一国之内环境问题上的一切决策应该顾及作为弱者的发展中国家或地区，资源分配应按照倾向穷人利益的原则进行。如何改变强者受益，弱者受损的正义缺失，既要面对人类的普遍存在，又要正视有差别的“我们”之差异，这些都可以从罗尔斯的理论中找到思路和方法。另一方面，“正义的储存原则”为处理好当代人与后代人的利益关系提供了理论基础。正义的储存原则适用于世代与世代之间，而差异原则适用于世代之内的主张，对于如何保障后代人与当代人之间在享有环境权利上的平等状态，提供了真正的切中要害之处的具体方法。每代人应依据自身的发展状况为后代人“储存”可持续性生态环境。这种正义的储存，区别在于多与少，而不是有与无。简言之，环境正义作为反对环境保护中不平等现象的重要理论武器，更多的是对被歧视、被压制、被忽视的弱势群体主体的关心，罗尔斯的思想为其提供了广阔的理论空间和重要的理论资源。

第二节　马克思主义生态观

马克思虽然不是当代意义上的生态学家，却以其独特的思想资源、视角和思维方式，提供了解决环境问题的指导原则或原则性思路。马克思理解的自然是以主体的实践为中介的对象性自然，马克思理解的人是作为自然存在物的现实的人，这两方面的统一决定了马克思生态思想的本质特征：人道主义和自然主义的双重实现。应当说，马克思并没有系统的生态学理论，但是马克思的思想中包含生态观的基本原则。并且，由于马克思站在社会存在论的高度，运用历史辩证法看问题，因而对比今天形形色色的“非人类中心主义”，这一生态观的基本原则和思路更合理、更现实，虽然它需要展开和完善。

一、马克思主义生态观的基本原则

马克思主义生态观的基本原则，集中体现为《1844 年经济学哲学手稿》中的一段名言：

> “共产主义是对私有财产即人的异化的积极扬弃，因而是通过人并且为了人而对人的本质的真正占有；因此，它是人向自身、向社会的即合乎人的本性的人的复归，这种复归是完全的、自觉的和在以往发展的全部财富的范围内生成的。这种共产主义，作为完成了的自然主义，等于人道主义，而作为完成了的人道主义，等于自然主义，它是人和自然界之间、人和人之间的矛盾的真正解决，是存在和本质、对象化和自我确证、自然和必然、个体和类之间的斗争的真正解决。它是历史之谜的解答，而且知道自己就是这种解答。”①

这段微言大义包含丰富、深刻的思想。结合马克思的其他论述，马克思主义生态观的基本原则包括以下几点。

第一，自然界是以主体实践为中介的对象性自然。对于马克思来讲，自在的自然是抽象的、非现实的。现实的、有意义的自然是对象性自然，也即以主体的实践为中介的“人化自然”。所以马克思说：“被抽象地孤立地理解的、被固定为与人分离的自然界，对人来说也是无。”②他批评费尔巴哈把我们周围的自然界看成是始终如一的，而不懂得它是工业和实践的产物，是世世代代活动的结果。因为，通过劳动（生产、实践、工业）显现的自然才是现实的自然。只有“在人类历史中即在人类社会的产生过程中形成的自然界是人的现实的自然界。

---

① 马克思恩格斯全集（第 3 卷）[M]. 北京：人民出版社，2002：297.

② 马克思恩格斯全集（第 42 卷）[M]. 北京：人民出版社，1979：178.

因此，通过工业——尽管以异化的形式——形成的自然界，是真正的、人类学的自然界”[①]。这样，整个世界历史不外是人通过人的劳动而诞生的过程，是自然界对人来说的生成过程。劳动（实践、生产、工业）作为现实自然界的中介，可以从两方面理解：一是我们周围的自然界都打上了人的烙印——或者被人类所改变、创造，或者被人类以文化符号的形式解释、把握；二是“自然是怎样的”这个问题，实际上是“自然界向我们显现为怎样的”，而后者取决于我们与自然界的交往方式，即生产、实践的具体形式。因此，我们只能以“人”的眼光看自然，以“人”的方式言说自然和自然的价值，以“人”的行为模式解决人与自然的矛盾。想完全撇开人而说物种、生态独立的“内在价值”，事实上是不可能的。

第二，人是物质的、感性的存在，也即自然存在物。例如，马克思说：“人直接地是自然存在物。人作为自然存在物，而且作为有生命的自然存在物，一方面具有自然力、生命力，是能动的自然存在物，这些力量作为天赋和才能、作为欲望存在于人身上；另一方面，人作为自然的、肉体的、感性的、对象性的存在物，和动植物一样，是受动的、受约束的和受限制的存在物，也就是说，他的欲望的对象是作为不依赖于他的对象而存在于他之外的。”[②]马克思还说：“人本身是自然界的产物，是在他们的环境中并且和这个环境一起发展起来的。”[③]人虽然超越自然，但这种超越是以自然为基础的超越，是自然形态的超自然。“人并没有创造物质本身。甚至人创造物质的这种或那种生产能力，也只是在物质本身预先存在的条件下才能进行。”[④]这里，马克思从物质基础、生命形态、人的活动的受动性、社会历史的现实条件等几个方面强调人与自然的相互关系。这是历史唯物主义基本观点，也是马克思主义与“人类中心主义”本质区别之所在。

第三，自然问题的解决和人的问题的解决处在相互生成、双向深化的辩证运动中。人作为超越自然界的主体，与自然界作为人的对象，始终处在相互生成、双向深化的辩证运动中。人越彻底地把自然界作为对象，他自身就越是在深刻的意义上是主体；人的主体性越深化，自然界就越远离自在而成自为。这个“互化”的过程，是一系列矛盾表现出的辩证运动：主体与客体、自然与社会、自由与必

---

① 马克思恩格斯全集（第 42 卷）[M]. 北京：人民出版社，1979：128.
② 马克思恩格斯全集（第 42 卷）[M]. 北京：人民出版社，1979：167.
③ 马克思恩格斯选集（第 3 卷）[M]. 北京：人民出版社，1995：374-375.
④ 马克思恩格斯全集（第 2 卷）[M]. 北京：人民出版社，1957：58.

然，等等。这些矛盾决定了自然问题的解决和人的问题的解决紧紧纠缠在一起。马克思主义生态观的基本原则，也包含了解决人与自然的矛盾、解决生态问题的基本思路：通过完成“自然主义”来实现“人道主义”，通过完成“人道主义”而实现“自然主义”，通过这两者的统一，实现“人类同自然的和解以及人类本身的和解”[①]。其一，作为完成了的自然主义等于人道主义。实现人道主义，必须以物质社会条件的改善为前提，以人与自然的物质交换方式即劳动的改善为前提。“真正的人”的状态不是建立在物质贫乏、生产力落后、自然对人的陌生性基础上的，而是建立在高度发达的物质条件上的，是以人对自然规律掌握和运用为前提的。实现人相对于自然的自由，是实现人自由全面发展的条件。作为对象的自然界要完成自身，不是作为外在于人、对人来说完全陌生的自然界，而是属人的自然界、自为的自然界，更不是排斥人、敌视人的自然界，而是在深层次上向人展示其本质的自然界。这样的自然界本身就是属于人的，对人亲近的，带着感性的光辉向人类微笑的自然界，也是自由全面发展的人所需要的自然界。其二，作为完成了的人道主义等于自然主义。人原本是自觉自由的主体，按照美的规律生产，按照自由本性生存。私有制特别是资本主义经济生活使人异化、物化，也激发了人向自然疯狂掠夺的欲望，带来了灾难性后果。真正的人道主义就是让人按照“人”的本性生活，在两种尺度统一下进行生产，按照美的规律进行生产，以自由联合的“集体”组织生产，等等。而人能做到这点的话，这样的生产就必然保持人与自然的和谐，保持人对自然的心理呼应、伦理正义、审美情趣，甚至宗教的虔诚。人以这样的自觉自由姿态立足于自然界，这本身就是一种自然主义。其三，人与人、人与自然的和解。如上文所述，生态问题关涉人与自然、人与人两方面的问题，而这两方面的问题又是如此紧密地纠缠在一起，形成一个“复杂的系统工程”。解决好人与自然间的物质变换关系，反思和改善人的自然生存方式，消除异化劳动和异化消费，有助于建立合理的劳动关系、经济关系、交往方式，也即有助于人和人的和解；反过来，建立公平、正义、自由的社会状态，人们之间按照“真正人”的方式结合，并按“真正人”的方式与自然结合（包括劳动者与生产资料结合），人就会理性地、有序地、智慧地对待自然，处理人与万物间的矛盾，实现人与自然的和解。这两方面作为整体，就是马克思主义生态观的理想。

---

① 马克思恩格斯全集（第 42 卷）[M]. 北京：人民出版社，1979：120.

二、马克思主义生态观的启示

马克思主义生态观揭示，要理解人和自然的矛盾，理解生态问题在现实中的存在和解决，需要遵循马克思主义生态观基本原则内在逻辑，沿其基本向路，运用历史辩证法，对“人道主义”与“自然主义”在历史中的悖离、冲突及双重实现进行深刻的反思。

第一，人与自然的关系，现实地表现为作为主体的人与作为对象的自然界的关系。因此，生态环境问题，不能用与主体无涉的“纯”自然眼光看。人与自然的关系不是外在的并存性关系，而是内在的嵌入式关系。对象在多大程度上是对象，既取决于对象的性质，也取决于主体的本质特征。主体客体化和客体主体化，对象性和人的自我确证，紧密联系在一起。自然界经过人的劳动而成为真正的“人类学的自然界”，成为人的“无机的身体”；而人也是在劳动中，通过使自然界成为自己的对象、产品、成果，而获得自己的本质。故马克思指出：“人不仅仅是自然存在物，而且是人的自然存在物，也就是说，是为了自身而存在的存在物，因而是类存在物。他必须既在自己的存在中也在自己的知识中确证并表现自身。”[①]“正是在改造对象世界中，人才真正地证明自己是类存在物。这种生产是人的能动的类生活。通过这种生产，自然界才表现为他的作品和他的现实”[②]。一方面，人类必须进行生产劳动，与自然界进行物质和能量的交换，不可能不“为了人类的需要而对自然物的占有”[③]；另一方面，人又高于万物，“能够认识和正确运用自然规律”，认识到我们永远都不能脱离自然界，认识到我们不能像统治异民族那样野蛮地掠夺自然，而有责任做自然界的守护者。

第二，人与自然的关系，现实地表现为处在特定社会关系中的人们与自然的关系。因此，以人和人的实践活动为中介考察人与自然关系时，不能把人抽象为无差别的整体，简单地批评“人类中心论”。非人类中心主义在批评人类中心论时，有一个常识性错误：把人简单化，似乎“人”是一个抽象的无差异的原子，似乎全部人类是“铁板一块”的整体在与自然作对。这种批评虽然义愤填膺，但解决不了任何问题。我们需要从抽象的“人”的概念进入具体的“社会历史的人”

---

① 马克思恩格斯全集（第42卷）[M]. 北京：人民出版社，1979：169.
② 马克思恩格斯全集（第42卷）[M]. 北京：人民出版社，1979：96-97.
③ 马克思恩格斯选集（第2卷）[M]. 北京：人民出版社，1995：181.

的概念。众所周知，在社会的总体关联和总体化运动中理解人，再现人类复杂的社会关系，以及这些关系在历史上的复杂表现，是马克思主义理解人的关键。用这个观点理解生态问题，则：人与生态环境的关系，其实是“以复杂方式交往着的人们”与生态环境的关系；讨论人，就必须讨论人的社会性、人们之间的交往方式、人们之间的利益关系，以及这些关系在历史和劳动的不同发展阶段上的表现。理解人们的社会交往关系是理解人与自然关系的前提；解决人们之间的矛盾是解决人与自然矛盾的前提。

第三，人们的交往关系是随着劳动进步而发展的，是根据人与自然物质变换活动的需要而改变的。因此，生态环境问题的思考和解决，必须用动态的、历史的眼光。在《德意志意识形态》等著作中，马克思、恩格斯系统探讨了生产劳动的发展与分工、交往发展的关系及过程。如果说，以往的时代还有“宗教的虔诚，骑士的热情，小市民的伤感”，大自然令人还有某种“田园诗”的感受的话，则资本主义大工业消除了人们对大自然的神秘感和审美情愫，也激发了人们的贪欲，自然成为人们简单的消费对象和控制目标。“以前的一切社会阶段都只表现为人类的地方性发展和对自然的崇拜。只有在资本主义制度下自然界才不过是人的对象，不过是有用物；它不再被认为是自为的力量；而对自然界的独立规律的理论认识本身不过表现为狡猾，其目的是使自然界（不管是作为消费品，还是作为生产资料）服从于人的需要。”[①]劳动异化、商品异化、消费异化，使得人们不顾一切地掠夺自然；资本的逻辑和功利的价值追求，扭曲了劳动的本性，也扭曲了人和自然应有的关系。本真意义上的劳动即自由创造的劳动，被异化劳动所取代；感性的自然界、作为人“无机的身体”的自然界，被当作能源和资源的攫取对象。人自身也被异化，一部分人成为另一部分人攫取利益的工具。生产和技术的进步，为这种扭曲提供了手段。“技术的胜利，似乎是以道德的败坏为代价换来的。随着人类愈益控制自然，个人却似乎愈益成为别人的奴隶或自身的卑劣行为的奴隶。”[②]所以，人与自然的这种敌对关系，是与资本主义大工业联系在一起的，是与商业逻辑、异化消费联系在一起的，也是与人被异化的现象联系在一起的。要消除人与自然的这种异化现象，必须消除人与人之间的异化。只有消除人被异化

① 马克思恩格斯全集（第46卷）上册[M]. 北京：人民出版社，1979：393.
② 马克思恩格斯全集（第 12 卷）[M]. 北京：人民出版社，1965：4.

的历史现象，实现“人道主义”和“真正人的社会”，才能消除野蛮掠夺自然的现象，实现“自然主义”“生态文明”。“社会是人同自然界的完成了的、本质的统一，是自然界的真正复活，是人的实现了的自然主义和自然界的实现了的人道主义。”①在历史的辩证运动中，经由主体与客体、对象化和自我确证、自由与必然、合目的性与合规律性等一系列的矛盾运动，完成“自然主义”和“人道主义”的双重实现。

第四，在具体历史中，人与人之间的交往方式是经由劳动造成的，也随着劳动状况的发展而变化。因此生态问题的存在和解决，取决于劳动状况的发展和完善。生产劳动、社会实践的具体历史性，决定了人与自然矛盾的解决，是在具体历史发展中实现的。从本来意义上说，人的劳动（生产、实践）不是满足当下肉体需要的直接、简单的生存行为，而是自由创造行为。自由的创造性劳动，是以主体尺度与客体尺度统一为前提。因此，本真的劳动应该是既尊重人，也尊重万物的本性，是自然的本质、规律与人的需要、理想的统一，合目的性与合规律性的统一。这种统一的理想状态是自由和美。马克思深刻指出：“动物也生产。它也为自己营造巢穴或住所，如蜜蜂、海狸、蚂蚁等。但是动物只生产它自己或它的幼子所直接需要的东西；动物的生产是片面的，而人的生产是全面的；动物只是在直接的肉体需要支配下生产，而人甚至不受肉体需要的支配进行生产，而且只有不受这种需要的支配时才进行真正的生产；动物只生产自身，而人则生产整个自然界；动物的产品直接同它的肉体相联系，而人则自由地对待自己的产品。动物只是按照它所属的那个种的尺度和需要来建造，而人却懂得按照任何一个种的尺度来进行生产，并且懂得怎样处处都把内在的尺度运用到对象上去；因此，人也按照美的规律来构造。”②

人的劳动也是自觉自由的。在劳动中，人把自己的本质力量（包括需要与理想，审美情趣等），经由活的劳动而赋予自然界，凝聚为客观物质形态的劳动成果。所以真正的、符合人的自由本性的劳动，体现的是人的价值与智慧。所以我们透过现代大工业，透过人的劳动产品，就看到了人性的光辉。马克思说：“工业的历史和工业的已经产生的对象性的存在，是一本打开了的关于人的本质力量

① 马克思恩格斯全集（第3卷）[M]. 北京：人民出版社，2002：301.

② 马克思恩格斯选集（第1卷）[M]. 北京：人民出版社，1995：46-47.

的书……如果把工业看成人的本质力量的公开展示，那么自然界的人的本质，或者人的自然的本质，也就可以理解了。”①遗憾的是，私有制特别是资本主义商业制度，让人不再按自由本性劳动，不再寻求主体尺度与物种尺度的统一，不再按审美标准进行生产。自然也不再有美感、神秘感、诗意，在很多条件下，自然的规律性也不再被人尊重，利润、物欲成了主要的甚至是唯一的生产目的。由资本主义的市场规律支配的经济社会体系，把自然资源作为获取利润的手段，因此不可能真正解决生态问题。

可见，生态问题即人与自然关系被异化，归根到底是人被异化，人与人之间关系被异化，其背后的根源又是劳动被异化。这样，按照马克思主义生态观的应有之义，解决生态问题的出路，最终落脚点是劳动方式的完善。对于今天来说，就是要不断促成劳动（生产、实践）的进步，也不断促成劳动（生产、实践）的自由和完美；通过劳动（生产、实践）的进步、自由和完美，促成人们交往关系的进步、自由和完美。

第三节　马克思主义正义观

马克思主义正义观主要关涉分配领域中劳动产品分配的公平正义问题。对于分配领域中的公平正义问题，他们虽未做过专门系统阐发，也从未给“正义”下过一个清晰的定义，但涉及这一问题的论述却很丰富，这些思想散见在他们许多论著中，尤其是在对蒲鲁东、杜林和拉萨尔的批判中。

一、马克思主义正义观的基本原则

马克思和恩格斯主要从三个方面阐述了公平正义的基本原则。

第一，公平正义具有具体性。公平在不同的历史时期或在同一时期的不同社会集团那里往往具有不同的内容。不同社会集团对公平持有不同看法。质言之，公平的尺度总是各不相同。

① 马克思恩格斯全集（第 42 卷）[M]. 北京：人民出版社，1979：127-128.

马克思在《哥达纲领批判》中谈到拉萨尔主张的“公平的分配”时指出：“什么是‘公平的’分配呢？难道资产者不是断言今天的分配是‘公平的’吗？难道它事实上不是在现今的生产方式基础上唯一‘公平的’分配吗？……难道各种社会主义宗派分子关于‘公平的’分配不是也有各种极不相同的观念吗？”[①]恩格斯在批判蒲鲁东的法权观时强调：

希腊人和罗马人的公平观认为奴隶制度是公平的；1789 年资产者阶级的公平观则要求废除被宣布为不公平的封建制度。在普鲁士的容克看来，甚至可怜的专区法也是破坏永恒公平的。所以，关于永恒公平的观念不仅是因时因地而变，甚至也因人而异，它是如米尔柏格正确说过的那样“一个人有一个理解”。[②]

如果认为希腊人和野蛮人、自由民和奴隶、公民和保护民、罗马的公民和罗马的臣民（指广义而言），都可以要求平等的政治地位，那么这在古代人看来必定是发了疯。[③]

难道人类社会就没有超越一切阶级之上的公平和正义吗?马克思回答：很不幸，在阶级社会中的确没有。即使诸如“杀人偿命”这种看上去任何社会都认可的公平和正义，在许多人看来在特定条件下或许并不公平。马克思、恩格斯上述论断揭示了以下几个事实。（1）不同社会集团对公平持有不同看法，所以，公平只是一种价值判断，是对现实分配关系与自身利益关系的一种评价。自原始社会解体后，出现了在分配关系中处于不同地位的社会集团，而不同社会集团总是从自身利益出发提出各自的公平诉求。因此，当我们说某种分配关系公平时，说到底是指这种关系满足了他们的利益；反之，当我们说某种分配关系不公平时，则是指这种关系损害了他们的利益，或者，他们没能从这种关系中得到利益。（2）公平既然是具体的，那么永恒的公平是不存在的。由于每一社会集团都是以自己的公平尺度去衡量分配关系是否公正，一旦公平正义超越时空落到具体的社会之中以及具体的人身上，我们就不得不承认，从来就没有什么抽象的公平和正义。在公平和正义的词语之下，其实隐藏着一个非常值得人们深思的问题：

① 马克思恩格斯选集（第 3 卷）[M]. 北京：人民出版社，1995：302.
② 马克思恩格斯选集（第 3 卷）[M]. 北京：人民出版社，1995：212.
③ 马克思恩格斯选集（第 3 卷）[M]. 北京：人民出版社，1995：143.

当人们谈到公平时，一定绕不开“谁是公平的享有者”“公平是谁之公平”这一诘问。既然如此，那么所谓永恒的公平是不存在的。当不同的阶级提出各自的正义主张时，无论所言的正义如何，都与他们自身物质利益直接相关。既然如此，那么随着经济关系的变革以及由此而导致的社会集团的变化，公平的内容也必然要发生相应的变化。（3）公平常常成为特定社会集团的“招牌”。由于公平概念本身具有将同一尺度应用于每一个人的特质，所以，在一种分配关系中，虽然只有某一具体的社会集团是实际的受益者，但却往往被这一集团说成对其他社会集团也是公平的。于是就形成了这样一种情况：尽管各社会集团对公平的理解各不相同，但无论哪个集团都把公平作为争取或维护自身利益的口号和“招牌”。如此看来，当一种分配关系已不再适合生产力的发展要求时，仍说它是公平的，实际上是在将其保守方面加以神圣化；反之，当一种分配关系还适合生产力发展时说它是公平的，实际上是在将其革命方面加以神圣化。对此恩格斯指出：“在法学家和盲目相信他们的人们眼中，法权的发展只在于力求使获得法律表现的人类生活条件愈益接近于公平理想，即接近于永恒公平。而这个公平却始终只是现存经济关系在其保守方面或在其革命方面的观念化、神圣化的表现。”①

第二，分配关系由所有制关系决定。马克思反对空谈公平，始终关注决定公平和正义的物质基础是如何存在和如何发展的。公平正义是物质生产发展到一定阶段的产物。公平只是法权观念和道德观念的抽象表现，而且不同的社会集团往往赋予它不同的内容。所以，在马克思那里，社会变迁的动力并非抽象的公平和正义，而是社会生产方式的矛盾运动，是生产力的发展。简言之，与生产方式相适应的就是正义的，与生产方式不适应的就是不正义的。

在马克思看来，时代的现实动因就是物质资料的生产方式。宗教、政治只是时代变化的结果和表现，而不是时代变化的原因。因此，这一动因不应当从意识（宗教、政治、观念）中去寻找。同理，时代的动因也并不在于“公平”“正义”这些观念，“公平”“正义”仅仅是时代的现实动因的形式。“不是从观念出发来解释实践，而是从物质实际出发来解释观念的东西”，“意识的一切形式和产物不是可以用精神的批判来消灭的”。②“‘宗教’和‘政治’只是时代的现实动因的

① 马克思恩格斯全集（第18卷）[M]. 北京：人民出版社，1964：310.
② 马克思恩格斯选集（第1卷）[M]. 北京：人民出版社，1995：43.

形式”[①]。因此，不公平或非正义的社会绝不可能用公平或正义的观念来摧毁。对当时工人运动中各种要求公平报酬的改良主义，马克思给出了自己的主张。

在雇佣劳动制度的基础上要求平等的或仅仅是公平的报酬，就犹如在奴隶制的基础上要求自由一样。你们认为公道和公平的东西，与问题毫无关系。问题就在于：一定的生产制度所必需的和不可避免的东西是什么？[②]

他们应当摒弃“做一天公平的工作，得一天公平的工资！”这种保守的格言，要在自己的旗帜上写上革命的口号：“消灭雇佣劳动制度！”[③]

马克思反对把争取公平分配作为斗争的目的。因为消费资料的任何一种分配都只是生产条件本身分配的结果，而生产条件的分配则是生产方式本身性质的表现。也就是说，公平虽然涉及现存的分配关系，但分配关系是由所有制关系决定的。因此，所有制关系不改变，分配关系也就改变不了。马克思反复强调，无产阶级革命的成功和共产主义社会的实现都不是基于某种公平主张，而是基于历史发展的客观必然性。因为公平只是从“产品应当属于真正的生产者”这一道德原则出发，而不是对现存分配关系历史必然性的揭示。此外，从工人获得解放的意义上说，从分配关系出发，实际上是把工人获得解放的希望寄托在道德“应当”上，要么仰仗有朝一日资产者的良心发现，要么就只能是耐心地等待。恩格斯指出：“在道德上是公平的甚至在法律上是公平的，而从社会上来看很可能是很不公平的。社会的公平或不公平，只能用一种科学来断定，那就是研究生产和交换的物质事实的科学——政治经济学。”[④]质言之，资本主义劳动产品的分配方式造成赤贫和富豪、饥饿和穷奢极欲的尖锐对立，如果人们只是基于一种意识，即认为这种分配方式是非正义的，而正义总有一天一定要胜利，那就得长久等待下去。所以，马克思从来不把他的共产主义要求建立在分配的基础上，而是建立在资本主义生产方式的必然的、我们眼见一天甚于一天的崩溃上。显而易见，他们坚决反对分配决定论，反对径直从公平出发，把分配公平视为无产阶级获得解放的根

① 马克思恩格斯选集（第 1 卷）[M]. 北京：人民出版社，1995：44.
② 马克思恩格斯选集（第 2 卷）[M]. 北京：人民出版社，1995：76.
③ 马克思恩格斯选集（第2卷）[M]. 北京：人民出版社，1995：97.
④ 马克思恩格斯全集（第 19 卷）[M]. 北京：人民出版社，1963：273.

本问题，强调无产阶级这一弱势群体的解放不是基于某种公平观的实现，而是基于历史发展的必然性。

进而，在《资本论》第3卷，针对吉尔巴特的“自然正义”，马克思明确提出：与生产方式相适应的就是正义的，和生产方式不适应的就是不正义的。

> 生产当事人之间进行的交易的正义性在于，这些交易是从生产关系中作为自然结果产生出来的。……这个内容，只要与生产方式相适应，相一致，就是正义的。只要与生产方式相矛盾，就是非正义的。在资本主义生产方式的基础上，奴隶制是非正义的；在商品质量上弄虚作假也是非正义的。①

马克思的论述表明，所有的分配方式都是由特定的物质生产方式决定的。与生产方式相适应的分配方式，因其具有历史的正当性，所以是正义的。一旦分配关系成为生产力发展的桎梏，分配方式即失去存在的历史正当性，并将为新的分配方式所取代。马克思这一思想特质与其他各种正义理论相比，最大的不同在于，其他理论往往是就分配谈分配，认为分配不公源于分配本身。马克思、恩格斯却把分配关系看作生产关系的产物，由生产关系的性质所决定，而生产关系本身又是由特定生产力水平决定的。以此为逻辑起点，他们把注意焦点放在对生产力与生产关系的分析上，那么，重要的不是消灭不平等本身，而是消灭产生不平等的经济基础。在资本主义制度下，不平等的根源就是资本主义本身，就是制度下的阶级分化和一个阶级对其他阶级的剥削。因此，马克思主义的正义要求超越分配公平的局限而直接触及了所有制关系——以资本为基础的生产方式。

第三，反对形式公平，注重实质公平。马克思肯定资本主义社会商品经济等价交换原则的公平性，但在分析社会主义分配关系时指出，按劳分配原则既有进步性，同时也还存在缺陷，展现了追求实质公平的基本思路。首先，等价交换原则是公平的。商品等价交换中通行的同一原则，即一种形式的一定量劳动同另一种形式的同量劳动相交换。资本主义社会商品交换把等价交换原则视为公平尺度，符合这一原则的交换就是公平的，否则就是不公平的。这一尺度反映了商品所有者具有平等的权利。等价交换原则这种现代意义上的公平原则是从商品关系普遍发展的客观要求中产生出来的，它适应了生产力的发展。在谈到更大范围的贸易

---

① 马克思恩格斯文集（第7卷）[M]. 北京：人民出版社，2009：379.

时，恩格斯指出："他们作为商品所有者是有平等权利的，他们根据对他们所有人来说都平等的（至少在当地是平等的）权利进行交换。"[①]此时，商品所有者是自由的、在行动上不受限制的。他们彼此只是作为商品所有者发生关系，按照商品交换的永恒规律行事，用等价物交换等价物，因而是平等的。就财富分配而言，马克思在《工资、价格和利润》中指出："要求工资平等是根本错误的，这是一种绝不能实现的妄想"，因为当时的生产制度决定了"不同种类的劳动力有不同的价值"[②]。显然，在马克思那里平等并非等同于平均。

其次，社会主义社会坚持按劳分配。一方面，按劳分配体现了历史的进步性。在《哥达纲领批判》中，在谈到社会主义社会的按劳分配时，马克思指出："生产者的权利是同他们提供的劳动成比例的；平等就在于以同一尺度——劳动——来计量。"[③]这一观点揭示出，社会主义社会的分配公平是以劳动量来计量的，符合按劳分配的分配就是公平的，否则就是不公平的。另一方面，按劳分配存在弊病。一是它默认了因劳动者个人天赋不同导致的所得不平等，二是它没有关注劳动者个人因家庭负担不同而导致的实际所得不平等。

> 但是，一个人在体力或智力上胜过另一个人，因此在同一时间内提供较多的劳动，或者能够劳动较长的时间；而劳动，要当作尺度来用，就必须按照他的时间或强度来确定，不然它就不成其为尺度了。这种平等的权利，对于不同等的劳动来说是不平等的权利。它不承认任何阶级差别，因为每个人都像其他人一样只是劳动者；但是它默认，劳动者的不同等的个人天赋，从而不同等的工作能力，是天然特权。[④]
>
> 一个劳动者已经结婚，另一个则没有；一个劳动者的子女较多，另一个的子女较少，如此等等。因此，在提供的劳动相同，从而由社会消费基金中分得的份额相同的条件下，某一个人事实上所得到的比另一个人多些，也就比另一个人富些。[⑤]

---

① 马克思恩格斯选集（第 3 卷）[M]. 北京：人民出版社，1995：446.
② 马克思恩格斯文集（第 3 卷）[M]. 北京：人民出版社，2009：56.
③ 马克思恩格斯选集（第 3 卷）[M]. 北京：人民出版社，1995：304.
④ 马克思恩格斯选集（第 3 卷）[M]. 北京：人民出版社，1995：302.
⑤ 马克思恩格斯选集（第 3 卷）[M]. 北京：人民出版社，1995：305.

总体来看，马克思上述论断表明了以下微言大义。第一，从社会历史发展的趋势与方向上，以“劳动”来计量的平等，相对于剥削而言是一种正义的分配原则，体现了历史的进步和社会的发展愿景。第二，按劳分配还不是人人认可的公平。按劳分配忽略了劳动者不同等的个人天赋、不同等的工作能力、不同等的家庭负担上的差异，从而使一些权利表现为一种不平等的权利。第三，真正的平等是事实上的公平。只按照劳动者的劳动进行“平等的”分配，实际上只是一种形式上的公平，因为它使用同一尺度对待本就不同等的个人。真正的平等是把个人体力与智力的差异以及个人家庭情况的差异也考虑在内，在结果或事实上达到公平。重要的不是形式平等，而是体现结果平等的实质平等。

然而，这种真正的公平，不仅在资本主义社会中不可能真正做到，而且在“经过长久阵痛刚刚从资本主义社会中产生出来的共产主义社会第一阶段”，不可避免地还要实施这种“用同一尺度去对待天赋本来就有差异的个人”的分配原则。因为“我们这里所说的是这样的共产主义社会，它不是在它自身基础上发展了的，恰好相反，是刚刚从资本主义社会中产生出来的，因此它在各方面，在经济、道德和精神方面还带着它脱胎出来的那个旧社会的痕迹”。[①]实质上，这种平等由于忽略了“差异”的存在，依然不是彻底的平等。由这一原则所带来的弊端必须改变。因此，马克思指出：“要避免所有这些弊端，权利就不应当是平等的，而应当是不平等的。”[②]这一论断凸显了马克思主义正义观鲜明的理论特质，既正视权利决不能超出社会的经济结构以及由经济结构制约的社会文化的发展，又打破了把平等的权利总是限制在一个固定框架里的局限。站在马克思的立场，由天赋的不同和社会生活环境的不同所导致的实际收入的不同是不正义的，是应当加以限制和逐步消除的：消除由出生和成长环境造成的对生活机会的限制，消除由天赋差异引起的对生活机会的限制，进而消除由社会地位造成的对生活机会的限制。因为上述所有不利条件不是出于当事人本身的选择，而是由非选择的天赋差异和社会背景强加的“不平等”。马克思的这一思想，为我们区分把握形式公平与实质公平提供了珍贵的思想资源。

---

① 马克思恩格斯选集（第 3 卷）[M]. 北京：人民出版社，1995：304.

② 马克思恩格斯选集（第 3 卷）[M]. 北京：人民出版社，1995：305.

二、马克思主义对于解决环境正义问题的意义

马克思主义不仅探讨了再分配问题，而且更进一步追问生产模式为何造成贫富不均，或者说，马克思、恩格斯看到了分配的不公，但更具特色的是探寻了到底是什么造成了不公。在这一意义上，它比那些只要求再分配的理论来得更根本、更彻底。因此，从马克思主义生态观和正义观所贯穿的思想方法和致思路径出发，尽管他们没有使用过"环境正义"这一术语，但是，他们独特的思想资源、视角和思维方式，对解决环境权利与环境义务的公平分配问题具有重要的指导意义。

首先，既然生态环境问题的解决同样是与经济、社会问题的解决联系在一起的，也是在历史的实践中实现的，既然人与自然的和解与人与人的和解两个问题紧密地连在一起，那么，我们在研究环境正义问题时，应该遵循马克思、恩格斯为我们提供的解决环境问题的辩证致思路径：自然问题的解决与人的问题的解决应该结合起来。

马克思、恩格斯从人类合理改造自然的前提出发，将人与自然的关系转化为人与人的关系的"两个和解"的解读范式，意味着环境正义思想作为马克思主义的环境议题具有内在根据，也成为其生态思想正义尺度的经典概括，为我们提供了解决环境问题的方法论：自然问题的解决与人的问题的解决结合起来。与孤立考察人与自然界之间关系的倾向相反，马克思紧密结合人与人之间的社会关系来分析人与自然界之间的关系，认为"人和人之间的直接的、自然的、必然的关系是男女之间的关系。在这种自然的、类的关系中，人同自然界的关系直接就是人和人之间的关系，而人和人之间的关系直接就是人同自然界的关系，就是他自己的自然的规定"。[①]显然，改造自然的活动与改造社会的历史活动是同时进行的，那么，在实践活动中人与人之间的关系和人与自然之间的关系是同时发生的。在这个过程中，人与人的关系和人与自然的关系互为前提并相互作用，通过人的生产实践活动得到实现。其中，人与自然之间的关系，表现为以生产力为核心的获得物质生产生活资料的人类实践活动，它决定和制约着以生产关系为核心的人与人之间的关系。生产力决定生产关系，人与自然关系的动态发展，不断改变着人与人之间关系的状况、性质。反之，生产关系具有反作用，人与人之间的关系反过来又制约人与自然之间的关系。解决人们之间的矛盾是解决人与

---

① 马克思恩格斯全集（第 42 卷）[M]. 北京：人民出版社，1979：119.

自然矛盾的前提。因为人与自然的关系，现实地表现为处在特定社会关系中的人与自然的关系。

生产劳动、社会实践的具体历史性，决定了人与自然矛盾的解决是在具体历史发展中实现的。生态环境问题本身就是在历史实践中生成的、呈现的，也是在各种矛盾的互相作用中不断向纵深发展的，因此问题的解决也必然呈现为历史发展和矛盾运动的过程。同样，我们反思和把握生态问题，就必须按照历史辩证思维的规律进行思维。实现人道主义和自然主义的统一，实现“人类同自然的和解以及人类本身的和解”①是马克思、恩格斯的生态理想，也就是把自然问题的解决与人的问题的解决结合起来。人与自然的统一，是具体历史的统一。按照马克思的意思，人类从崇拜和敬畏自然，到资本主义大工业对自然的掠夺、破坏，从某种意义上来说是不可避免的。而人类要完成人与自然的真正和解，实现人与自然的完美和谐，必须依赖资本主义大工业提供的物质基础，并扬弃它的社会结合方式，实现人的自由状态。由资本主义的市场规律支配的经济社会体系将自然资源作为获取利润的手段，因此不可能真正解决生态问题。只有人类实现真正的自由状态，那时，“社会化的人、联合起来的生产者，将合理地调节他们和自然之间的物质变换，把它置于他们的共同控制之下，而不让它作为盲目的力量来统治自己；靠消耗最小的力量，在最无愧于和最适合于他们的人类本性的条件下来进行这种物质交换”。②总之，理解人们的社会交往关系是理解人与自然关系的前提；解决人们之间的矛盾是解决人与自然矛盾的前提。这样，马克思主义的生态思想就为我们把握环境正义问题提供了一个辩证的视角。

其次，既然建立公平正义的人与人之间、人与社会之间的关系，制约人与自然关系的解决；既然经济关系是分配关系的基础，既然物质生产的发展决定了正义内容的演变，是生产决定分配，而不是正义决定分配；既然一切公平正义观都是时代社会经济关系的反映，为经济关系决定，那么，我们在研究环境正义问题时，不应只停留在正义层面，仅限于环境权利与环境义务如何分配，而应深入到构成其基础的经济关系上，注重是什么造成了分配的不公正，追问环境非正义产生的社会根源。易言之，解决环境正义问题，不可能通过分配而得到彻底解决，

---

① 马克思恩格斯全集（第 42 卷）[M]. 北京：人民出版社，1979：120.

② 马克思恩格斯全集（第 25 卷）下册[M]. 北京：人民出版社，1974：926-927.

根本的解决之道不是消灭不平等本身，而是要通过变革生产方式消灭产生不平等的经济基础。

马克思通过对资本主义社会的考察，揭示资本对于剩余价值的无止境追求是导致资本主义的生产方式和消费方式具有反生态性、非人道的占有的根源。马克思一方面在历史进步的意义上肯定资本主义大工业使人从自然崇拜中解放出来，另一方面又从人道主义和生态学的角度对大工业的破坏性、否定性进行批判，包括对工人的摧残，对土地肥力的破坏，传统农业的物质循环过程被中断，等等。这种从历史发展的角度既肯定又否定的现象，正是历史辩证法必然具有的矛盾视角。此外，马克思追根溯源，把对环境问题的分析推向对根源的探讨，而根源又落脚于资本主义社会中的生产领域。

第一，资本具有的趋利本性导致对自然资源的剥夺。马克思认为，出于对超额利益的追求，“资本作为孜孜不倦地追求财富的一般形式的欲望，驱使劳动超过自己自然需要的界限，来为发展丰富的个性创造出物质要素，这种个性无论在生产上和消费上都是全面的”。[①]资本具有的趋利本性促使它“摧毁一切阻碍发展生产力、扩大需要、使生产多样化、利用和交换自然力量和精神力量的限制”。[②]其结果，由于物质生产以自然资源为基础，超过自己自然需要的财富欲望，激发了人向自然疯狂掠夺的欲望，带来了对自然资源任意剥夺的灾难性后果。

第二，资本追求无止境的利润是通过剥削他人的劳动实现的。资本通过剥削他人的劳动实现自身价值的增值。马克思指出：“作为资本家，他只是人格化的资本。他的灵魂就是资本的灵魂。而资本只有一种生活本能，这就是增值自身，获得剩余价值，用自己的不变部分即生产资料吮吸尽可能多的剩余劳动。资本是死劳动，它像吸血鬼一样，只有吮吸活劳动才有生命，吮吸的活劳动越多，它的生命就越旺盛。”[③]换言之，资本本身作为“死劳动”并不创造剩余价值，只有劳动力的活劳动才是创造剩余价值的不竭之源，而活劳动要创造剩余价值，就必须与劳动资料相结合，因为“没有自然界，没有感性的外部世界，工人就什么也不能创造。它是工人的劳动得以实现、工人的劳动在其中活动、工人的劳动从中生

① 马克思恩格斯全集（第 46 卷）上册[M]. 北京：人民出版社，1979：287.
② 马克思恩格斯全集（第 46 卷）上册[M]. 北京：人民出版社，1979：393.
③ 马克思恩格斯全集（第 23 卷）[M]. 北京：人民出版社，1972：260.

产出和借以生产出自己的产品的材料”。[①]马克思这里强调的是，单纯的活的劳动并不能构成现实的生产，物质的自然界是劳动过程中不可缺少的环节，或者说，劳动资料是生产劳动的基本要素，离开自然条件人就无法进行生产。故此，资本制造了人与人之间的分离与对立，即资本家与工人的分离与对立。

第三，在这种分离与对立中，处于弱势地位的工人阶级承受了剩余劳动不断被“吮吸”之外的第二个不公正，即生活环境恶化以及身体健康受损。恩格斯在《英国工人阶级的状况》中指出，“一小撮强者即资本家握有一切，而大批弱者即穷人却只能勉强活命”，“一方面是不近人情的冷淡和铁石心肠的利己主义，另一方面是无法形容的贫穷”。[②]由于缺乏必要的安全设备，工业城市中，“除了许多畸形者，还可以看到大批的残废者：这个人缺一只或半只胳膊，另一个人缺一只脚，第三个人少半条腿；简直就好像是生活在一批从战争中归来的残废者里面一样”。[③]对这种被资本趋利本性所决定的强制生产的后果，马克思批判地指出，“资本由于无限度地盲目追逐剩余劳动，像狼一样地贪求剩余劳动，不仅突破了工作日的道德极限，而且突破了工作日的纯粹身体的极限”。[④]由此，直接导致了劳动的异化，使工人“成为自己的对象的奴隶”[⑤]。继而，劳动的异化导致了人与人关系的异化，“使一部分工人回到野蛮的劳动，并使另一部分工人变成机器”。[⑥]人原本是自觉自由的主体，按照美的规律生产，按照自由本性生存，但在异化劳动中，工人丧失了作为能动的自然存在物所具有的属性，而单纯地表现为他人目的的工具。人与人关系的异化又导致或加剧了人与自然关系的异化。最终导致的结果就是“异化劳动从人那里夺去了他的生产的对象……从人那里夺走了他的无机的身体即自然界”。[⑦]

也就是说，在对自然剥夺的情境下，自然界自身运动、变化和发展的客观规律，不再表现为一个外在于人的、活生生的客观存在物，而是单纯地表现为满足

① 马克思恩格斯文集（第 1 卷）[M]. 北京：人民出版社，2009：158.
② 马克思恩格斯全集（第 2 卷）[M]. 北京：人民出版社，1957：304-305.
③ 马克思恩格斯全集（第 2 卷）[M]. 北京：人民出版社，1957：450.
④ 马克思恩格斯全集（第 23 卷）[M]. 北京：人民出版社，1972：294-295.
⑤ 马克思恩格斯选集（第 1 卷）[M]. 北京：人民出版社，1995：42.
⑥ 马克思恩格斯选集（第 1 卷）[M]. 北京：人民出版社，1995：43.
⑦ 马克思恩格斯选集（第 1 卷）[M]. 北京：人民出版社，1995：47.

特定阶级获利的工具。在人对人剥夺的情境下，工人作为劳动者不断地与劳动资料相结合，通过资本家持续的强制生产创造更多的剩余价值，劳动本身的异化、劳动产品的异化以及由此造成的人与人之间关系的异化，成为压在劳动者头上的三座“大山”，人成为非人。在这种结构中，占有生产资料从而在生产关系以及分配关系中占据优势地位的资本家，构成强势群体并且统治生产的过程以及利益的分配。导致的结果就是一系列剥夺：自然损害、工人经济利益的削弱、环境权益的丧失等不公正。由此，马克思揭示资本主义生产方式是导致非正义的根源，提出通过变革经济制度和社会政治制度去除造成剥削、压迫等不平等的根源，实现人与人之间的平等。马克思的分析方法为我们分析环境非正义产生的根源，探究环境正义的实现途径提供了一个社会历史视角。

再次，既然不同社会集团对公平问题往往持有不同的看法，那么，我们在研究环境权利与环境义务的公平分配问题时，就应首先认真考虑我们所讲的公平代表的是哪个社会集团、哪个群体的利益。

一方面，必须正视公平正义并非远离社会现实的抽象，而是折射着不同派别的经济政治利益，代表不同集团的价值诉求。既然从来就没有什么抽象的公平和正义，也不存在超越一切阶级之上的公平和正义，说明公平正义是具体的、历史的。说到底，公平正义关涉不同社会集团在现实分配关系中的自身利益关系。从实践角度来看，不同主体的利益诉求的抽象表现就是公正观。不同的公正观之间的分歧和对立，表面上看是不同理论观点的对立，其实质不过是不同利益主体的不同利益诉求之间的对立，是人们实际利益所规定的价值诉求不同而已。只要社会还存在不同的集团、阶级和国家，就会存在不同集团的利益冲突。在这里，“利益”背后隐藏着强烈的“价值立场”，就像列宁曾指出的那样，即使是几何学的真理，如果违反了人们的利益也会遭到反对。因此，从马克思主义价值立场出发，当我们在讨论环境权利与环境义务的公平分配问题时，我们必须回答几个问题：“环境正义到底是谁之正义”，“谁是正义的受益者”，“谁又是不正义的受害者”。如果正义是得其所应得，那么，“应得”到底应该在哪些人中分配，所要分配的对象到底具有什么性质，继而该遵循怎样的原则进行分配，就成为必须要引起警惕的问题。

另一方面，必须认真辨析“正义”旗号背后的真相。值得注意的是，在一种分配关系中，虽然只有某一具体的社会集团是实际的受益者，但却往往被这一集团说成这对其他社会集团也是公平的。于是就形成了这样一种情况：尽管各社会集团对公平的理解各不相同，但无论哪个集团都把公平作为争取或维护自身利益的口号和招牌。这就需要我们必须辨析“正义”招牌背后的真相，看看正义到底是谁的正义。在环境正义中，是否忽视了人与人之间环境平权的差异，把人抽象为无差别的整体，用抽象的“人类”代替不同区域、不同种族、不同国家或地区的人群，是否隐藏并掩盖了世界范围不同民族、国家、阶级之间存在的“强者受益，弱者受损”的不公平现象。至此，必须重申一个事实，造成生态危机的不是抽象的人，而是具体的人，环境问题其实对于不同的人有着不同的影响。其中，一部分人是受益者，另一部分人则是受害者。受益者是社会中的强势族群，而受害者多为弱势族群。对于打着公平正义旗号，实则损害他人权利，维护自己利益的假象，马克思批判道：“共同利益采取国家这种与实际的单个利益和全体利益相脱离的独立形式，同时采取虚幻的共同体的形式。”[①]“虚幻的共同体”必然导致自由和必然、个体和类之间的冲突斗争难以得到真正的解决。易言之，必须认清公平正义诉求反映不同社会集团的利益这一根本。那么，解决环境危机、实现环境正义的出路并不是放弃人类的主体性，而是变革主体性在环境权利与环境义务分配上的不公平性。

最后，既然从权利平等出发依然会产生不彻底的平等，那么，我们在把握分配正义问题时，就应深入领会权利就不应当是平等的，而应当是不平等的这一理论洞见为解决环境正义问题提供的独特思想资源与方法论意义。它要求我们始终站在以人民为中心的立场，特别是把正义的目光集中在社会架构中最弱势群体的权利保障上，致力于跨越形式公平，促进结果平等，避免不彻底的分配制度可能带来的针对弱势群体的一切极端不幸。

综上所述，从异化的人与自然的关系，到异化的人与人的关系，进而实现两种解放，表现出马克思主义环境正义思想的理论特质。尽管正义有着一张普罗透斯似的脸——变幻无常、令人迷惑，但马克思、恩格斯以历史唯物主义的理论视野，拨开了正义的“迷雾”与“面纱”，揭示了隐藏在正义背后的秘密。当今，为我们进一步认识、把握环境正义本质提供了丰富的思想资源与理论指导。

① 马克思恩格斯选集（第 1 卷）[M]. 北京：人民出版社，1995：119.

第八章　环境正义原则

环境资源的有限性特征，凸显了正义的分量。既然自然资源具有有限性这一事实无法改变，因此对环境权利的保障必然关乎正义问题。何种治理体系以及何种规则能够引领一个更为公正的世界？如何在环境受益和责任分担问题上确立公平的伦理规则或制度，对于处理国家之间的环境冲突以及解决一国（地区）之内的环境不公是非常必要的。环境正义秉持何种原则对环境利益和负担进行分配以及如何分配，既是环境正义原则的核心要义，也是环境正义理论建构的关键问题。目前，对于制定某种形式原则的重要性学界鲜有分歧，并且已经得到广泛认同。存在的诸多争议与悬而未决，主要围绕具体原则的确定、确定的根据以及在多元分配原则中的优先性问题。

本章确定了环境正义的三项基本原则，包括公平原则、共同但有区别的责任原则、补偿原则。这一基本思路基于对以下判据的总结与提炼。一是以维护全球气候治理的基本原则为基础，基于《联合国气候变化框架公约》第三条第 1 款“各缔约方应在公平的基础上，并跟进它们共同但有区别的责任和各自的能力，为人类当代和后代的利益保护气候系统”这一原则精神。二是我国政府针对推动建立公平合理的全球应对气候变化格局提出的三大原则——共同但有区别的责任原则、公平原则、各自能力原则[①]。三是美国 1991 年召开的第一次全国有色人种环境领导高峰会上确定的环境正义 17 条具体原则。四是综合考虑国内学界主张的人人共享、普遍受益原则、尊重原则、机会平等原则、公平原则、补偿原

① 中共中央国务院关于加快推进生态文明建设的意见[N]. 人民日报，2015-05-06.

则、污染者负担原则、共同负担原则；国外学界主张的平等原则、公平原则、按能力贡献原则、共同但有区别的原则、需求原则。

评价制度的公正标准从来不是一条线，而是涉及一个范围或区间。因为没有一种分配方式能够决定一切状况、适用于所有情境。同样，具有正当性的正义原则也必然具备这种属性。正义表明在环境权利的公平分配上，每一个人都具有同等的权利，但鉴于现实中大量存在的环境受益与环境负担的环境不公，首先应坚持公平原则。继而，当我们说所有人的平等义务时，又要区别对待社会弱势人群的能力差异，坚持共同但有区别的责任原则，根据能力大小承担环境保护的社会和经济负担。然而，如果正义是得其所应得，那么，怎样从已经发生的非正义中恢复正义，矫正不公平的分配结果，涉及的就是补偿原则问题。这三个正义原则虽然各有侧重，但所体现的根本原则与价值目标是一致的。环境正义的三项基本原则在内容上，互相包含、相互联系、相互依存，或者说你中有我、我中有你；在自洽性上，遵循维护环境权利与环境义务公平分配这一共同的内在逻辑，如果违反了一个方面的正义原则，也必然会违背另一个方面的正义原则。然而，每个原则又兼具各自的独立价值。其他关于环境正义原则的多种考虑都可以在这里找到各自的原型，也都可以纳入这些原则之中。

第一节　环境正义原则的确立方法

作为分配的公正标准，环境正义原则的选择和确定之所以艰难，皆因对这些问题的抉择包含强烈的价值判断。世界主义者认为正义原则应是普遍的，不应受国界所限。国家或种族主义者认为，对正义的理解必须限于本域的环境和经验，从而能更好地解决本地环境问题，因而，没有普遍通用的正义原则。二者的针锋相对表明，当我们试图建构原则框架时，必须回答以下问题：确立环境正义原则是为人类的共同行动寻找“适度的尺度”，基于公共理性在全球范围内建立具有最大通约性的共识，抑或必须抛开所谓普遍正义原则，只聚焦于国家、民族、地区共同体内的具体实际。或者，以扬弃为方法论，寻找二者兼而有的第三条道路——全球正义原则既是普遍的，又可以回应且指导本地实践，容纳各种差异，照顾多元文化。相比较，第三条道路更能为人类提供确立环境正义原则的“解题思路”或视角和方法。

普遍正义原则不是先验与超验的存在物，它的产生与人类所有认识一样，遵循感性具体—思维抽象—思维具体的辩证思维方法。各国实践经验与需求为人类共同的行动尺度提供了实践基础，并且亟待共性规则的指导或反哺。由此，确定环境正义原则的基本思路表现为两点考虑。首先，遵循一般与个别相结合、共性与个性相统一的原则。既要强调全球的重要性，着眼于全球正义原则，又要注重区域的差异性，重点关注世界格局中处于弱势的发展中国家、群体结构中弱势群体的利益与需求。承认这一点，意味着环境正义原则必然是一个复合型的原则体系，为不同地域、不同群体、不同时代环境权利与环境义务的公平分配提供规范。这就要求各国家和地区的利益共同体，在坚持人类共识的基础上，根据各国国情的差异，经过诸善权衡，在各种相互冲突的价值权衡中，充分考虑各种不同的处境。而后，在确立优先规则的前提下，探析并确立评判正义或不正义所运用的其他原则与规范，形成具有指引性质，首尾一贯、互不排斥的有机原则体系。其次，运用具体的、历史的分析方法，紧跟环境问题的不断演化与全球及各国生态环境治理实践的变化发展，对规则进行与时俱进的更新、完善。

一、为人类的共同利益确定适度的全球正义原则

所谓环境正义原则，就是探究环境正义共同体共同生存的尺度、规则。如何寻找尺度？到哪里去寻找尺度？存在哪些尺度？哪种尺度是适度的、有效的？分歧就产生在这里。现实中不是没有尺度，而是有太多的尺度：各国有各国的尺度，各人有各人的尺度，不同的阶层、不同的党派、不同的利益群体甚至不同的时代都有自己的尺度，但谁的尺度是适度的？对于中产阶层而言，每年出国旅游是适度的，但这个标准对于贫穷的人则过度了。以石油消耗为例，一个瑞士人适度的消耗额是世界平均值的 4 倍，但对于发展中国家的公众而言恐怕是不现实的。所以，认识和确定适度的尺度需要遵循一种恰当的方法论。

首先，推动构建人类命运共同体，建立有利于多元共同体共同生存与发展的整体观念、系统思维和辩证方法。在人与自然的关系中，如何有助于人与自然和谐共生是构建环境伦理学的一个核心视域。相比较，在人与人的关系中，如何有

助于人类各种共同体的共同生存与发展应是构建环境正义原则的核心视域。这一问题意识，超越于从个体具体处境出发的“我该做什么”，而应紧紧围绕人类互利共赢、美美与共这一重心考量“我们该做什么”，通过求同存异，在全球范围达成从意识到行动的伦理共识。坚持这种基本态度，要求国际社会呼应存在的严峻挑战与考验，不是继续单打独斗，大搞单边主义，而是坚持团结合作，奉行多边主义，“让多边主义的火炬照亮人类前行之路”，“维护和践行多边主义，推动构建人类命运共同体”。[①]其一，国际各方在环境利益尖锐冲突面前，正视并兼顾各利益共同体平等的成员地位，摒弃以单方为中心的道德法则。1992 年《里约环境与发展宣言》第 2 项原则规定：“各国拥有按照其本国的环境与发展政策开发本国自然资源的主权权利，并负有确保在其管辖范围内或在其控制下的活动不致损害其他国家或在各国管辖范围以外地区环境的责任。”[②]这一规定表明，尽管不同国家具有不同的政治文化传统、价值观和实际需要，但并不意味着局限于特定的国家范围之内，仅仅建立基于一个个主权国家而执行的原则的合理性。我们“不是探寻任何特定的国家是否会基于其自身特有的政治文化理由而决定这类原则，而是追问是否存在以同样的规范性力量加诸任何国家，其理由如何”。[③]那么，超越民族、地区的视域局限，势必有助于全球公正的普遍实现，既关注自己所在之域，也不漠视其他区域。其二，生态问题的整体性效应决定了不能罔顾人类的共同利益与价值属性。长久以来，全球生态环境治理的基本矛盾表现为生态的一体性与政治上的分裂性。生态问题是全人类面临的共同挑战，但仅基于特定主权国家或地区作为环境决策与行动的立足点而将其他国家排除在外，不可避免地会导致以下三个后果：（1）从他人立场而言，地域性的环境不公问题遮蔽了全球范围内存在的大量环境非正义，全世界那些遭受不公正、忍受剥削和歧视的弱势群体、贫困阶层就难以得到正义的援助；（2）从自身立场而言，环境问题的公共性、外部性特征，决定了任何一处不公正对他处的公正都构成了一种直接或间接的威胁，而这又反过来影响每一个国家环境正义的实现环境；（3）导致建立具有通约性、可操作性的环境正义规则步履艰难，全球性环境正义进程充满挑战。

---

① 习近平谈治国理政（第 4 卷）[M]. 北京：外文出版社，2022：459，461.

② 田青，胡津畅，刘健，等. 环境教育与可持续发展教育联合国会议文件汇编[M]. 北京：中国环境科学出版社，2011：14.

③ 蒂姆·海沃德. 宪法环境权[M]. 周尚君，杨天江，译. 北京：法律出版社，2014：12.

因此，摆脱狭隘的地域性视野，从国家内部的不公正过渡到世界范围的全球公正，对充分理解、思考环境正义原则是非常重要的。

其次，维护和践行多边主义，推动全球生态环境治理体系改革和建设。尽管各主权国家有不相同的利益和价值，但离开全球性对话、协商、合作是行不通的。阿玛蒂亚·森指出："正义规则不是单一的，而是有多种，因为建立规则的缘由是多样的，其中有理性的，也有情感的。但核心是寻求合理与客观，实现尊重与包容，排除局限于'自我'的算计。"[①]以气候变化为例，气候变化问题凸显了全球国家间、成员间前所未有的相互依存和联系。应对这一挑战，摆脱世界性环境危机的出路不是放弃主体性，而是变革主体性，各个国家应由"各扫门前雪"的利己策略，扩展至多边主义与世界人类命运共同体的范畴下消除可辨识的不公正。《里约环境与发展宣言》第 13 项原则规定："解决跨越国界或全球性环境问题的环境措施应尽可能以国际协商一致为基础。"[②]多边机构是践行多边主义、保障协商合作的平台，也是维护多边主义的基本框架。维护和践行多边主义，推动构建人类命运共同体，是国际社会解决当前问题、推动全球治理体系改革和建设的根本出路。多边主义是全球治理的根本遵循，"共同""携手""团结"体现了多边主义的本质要义。它要求坚持开放包容，不搞封闭排他，最大限度增强合作机制、理念、政策的开放性和包容性，共同维护世界生态的安全与稳定；坚持以国际法则为基础，不搞唯我独尊。国际社会应该按照各国达成的规则和共识来治理生态环境，厉行国际法治，维护以联合国为核心的国际体系、以国际法为基础的国际秩序；坚持协商合作，不搞冲突对抗。各国历史、文化和社会制度差异不是对立、对抗的理由，而是合作的动力。要尊重和包容差异，通过协商对话解决分歧；坚持与时俱进，不搞故步自封。建立开放的视野，既要坚持多边主义的核心价值和基本原则，也要立足世界格局变化，呼应生态环境治理挑战的新需要，在广泛协商、凝聚共识的基础上推进全球生态环境治理体系改革和完善。这既是挑战，也为增进人类团结和强化全球环境责任提供了历史机遇与舞台。

---

① 阿玛蒂亚·森. 正义的理念[M]. 王磊，李航，译. 北京：中国人民大学出版社，2012：3.

② 田青，胡津畅，刘健，等. 环境教育与可持续发展教育联合国会议文件汇编[M]. 北京：中国环境科学出版社，2011：15.

二、重点关注世界格局中处于弱势的发展中国家以及弱势群体权利

尽管环境不公正在全球普遍存在，但有一个事实是显而易见的，即环境问题的恶果在发展中国家的表现尤为剧烈。发展中国家过度地、不成比例地承担了环境污染的后果和环境治理的责任，凸显出发达国家与发展中国家在权利分享和义务分担上存在巨大的不平等。污染物越境转嫁的环境霸权主义、自然资源低成本攫取的生态殖民主义等多种非正义现实，成为长期以来发展中国家共同面对的顽疾。站在人类命运共同体的角度，所谓优胜劣败的“社会达尔文主义”，绝不符合义利统一、义在利先的正义伦理精神。在正义原则上，坚持共性与个性、整体与部分相结合，既要强调各国家、各族群“并育而不相害”，又要在注重全球普遍原则前提下，重点关注世界格局中处于弱势的发展中国家以及弱势群体的权利，给予他们更多的关怀与照顾，使正义原则成为保障所有人群而不损及弱势群体的社会正义标准。《里约环境与发展宣言》第 6 项原则规定：“发展中国家、特别是最不发达国家和在环境方面最易受伤害的发展中国家的特殊情况和需要应得到优先考虑，环境与发展领域的国际行动也应着眼于所有国家的利益和需要。”①这一阐释说明，正义规则不仅要指向全人类承担环境义务的共同性，也应看到不同国家、不同群体之间的差异性；既要以人类整体利益与可持续发展为最高目标，还要强调保障实现处于弱势地位的发展中国家及群体的公平正义。

三、正义原则确定应运用具体的、历史的分析方法

正义原则不是人的头脑中主观自生的，而是基于客观现实的反映，是主观见之于客观、理论见之于实践的中介。它源于实践，经过理性的飞跃，又上升为解决实践问题所遵循的基本要求和方法指导。恩格斯指出：“原则不是研究的出发点，而是它的最终结果；这些原则不是被应用于自然界和人类历史，而是从它们中抽象出来的；不是自然界和人类去适应原则，而是原则只有在符合自然界和历史的情况下才是正确的。”②这一阐释既表明了原则产生的路径，又凸显了原则的

---

① 田青，等，编译. 环境教育与可持续发展教育联合国会议文件汇编[M]. 北京：中国环境科学出版社，2011：14.

② 马克思恩格斯选集（第 3 卷）[M]. 北京：人民出版社，1995：374.

具体性、历史性特征，充分说明在实践和认识的辩证运动中，主观必须统一于客观，认识必须统一于实践。这种统一是认识和实践的矛盾在发展中的统一，是具体的、历史的统一。所谓具体的统一，是指主观认识要与一定时间、地点、条件下的客观实践相符合，它是具体的，而不是抽象的。所谓历史的统一，是说主观认识要同特定历史发展阶段的客观实践相符合。由于客观实践是具体的、历史的，所以，主观认识也应是具体的、历史的。客观实践变化了，主观认识也应当随之转变。这一具体的、历史的分析方法为我们提供了认识原则问题的基本遵循，意味着原则确定并非一劳永逸的事情，随着客观现实的不断变化（如世界格局不断调整、环境意识持续扩展、环境问题发生变异等），正义原则也要不断地进行调整。因此，正义原则既是"完成了"，"又没有完成"。说它"完成了"，是针对特定阶段环境问题的认识而言，体现了主观和客观、理论和实践、知和行的统一；说它"又没有完成"，是针对环境治理实践和认识运动过程的向前推移、向前发展而言，实践与认识的运动又没有完成。实践没有止境，理论创新也没有止境，随着改变现实的生态环境治理实践不断地向前推进，人们对于人与自然的关系、人与人的关系的认识也就一次又一次地深化。所以，实践与认识的具体性、历史性决定了正义原则的时代性、开放性与发展性，意味着原则必须跟上时代的变化。

案例：美国 17 条环境正义基本原则[①]

1991 年 10 月，美国第一次全国有色人种环境领导高峰会（People of Colour Environmental Leadership Summit）通过了 17 条环境正义基本原则。原则以调整人与自然、人与人的关系为目标，涉及广泛的社会主体，涵盖政治与经济、文化与教育等议题。

（一）环境正义肯定地球母亲的神圣性、生态和谐以及所有物种之间的相互依赖性，肯定它们有免予遭受生态毁灭的权利。

（二）环境正义要求将公共政策建立在所有民族相互尊重和彼此公平的基础之上，避免任何形式的歧视或偏见。

---

① 案例来源：Natural Resources Defense Council （NRDC）. The Principles of Environmental Justice [EB/OL]. [2016-03-16]. http：//www. ejnet. org/ej/principles. pdf.

（三）环境正义要求我们基于对人类与其他生物赖以生存的地球的可持续性的考虑，以道德的、平衡的、负责的态度来使用土地及可再生资源。

（四）环境正义呼吁普遍保障人们免受核试验中测试、提取、制造和处理有毒或危险废物和有毒物而产生的威胁，免受核试验对于人们享有清洁的空气、土地、水及食物之基本权利的威胁。

（五）环境正义确认所有民族享有基本的政治、经济、文化与环境的自决权。

（六）环境正义要求停止生产所有的毒素、有害废弃物及辐射物质，并且要求这些物品的过去和当前的生产者必须承担清理毒物以及防止其扩散的全部责任。

（七）环境正义要求在包括需求评估、计划、执行实施和评价在内的所有决策过程中享有平等参与权。

（八）环境正义强调所有的工人都享有在安全、健康的环境中工作，而不必被迫在不安全的生活环境与失业之间做出选择的权利，同时强调那些在家工作的人也有免予环境危害的权利。

（九）环境正义保护处于“环境不正义”境遇的受害者有得到所受损害的全部补偿、赔款以及接受优质的医疗服务的权利。

（十）环境正义认定政府的“环境不正义”行为违反国际法，违反《世界人权宣言》，违反联合国种族屠杀会议的精神。

（十一）环境正义要求，通过订立条约、协议、合同、盟约，确认土著人民与美国政府在法律上和自然上的关系，确保他们的自主权及自决权。

（十二）环境正义主张我们需要制定生态政策来净化和重建我们的城市与乡村，使其与大自然保持平衡，我们要尊重所有社区的文化完整性，并为其提供公平使用所有资源的途径。

（十三）环境正义要求严格执行试验和研究中的知情同意原则，并停止对有色人种进行生殖、药物及疫苗的试验。

（十四）环境正义反对跨国企业的破坏性行为。

（十五）环境正义反对对于土地、人民文化及其他生命形式实施军事占领、压迫及剥削，基于我们的经验，基于对我们多样性文化视景的珍重。

（十六）环境正义呼吁对当代和未来人类实施旨在强调社会问题和环境问题的教育。

（十七）环境正义要求我们每个人以消耗尽量少的地球资源和制造尽量少的废物为原则来做出各自的消费选择，要求我们为了我们这一代人及后代子孙，自觉地挑战并改变我们的生活方式，以确保自然界的和谐。

综合来看，原则主要涵盖以下三个要点：（1）人与自然之间应该和谐，人与人之间应该平等。在公共决策过程中，反对任何形式的歧视与偏见，所有主体享有平等的环境权利。（2）社会主体在保护自然、消除对环境造成破坏行为的同时，应消除各种环境不正义。（3）肯定保障所有人也包括后代人的环境权利是环境保护的重要向度。在历史角度来看，这17条原则在推进世界对环境正义相关议题的认识与实践上具有里程碑的意义。然而，立足当今生态环境治理新要求，环境正义原则作为统领性的指导方针，其确立应当进一步立足两个方面考虑：一是更具概括性与抽象性。原则不是具体主张或具体规范，而是反映环境正义的基本精神，并在信念确立、制度建设和实践变革方面为人类提供指导或基本遵循。因此，正义原则应当具有普遍性、可通约性。二是更具操作性。环境正义原则应有助于确立以环境正义为导向的可操作性制度，从对环境不公的直接感受、对环境非正义现实的被动施救与矫正，转向主动、审慎地预防，维护社会正义。然而，实际上没有一种分配原则能够解决一切冲突，化解一切矛盾。从这个意义上，环境正义原则同样不能确保实现绝对的正义，但至少有助于减少明显的非正义。

第二节　公平原则

一、公平原则的内涵和要求

公平原则是环境正义的一项基本原则。公平原则的核心主张在于环境权利与环境义务的辩证统一与协调发展。在生态环境治理实践中，它要求当事人应以社会正义为指针，合理确定各方的权利和义务，确保任何主体享受公平合理的对待。包括马克思、罗尔斯在内的很多思想家都以自己的方式揭示了一个共识，即一个具有合理性的社会，一定是权利与义务统一的社会。不能有无权利的义务，也不能有无义务的权利；不能享有较多权利而承担较少义务，也不能承担较多义务而享有较少权利；权利与义务之间必须处于统一和谐状态。可以说，权利与义务的均衡体现了公平正义的价值诉求，或者说，权利与义务的均衡就是公平正义。正是这种公平正义的价值诉求，反过来要求社会全体成员，将自己的环境理念及环境行为规约在权利与义务的天平上。毕竟，没有哪一个社会崇尚人只要权利不要义务，也没有哪一种制度主张人只承担义务而不必享受权利。

公平原则为推进环境正义提供了指导或解决方向。概括看，坚持公平原则，应把握好以下基本要求。第一，坚持应得性。就一般性而言，公平正义的概念蕴含“每个人都得到其应得的”这一基本价值尺度，实质上表现为权利与义务的均衡协调。它不仅意味着权利的合理分配，也包含义务的公正承担。据此，公平分配应得的权利和应尽的义务就是正义，否则，就是非正义。那么，我们就应该按照人们对生态环境治理所做贡献或者牺牲量的大小权衡分配：贡献越大，受益越大；贡献越小，受益越小。无疑，把获得建立在贡献基础之上，既是一种常识，更是一种规避平均主义的分配公正。它展示了这样一种范式：环境正义的分配越是公平，给予与应得越是一致；越是不公平，给予与应得越是背离。扩展至对象上，我们不仅要关注建立人与自然之间和谐共生关系背后人与人之间环境权利上的公平分配，致力于实现生态文明发展成果为全体社会成员所共享，促使“劳动所得应当不折不扣和按照平等的权利属于一切成员”①，而且，还应注重生态问题上人与人之间在环境义务承担问题上的公平正义关系，使每个环境主体在享用健全而又富饶的环境恩泽的同时，也负有不对其他主体包括当代以及后代生存和发展造成环境损害的均等义务。第二，坚持平等性。公平原则坚持平等待人，秉持对所有社会成员的无偏袒与非歧视。一个只是由少数人受益、多数人受损的社会不是一个公正的社会，一个权利分化过于悬殊的社会不是一个健康、正义的社会。坚持公平，就要立足平等，顾及所有人受益而不是主观偏向某些人独享。应不断促进社会所有成员的环境权利，不断优化社会所有成员的环境品质，而无论其社会身份如何。第三，注重差异性。平等主义立场反映了一种总体性关怀，但并未突出对社会关系中某类特殊主体给予特别的关注。现实社会关系的复杂化与多元化，使得这种铁板一块的公正思维渐显规范的不足，特别是在不同群体之间存在悬殊地位差异的时候，必须有一种更具弹性与张力的规则来适应现实需要。平等的价值在于“平等并不要求对所有人同样对待。作为相等来对待（Treatment As An Equal），而不是平等对待（Equal Treatment）”。②这里，“作为相等来对待”指的是一种处理问题的价值观，即把每个人都作为权利平等的个体

① 马克思恩格斯选集（第3卷）[M]. 北京：人民出版社，1995：298.

② 贝勒斯. 法律的原则[M]. 北京：中国大百科全书出版社，1996：11-12.

来对待；“不是平等对待”指的是具体的处理方式不应是一种平均的方法。否则，难以保护弱势群体合法权益。进而，马克思“权利就不应当是平等的，而应当是不平等”的正义宣言，作为保护弱者利益的理念与规范，合理解决了这一困境或难题。如果说实行法律面前人人平等的保护为一般原则，而弱者身份的提出，则是这种一般原则的例外。这种例外在法律规范以及道德规则中得以体现，是人类文明高度发展的产物。“弱者”作为在社会结构中处于弱势地位或者不利地位的人，会因其经济地位等方面之弱可能被欺诈、胁迫以致合法权利受到侵害。保护弱者，就是在对全体社会成员实行一体保护之外，再根据特殊人群在具体社会关系中所居弱者的地位，通过国家规制予以特殊或倾斜性的保护，避免弱者成为弱肉强食的工具或手段，充分体现社会的实质公平。实质公平是一种追求最大多数社会成员福祉的公平，强调针对不同的情况和不同的人给予不同的法律、政策调整。落实到环境义务的差异性，既要强调环境保护，人人有责，无论能力与地域、职业与出身、性别与肤色、种族和宗教如何，每一个环境主体都具有维护生态正义与环境正义的义务，又要求从人本立场以及现实差距出发，保障弱势群体承担与其地位、能力相适应的义务，不搞“一刀切”。对于民族国家，要尊重发展中国家在国内政策、能力建设、经济结构方面的差异，不应该妨碍发展中国家消除贫困、提高人民生活水平的合理需求，照顾发展中国家的特殊困难。

总之，根据公平原则，要致力于消除环境正义中的各种不公平现象，包括存在于国家之间所承受的环境负荷以及环境损失上的巨大差别，民族国家之内强势群体与弱势群体之间承受环境损失、承担环境责任上的不平等，当代人对于后代人竭泽而渔式的资源消费与掠夺。简言之，彻底结束牺牲一些人的利益来满足另一些人的需要的状况，实现所有人共享发展、普遍受益。

二、公平原则的主要构成

公平原则主要表现为权利公平、机会公平、规则公平[①]。

首先，权利公平。权利公平既是社会公平的前提，又是环境正义的内在要

① 判据来源：党的十八大报告提出的建立以权利公平、机会公平、规则公平为主要内容的社会公平保障体系。理解这三种公平并不仅限于社会保障领域，而可拓展至政治、经济、社会等领域平等的参与和发展权利。

求，更是实现各方权利的重要立足点。没有权利公平就不可能有机会公平、规则公平。因此，从理论逻辑与实践逻辑来说，它是机会公平、规则公平的逻辑起点和实践原点。

所谓权利公平，是指人的基本权利不因出身、职业、财富等附加条件不同而被区别对待。在特征上，要对社会所有成员持不偏袒性和非歧视性态度。在要求上，要为所有社会成员提供均等的政治、经济、文化等方面的发展机会，保证所有成员在平等的起点上融入社会。一方面，坚持权利平等。公正蕴含着平等，人人也都把公正看作某种平等。易言之，平等是公平正义的关键，一视同仁是权利平等的核心，普遍受益是权利平等的实质。（1）在性质上，权利平等所承载的价值观是平等主义，要求普遍受益，同等对待，反对一部分受益，一部人受损。因此，它不是施与受的阶级概念，不是帮助或义工，不是慈善或服务，也不是选择性地支持强势群体、遏抑弱势群体福祉的劫贫济富，而是每一个人内在的、不可剥夺的基本权利，表现为防止、减轻环境风险和适应环境变化的相关措施必须平等对待所有受影响的人。（2）在主体地位上，权利平等强调所有主体均应按照生态环境治理的需要平等地享有权利和履行义务，任何主体不能被排除其外。不仅要求与此相关的行为目标、规范与约束，既要立足当代人的利益要求，又应确保后代人可持续发展的基本条件，从而使权利公平不仅在当代人之间实现，而且也体现在代际之间的公共性、公平性和同等性。认识和保护当代人及后代人生活在对健康和福利都适宜的环境中的权利这一阐述说明，权利公平应实现相互联系的两个尊重，既尊重当代人的利益，又尊重作为利益主体但目前缺位的后代人的利益，也意味着在整体论的原则下，对当代人与后代人甚至与此关联的非人类的伦理关照，从而实现代内与代际的主体权利平等。（3）在实践上，权利平等不仅体现为价值准则和态度，而且更应是实践与行动。它要求在环境治理事务中，各主体间权利与义务应体现对等的公平。一切权利主体享有相等的环境权利，并承担与此相应的环境义务，且不因身份如国籍、种族、家庭背景、性别以及资本占有状况、权力等附加条件不同被区别对待，摒弃凌驾于规则、他人之上的任何特权。诚然，彻底变革“强者受益，弱者受害”“受益者得到净收益，受损者负担净损失”等权利与义务严重背离的状态，虽受制于制度、规则、社会发展程度、彻底消灭阶级和阶级对立冲突等多种因素，但首先是对不同主体包括个体和群体平等权利的关注与承认，正视“权利贫困”“权利缺位”“权利越位”诸多不公平现象，面对一些环境非正义的现实缺陷，坚持将更多资源包括资金、物资、权利等重新分配给欠缺的人，借以打破以财富、成就、权力、地域及能力等形成的等级隔膜造成的不平等，以此矫正经济社会地位的不平等赤裸裸地转化为环境权利的不平等，应保障享受健全而富饶的环境恩泽成为每一个人的权利，而不是一部分人的特权。另一方面，坚持权利保障平等。公平原则首先意味着社会权利上的公平，它承认并保证社会主体具有平等的环境权，同时要求社会的制度安排和非制度安排为每个社会主体平等的环境权利提供充分的保障。一是要保证规则确立的公平，消除背离公共环境利益旨在局部利益、个人利益的单边主义规则确立倾向。二是就其实现过程来说，要保证规则执行过程的公平。权利公平既要维护所有主体的环境权利，又要保护其免受歧视，能够无差别地给予救济与保障，维护规则公正，并且充分保障每个人的知情权、参与权、监督权。

其次，机会公平。机会是社会以某种方式（如法律授权、行政许可或道德认可）赋予社会成员参加某种活动的权利或资格，如每个儿童都有接受义务教育的机会。相应地，机会公平又称机会均等，是指在面对有利的、作为一种资源的机会时，每个人都有权利或资格利用这种有利条件，并且不存在先后和不受其他任何人为因素的影响。当我们说应当努力在所有人之间公正平等地分配资源时，实际上，这句话表明每个人对于特定境遇下的利益都享有同等的机会，而且，人人都必须拥有获得这些资源的均等机会。这样，我们便承认了作为人的普遍平等。然而，由于特权或其他人为干预，社会配置此类机会时，可能出现偏差和错误，从而产生机会不公。所以，机会虽是社会赋予的，但机会往往是有限的。如果机会无限多，人人都有机会，就不会有机会公平的问题。只有在机会有限而又只能给予一部分人的情况下，才会有对机会公平的广泛关注或引发争议、冲突。所以，我们探讨机会公平，主要是讨论在机会有限的情况下，该如何在社会成员中进行机会分配才能做到公平，或者说，该如何在社会成员之间分配参加某种活动的权利才是公平的。

机会公平具体表现在三个方面。一是环境权利获得保障的机会平等。要合理、公正地配置环境资源。在特定情况下，实现事实上的公平，要求在面向全体社会成员进行环境利益平等分配时，分配的指导规则应将享有环境利益或福祉的机会向社会最底层的弱势群体倾斜，在“强—弱”社会架构中彰显救助弱者的人道与伦理。二是享受环境保护社会福利的机会平等。三是参与、影响环境公共决策的机会平等。参与机会的平等，是机会公平的核心。每个环境主体参与和监督决定公共利益的环境决策以及获得各种生态资源的可能性上，不因身份等外在因素而有差别待遇，社会对所有成员提供均等的政治、经济、文化等方面保障，保证所有成员在平等起点上享有生存和发展空间。然而，机会平等并不确保也不要求资源配置结果的均等。机会平等重在平等的过程而非结果。如果是在机会公平、程序公平的前提下进行公平竞争，即使结果有差异也是公正的。反之，如果在机会和程序都不公平的条件下片面强调结果的一致性，那么这样的分配反而是不公平的。

最后，规则公平。规则公平主要指竞争规则或程序上的平等性。规则公平是环境正义的内在要求，也是确保分配正义的重要程序保证。这一部分内容在“环境正义的程序问题”一章已经做过讨论，在此不再详述。简要来看，规则公平的实质要求有以下两点：一是规则公平所要解决的就是用何种方式确保环境权利与环境义务的分配取得正义的结果。作为平等的正义，既要考虑分配结果的正义，更要考虑规则、制度设计上的正当性。“只要给每个人以其应得的东西，那么该人或该物就是正义的；一种态度、一种制度、一部法律、一种关系，只要能使每个人获得其应得的东西，那么它就是正义的。”[①]二是所有社会成员都要遵守并按照国家法律以及社会规则行事。在参与权利上应坚持无歧视性、无差别性。其实，在规则公平的语境下，导致环境问题产生的真正原因并不能简单归罪于经济发展本身，还应深入探寻经济发展过程中社会决策机制、制度、政策、措施等各种社会性力量的交互作用，避免“制度失灵”。在环境决策方面，这种失灵效应通常表现为对规则的忽略或蔑视，由此导致环境退化并产生自然资源远离社会最优配置状态，导致由程序正确支持结果正当这一合理路径发生“梗阻”，从而带来环境非正义问题。毋庸讳言，只有实行最严格的制度、最严密的法治、最公平的规则，才能为生态文明建设以及公民环境权利维护提供最可靠的保障。这就势必要着力破解制约规则公平建设的体制机制障碍，强化制度执行，让制度成为刚性约束和不可触碰的“高压线”。易言之，在规则面前，任何人都应尊重它的伦理价值与法律约束。

---

① 博登海默．法理学——法哲学及其方法[M]．邓正来，等，译．北京：华夏出版社，1987：254.

第三节　共同但有区别的责任原则

一、共同但有区别的责任原则：争议与歧见

共同但有区别的责任原则（Common but Differentiated Responsibilities）包含“共同责任”和“区别责任”两层含义，即在承认环境保护共同责任的前提下，强调责任承担的差别性。这一原则虽是针对气候变化问题提出的，但它已成为涵盖环境保护领域具有普遍意义的国际环境保护原则，成为国际社会应对气候变化等全球性环境问题的基础性机制，凸显了公平正义的价值诉求。

一方面，共同责任是指在全球生态环境治理中，所有国家无论大小、贫富，均负有保护和改善全球环境的共同责任与义务，既要采取各种措施保护和改善本国疆域内的环境，同时也要防止一国活动对他国或地区环境造成负面影响。全球环境问题不是一个抽象的概念，而是由现实中不同国度、不同区域、不同要素的环境问题构成，环境危机的危害性、生态系统的整体性以及环境问题的公共性，决定了解决全球环境问题必须依靠国际合作集体行动。即使是一个国家内部、地区的环境问题，也需要得到更多支持或援助才能更好地解决。从这个意义上来看，实现全球环境治理的共同责任“责无旁贷”，具有无可争辩的正义性。

另一方面，共同责任不是责任上的平均主义。应以不同的方式对待不同类别的国家，各国之间主要表现为发达国家与发展中国家承担的责任大小应有所不同。“区别”是对共同责任的限定，是公平原则在国际环境领域的具体体现，最终在于实现实质的公平。问题是，区别因何而异？确定“区别责任”的依据是什么？它不仅是该原则的核心问题，而且是能否保证公平的关键。那么，根据什么标准来区别国家之间的责任才更加公平呢？或者，是谁造成了今天的环境问题？这一点成为做出判断的关键。以气候变化为例，气候变化是全球环境问题的焦点，也是环境问题历史累积的质变。那么，是“过去过错”还是“现实过错”？是历史责任还是现实责任？对此，发达国家和发展中国家并没有达成共识。

首先，发展中国家坚持“过去过错”原则。发展中国家坚持气候变化等环境

问题的历史责任，气候变化问题主要是发达国家历史累积排放温室气体造成的。根据政府间气候变化专门委员会评估报告（IPCC，2013），截至 2010 年，发达国家自 1750 年工业革命以来，以不到世界 1/4 的人口，累计排放了大约 70%的二氧化碳，而发展中国家接近 80%的众多人口仅占 30%的排放量。伴随工业革命进程，发达国家率先实现了工业化、经济现代化，它们是过去近 300 年累积排放的主要责任方。这是决定历史责任原则最基本的科学依据。如果排放空间有上限，那么，发达国家过度的历史排放无疑占用了发展中国家的排放空间，对发展中国家未来的可持续发展构成了限制，发达国家已经欠下了发展中国家一笔“生态债”（Ecological Debt）。

因此，过去大量排放温室气体的发达国家应当承担善后责任，这一责任体现在责任分配上就是应该承担更大的或主要的义务，包括向发展中国家提供资金和技术援助。印度在加入《关于消耗臭氧层物质的蒙特利尔议定书》谈判时提出，发达国家应先支付印度 20 亿美元作为它加入议定书的条件，理由是“西方国家造成了臭氧层的消耗”。[①]非洲国家也提出类似要求，美国和欧洲的白人应该补偿非洲国家在奴隶贸易时期遭受的损害，发达国家不能以共同责任为由而规避其应尽的义务。

其次，发达国家主张“现实排放过错”原则。一些西方学者针对过去过错原则提出了针锋相对的辩驳。理由在于：一是公约之前排放免责。《联合国气候变化框架公约》规定了共同但有区别责任的原则，但公约于 1992 年签署，1994 年才开始生效。按照法不溯及过往原则，这个公约之前的排放是没有责任的，因为历史的这一页已经掀过去了。二是公约之后的责任标准和责任方要重新解读。公约已经存在了 30 年，在这期间世界格局发生了巨大变化。如果必须执行这一原则，当今划分责任的标准和责任方都需要重新定义。三是造成环境问题的主要因素是正在走向工业化发展的广大发展中国家。由于这些国家缺少适当的环境保护政策，正在并将继续导致环境进一步恶化。（1）大部分正在增长的排放量集中在发展中国家。如果这些国家不降低排放量，那么全球减排行动效果将受到严重影响。“发展中国家拥有世界 4/5 的人口，辽阔的土地，广大的尚未工业化的地区，

---

① Christopher D. Stone. Common but Differentiated Responsibilities in International Law[J]. American Journal of International Law，2004（98）：292.

它们引起环境损害的潜力是巨大的。”[①]（2）气候变化是全球性问题。如果由发达国家减排而把发展中国家排除在外，并允许其继续排放，势必会继续导致气候变化，那些提前减排的国家虽付出了极大成本，但照样不能给自身或世界带来显著的有益影响。（3）所有的国家都要减排，不包括发展中国家的气候协议不可能是有效的协议。“巴西、俄罗斯、印度尼西亚和中国等发展中国家的温室气体排放量，与美国、欧盟各国等富国一样大。如果采用人均排放的标准，位于前列的排放者，既有发达国家也有发展中国家。几个小国和比较穷的国家，如伯利兹、圭亚那，就处于该序列的顶端，而美国则位列第十三。”[②]在埃里克看来，有效的“气候行动”必须把绝大多数乃至所有排放量大的国家动员起来，认为发达国家要为迄今为止的绝大多数排放承担责任是错误的。

不难看出，发达国家的“历史排放过错”原则坚持认为，如果发达国家应该为过去的污染行为担责，那么发展中国家应该为现在的污染行为负责，气候问题是全球性问题，每一个国家都有义务承担起自己的责任，发展中国家不能以历史排放为由在减排问题上袖手旁观，而应承诺实质性的减排指标。否则，就违反了公平的责任分担原则。对于发达国家理应向发展中国家提供新技术或资金、智能支持，以帮助其应对环境保护的国际呼吁，此学派学者也提出不同观点，认为援助更应考虑如何关注有迫切需求的人。“分配公正的关键在于，再分配应当倾向于最贫穷的国家，如不丹，而不是倾向于遭受气候协议打击最严重的国家。”[③]这一观点表达了正义关注的不是谁因遵守气候协议而削减工业生产所受的损害大小，而是谁的整体生存状况最为恶劣。其显而易见的结论是，最穷的人和最需要帮助的人应当享有接受捐助的优先权。

由上可见，在对待“共同但有区别的责任”问题上，不同国家的利益考量存在巨大差别，凸显了应对气候变化，既是一场自然气候的争论，更是一场政治气候的博弈。博弈的焦点主要是针对“共同但有区别的责任”如何体现，特别是“区别”责任的认定与担当。破解这一争议，需要回到相关国际公约寻求答案。

---

① Duncan French. Developing States and International Environmental Law：The Importance of Differentiated Responsibilities[J]. International & Comparative Law Quarterly，2000（49）：51.

② 埃里克·波斯纳，戴维·韦斯巴赫. 气候变化的正义[M]. 李智，张键，译. 北京：社会科学文献出版社，2011：4-5.

③ 埃里克·波斯纳，戴维·韦斯巴赫. 气候变化的正义[M]. 李智，张键，译. 北京：社会科学文献出版社，2011：112-114.

二、共同但有区别责任原则的国际承认

共同但有区别责任原则萌芽于《人类环境宣言》，确立于《里约环境与发展宣言》，并获得一系列国际承认。1972 年《人类环境宣言》强调人类对环境的共同责任，并且第一次在国际环境保护领域提出了应该给予发展中国家“区别责任”或“特殊待遇”的观念，该宣言第 12 项原则规定：“应筹集资金来维护和改善环境，照顾到发展中国家的情况和特殊要求，照顾到它们由于在发展计划中列入环境保护项目而产生的任何费用，以及应它们的请求而供给额外的国际技术和财政援助的需要。”[①]虽然这里并没有明确使用“共同但有区别责任”这一术语，但却充分表达了这一思想。

以此为基础，1992 年第三届联合国环境与发展大会通过的《里约环境与发展宣言》明确提出了“共同但有区别的责任原则”。该宣言原则 7 规定：“各国应本着全球伙伴精神，为保存、保护和恢复地球生态系统的健康和完整进行合作。鉴于导致全球环境退化的各种不同因素，各国负有共同的但是又有区别的责任。发达国家承认，鉴于他们的社会给全球环境带来的压力，以及他们所掌握的技术和财力资源，他们在追求可持续发展的国际努力中负有责任。”[②]这一规定凸显出三层信息：其一，明确表达了在全球环境问题挑战中各国共同但有区别的责任；其二，发达国家承认自身对于全球环境问题的产生责任；其三，发达国家承认应通过它们所掌握的技术和财力资源对环境问题的解决付出努力。大会签署的《联合国气候变化框架公约》(以下简称《气候公约》)序言详细延伸了共同但有区别责任的概念，既承认地球气候的变化及其不利影响是人类共同关心的问题，又注意到历史上和目前全球温室气体排放的最大部分源自发达国家。《气候公约》原则 1 规定：“各缔约方应当在公平的基础上，并根据它们共同但有区别的责任和各自的能力，为人类当代和后代的利益保护气候系统。因此，发达国家缔约方应当率先对付气候变化及其不利影响。”[③]其核心是要求发达国家应在承担共同责任

① 田青，胡津畅，刘健，等. 环境教育与可持续发展教育联合国会议文件汇编[M]. 北京：中国环境科学出版社，2011：3.

② 田青，胡津畅，刘健，等. 环境教育与可持续发展教育联合国会议文件汇编[M]. 北京：中国环境科学出版社，2011：15.

③ 田青，胡津畅，刘健，等. 环境教育与可持续发展教育联合国会议文件汇编[M]. 北京：中国环境科学出版社，2011：30.

方面起表率作用。这些规定为“共同但有区别责任”的实施指明了法理基础。首先，承认气候变化的全球性，要求所有国家根据其共同但有区别的责任和各自的能力及其社会和经济条件，尽可能开展最广泛的合作，并参加有效和适当的应对行动。其次，历史和当今全球大部分温室气体排放源自发达国家，发展中国家人均排放仍相对较低。最后，发达国家具有优先义务。发展中国家有效履行公约承诺的程度，取决于发达国家对资金和技术的转让数量。鉴于历史责任，发达国家应当率先向发展中国家提供履约的资金和技术。至此，共同但有区别的责任原则成为一项具有普遍意义的国际环境保护原则。

1997 年，应对全球气候变化的《京都议定书》第十条确认了共同但有区别的责任原则，并以法律形式予以明确、细化，且以共同但有区别责任及各自能力原则为基础，就温室气体排放量对缔约国主要是发达国家进行了排放数量限定。一些美国学者批评《京都议定书》忽视了正在成长的发展中国家给环境造成的压力，认为发展中国家根本不承担减排温室气体的义务这种区别对待制度安排是有缺陷的，坚称如果共同责任意味着无论是发达国家，还是发展中国家都必须共同应对人类环境问题而尽保护义务，那么《京都议定书》模式下的义务安排并不符合共同责任的要求，因为没有中国和印度参加减排，全球的减排也不会有大的成绩。“如中国和印度，不承担减排温室气体的责任成了美国拒绝参加《京都议定书》的理由之一。”[①]针对不断施压发展中国家提高减排目标的倾向，印度总理莫迪指出：“共同但有区别的责任原则应该是我们集体事业的基石。其他任何选择在道德上都是错误的。”[②]

环境问题背后隐藏着强烈的价值判断。最终，由于美国等国家的不参与，《京都议定书》执行实效并不显著。随着《京都议定书》2012 年到期，国际社会继续寻求控制温室气体排放的新机制。2015 年，第 21 届联合国气候变化大会通过《巴黎协定》，这是继《气候公约》《京都议定书》后人类历史上应对气候变化的第三个里程碑式的国际法律文本，形成了 2020 年后的全球气候治理格局。《巴黎协定》第二条第 2 款规定：“本协定的履行将体现公平以及共同但有区别的责任

① P. G. Harris. Common but Differentiated Responsibility：The Kyoto Protocol and United States Policy[J]. New York University Environmental Law Journal，1999（7）：27.

② Modi, Narendra. The Rich World Must Take Greater Responsibility for Climate Change [N]. Financial Times，2015-11-29.

和各自能力的原则，考虑不同国情。”[①]共同但有区别的责任原则再次得到明确确认。推动各方以“自主贡献”的方式参与全球应对气候变化行动，根据各自的国情和能力自主行动，共同履行控制污染的义务与责任。例如，欧美等发达国家继续率先减排并开展绝对量化减排，为发展中国家提供资金支持；中国、印度等发展中国家应根据自身情况提高减排目标，逐步实现绝对减排或者限排目标；最不发达国家和小岛屿发展中国家可编制和通报反映它们特殊情况的关于温室气体排放发展的战略、计划和行动。从全球环境治理上来看，《巴黎协定》明确了全球共同追求的“硬指标”，通过加强对气候变化威胁的全球应对，把全球平均气温较工业化前水平升高控制在 2 摄氏度之内，并为把升温控制在 1.5 摄氏度之内努力。从人类发展的角度，将世界所有国家都纳入呵护地球生态环境、确保人类可持续发展的命运共同体中。从公平的角度，“自主贡献”方式考虑不同国情的差异，为区别责任的实施奠定了制度和规则基础。

综上所述，以《气候公约》为代表的国际公约生效以来，加大了国际社会对环境保护的重视力度，凸显了共同但有区别的责任原则是全球气候治理的基石这一共识。充分说明，应对共同挑战，谋求共同发展与合作共赢是“共同责任”的基础；考虑各自不同的国情，体现了发达国家与发展中国家的区别；“减排”和“资金”凸显了共同但有区别的责任原则的核心要素。

概括看，“区别”主要归结于两个方面的依据。

一是造成全球环境退化的责任轻重，对环境恶化所造成的影响大小，其核心是损害担责。“损害担责”是环境保护的一项重要原则。《中华人民共和国环境保护法》（2014 年修订）第五条明确规定：“环境保护坚持保护优先、预防为主、综合治理、公众参与、损害担责的原则。”[②]损害担责，要求对环境造成任何不利影响的行为人，均应承担对其所造成的损害相等的责任，包括恢复环境、修复生态或支付上述费用的法定义务。一言以蔽之，致损者要承担对等善后责任。环境侵权责任主体包括政府责任型、企业责任型、个体责任型。政府环境责任产生于政府在社会管理中存在失职或过失等不当行为，导致污染滋生甚至环境恶化，产

---

① 郭振华. 全国人民代表大会年鉴 2016 年卷：公开发行版[M]. 北京：中国民主法制出版社，2017：575.

② 中国法制出版社. 中华人民共和国环境保护法：实用版[M]. 北京：中国法制出版社，2014：6.

生直接或间接污染危害。企业环境责任产生于企业生产造成的排污行为，直接导致污染的产生。个体环境责任产生于个体在人与自然关系中的不当行为。损害担责更充分地体现了公平。（1）弥补了“谁污染谁治理”“污染者担责”的局限和不足。“谁污染谁治理”注重污染者的污染治理责任，却未包括对污染造成损失的赔偿责任；“污染者担责”只强调污染者责任，却没能涵盖生态破坏者的责任。“损害担责”超越了上述偏颇，强调对环境造成任何不利影响的行为都须担责，既包括环境污染，也包括对生态资源的破坏。（2）通过惩罚非正义而实现正义。有利于纠正那些“只受其利，不受其害”等滥用人类共同环境财富而不付出任何义务或代价的非正义做法；有利于杜绝从不公平中获利，反对任意把环境成本强加他方的行为；有利于矫正已经发生了的不正义，获利方应至少承担与以往所获利益相当的责任。

二是与当时解决环境危机问题的能力相关，实质是按能力贡献。它主张在可能的范围内，根据当事主体实际负担能力大小确定承担环境保护所衍生的社会和经济负担。这一内涵体现了和能力相关的正义。核心是环境义务分割上的区别对待，每个人、每个机构、每个国家都有义务根据所能承受的负担参与环境问题的解决；尺度是负担应与各自责任和能力相称，表现为纵向平等与横向平等两个平等观念，能力不同者应承担不同的负担、能力相同者应承担等量的义务；前提是保障结果公平。易言之，高能力者应当比低能力者承担更多的义务。

首先，确定衡量负担能力的标准是理解这一问题的关键。能力是指能胜任某项任务的条件与才能。这里，“能力”是指环境主体承担应对环境危机任务所具有的综合素质。概括来看，衡量负担能力应以客观标准为基础，以主观标准为伦理考量，坚持二者的统一。以税负为例，世界上衡量税负负担能力的标准主要有两种：（1）客观标准说。以经济状况为标准确定负担能力的大小，纳税人支付能力依据其收入或财富来衡量。世界上广为适用的“财政能力说”（Ability of Faculty Theory）即以此为理论基础。国民应按其能力承担税负，能力相同者税负相同，能力大者税负重，能力小者税负轻，无能力者无税负。[①]这里的能力指收入水平。按能力负担同样是我国税负原则的重要体现。（2）主观标准说。以负担者付出份额后所感到的牺牲，即因承担负担而导致的福利或效用损失为标准。事实上，一

① 胡代光，高鸿业. 西方经济学大辞典[M]. 北京：经济科学出版社，2000：543.

个人的“牺牲量”不仅取决于所付份额，还与负担者付出份额后所感到的“牺牲度”等因素相关。例如，一个穷人缴纳 1 000 元的税收，可能比一个富人缴纳 10 000 元的税收牺牲还大。实际上，这两个标准之间并不存在对立关系，往往是客观经济状况影响主观感受。经济状况不好、负担能力弱，必然带来同等负担下的过度牺牲感。那么，在环境保护上，能力标准的确定应统筹兼顾客观能力和主观感受,既注重经济状况,又不忘伦理关怀,形成二者相互促进的良性循环。对于国家而言，能力的大小与财政资源及所掌握的科学技术等因素相关。

其次,区别责任蕴含的看护受害者以及最弱小的人之伦理精神为环境正义相关决策提供了指导方针。作为一种平等对待原则，正义要求所有处于险境的人得到相同的对待。但是，在具体情况下也会出现抉择困境。既然更多的人需要防止、减轻环境风险和适应气候变化的相关措施，既然可利用资源不能满足所有人的需要，那么应当先牺牲谁，或首先满足谁？是太平洋小岛国失去田地的农民，还是繁华都市中忍饥挨饿的贫民窟孩子，抑或是因气候治理、降低能耗而收益受损的小企业主，还是暴风、洪涝、疫情等灾害的受害者，还是高水准物质生活受到影响的富裕人口。如此看来，谁都是环境问题的受害者，均期望得到特殊照顾。但是，谁是其中最弱小的人，谁受害最深？除了这个标准，也难有其他可选择的标准。

以气候变化为例，只要有人类生命存在，就一定有碳排放发生。但绝大多数人都不会认为由贫困交加的饥民去承担气候变化的责任是正当的。对于全球数百万干旱、洪涝等自然灾害的受害者而言，每日的生活现实就是生死之争。相对于要进行必要限制的“奢华排放”（Luxury Emissions），对于那些背负着庞大人口压力的发展中国家来说，绝大多数碳排放都是来自维持生计的“生存排放”（Survival Emissions）。全球变暖有可能给一些贫困的发展中国家造成更严重的影响，因为这些国家大多处在更温暖的地带，经济结构上更多地依赖农业且担负不起应对环境问题的费用。况且，这些国家基础设施薄弱，生态环境脆弱，更容易遭受气候变化的不利影响。作为气候变化的主要受害者，在适应力、技术及相关因素方面要比发达国家脆弱得多。不言自明，简单化缩减这类排放之所以关涉公正，无外乎这类问题与生存的基本需要相关。如果不能确保弱势群体拥有最低限度的资源，则这本身就是一种不公正。平等、自由原则虽然重要，但允许有一个优先原则，即生存被满足是一个必要条件，具有不可辩驳的优先性或至上性。

对此，英国学者迈克尔·H. 莱斯诺夫（Michael H. Lessnoff）做了四点说明：（1）作为公平的正义必须提供每个人的基本物质需要；（2）在一个与人人自由的类似方案相容的、完全恰当的平等的基本自由的方案中，每个人都享有平等的权利；（3）对于获得希望得到的社会地位的机会的分配，这个社会体系必须尽量增加处境最不利阶层的机会；（4）对经济不平等必须做出这样的安排，使它能够尽量增加最贫穷阶级的财富。[①]简言之，一个经济实力强的个人、企业或国家必须比那些经济实力弱的个人、公司或国家为应对环境挑战做出更多的贡献。

最后，对“数量的平等”与“比例的平等”进行区分。“数量的平等”要求个人所得在数目和容量上都相等。分配给每人等量的东西，这是一种绝对平均主义。例如，在古希腊雅典决策机制中，对公民能力不加区分，一律按一人一票的平等原则决定事物。对此，苏格拉底认为这一做法是用单纯的数量平等取代了真正的比例平等。其缘由，不外乎数量的平等表面看遵从了一视同仁规则，但实际上屏蔽了差别，忽视了由于人的天生禀赋、能力不同而带来的不对等性，构成了一种隐蔽的不公正。所谓“比例的平等”，主张在不平等人之间，根据每个人的能力等条件的不同，按比例分配与各人相称的所得。如果公平不仅意味着一视同仁，也意味着照顾所需，那么，比例的平等更凸显了正义精神。在一个由不同集团组成的社会中，如果全体社会成员都负有环境保护共同目标下设定的义务，那么，拥有资源最多、能力最强的一方，通常都应出力最多。但也存在一种例外，如果所有人在能力、贡献等相关方面都处于同等的状况，那么，他们应得的份额当然也应当一样。此时，无论是依据数量平等的原则，还是依据比例平等的原则，所得结果都是一样的。显然，正义的数量平等只是比例平等的一个特例，而比例平等是正义的常态。在环境治理问题上，坚持比例平等，就是按照责任差异和能力差异，根据其对环境影响的程度和承担能力，按比例分配环境负担。

根据公平原则，当我们说所有的环境正义主体在享受环境权利时均应承担相应的义务，事实上已经包含了基于公正的区别对待。合理的区别对待，包括不同情况不同对待、相同情况不同对待、不同情况相同对待等方式。只有社会政策使公平的权利分配优先于竞争，充分考虑先天条件的不平等，并在规则中体现对弱

---

① 迈克尔·H. 莱斯诺夫. 二十世纪的政治哲学家[M]. 冯克利，译. 北京：商务印书馆，2001：313.

小者的照顾，才是实现平等的“真经”。这意味着环境义务分配规则的正义性依赖于这样一个条件，即起点必须接近相等，从而在分配结果上接近正义。这就决定了在正义标准实施之前，要在诸善权衡中确定解决不同价值之间冲突的底线，满足和需要相关的“看护最弱者原则”，使最没有能力且受影响最大的群体承担与其权利相称的义务，由最有能力且受影响最小的人（或国家）来负担改善的责任。

总体来看，实现更高水平的可持续发展，是全人类共同的必然选择。共同但有区别的责任原则作为指导原则，反映了各国经济发展水平、发展阶段和现实能力以及历史责任的差异，提供了国际社会特别是发达国家与发展中国家之间环境合作的公平基础。尽管仍面临许多困难和挑战，但合理的态度不是怀疑和动摇这一基石，而是坚持并寻求更为优化的实现机制。实际上，遵守共同但有区别的责任原则，不仅是对国际社会履约践诺的要求，也是切合发展中国家国情，符合人类社会发展规律的务实之举。

三、共同但有区别的责任原则实现的全球机制

第一，重构互惠共赢、共同发展的全球治理新模式。长期以来，世界政治、经济秩序为发达国家所主导，被霸权主义、单边行动、南北分歧所困扰，应对气候变化举步维艰。在未来，国际社会应进一步以国际气候治理为基点，扩大全球对生态文明和绿色发展的共识，对目前的全球治理模式进行修正和重构，围绕合作共赢、公平正义、包容互鉴及人类命运共同体等新理念，建立互惠共赢、共同发展全球治理新模式，实现应对气候变化与经济发展的共赢。（1）创造一个各尽所能、合作共赢的未来。对气候变化等全球性问题，应该摒弃“零和博弈”的狭隘功利主义思维，推动各国履行全球环境保护共同承诺。既采取可落实的措施保护和改善本国整体环境，又应当采取积极行动预防和防止在本国辖区以及各种活动对其他国家辖区内的环境造成影响和损害。只有各方尤其是发达国家多一点共享、多一点担当，本着合作共赢和共同发展的原则，才能实现互惠共赢。（2）创造一个奉行法治、公平正义的未来。要提高国际法在全球治理中的地位和作用，确保国际规则有效遵守和实施，坚持民主、平等、正义，建设国际法治。发达国家和发展中国家的历史责任、发展阶段、应对能力都不同，共同但有区别的责任原则不仅没有过时，而且应该得到遵守。（3）创造一个包容互鉴、共同发展的未来。面对全球性挑战，各国应该加强对话，在相互借鉴中实现共同发展。要倡导

和而不同，允许各国寻找最适合本国国情的应对之策。质言之，只有从人类命运共同体全局和战略的高度，秉持“共商、共建、共享”的全球治理观，才能汇聚全球共同行动，共建全球生态文明。

第二，世界各国应当广泛参与环境保护的各项国际合作活动，充分照顾发展中国家，特别是最不发达国家、非洲、小岛屿国家其特殊困难和关切，允许各国寻找最适合本国国情的应对之策，促进更高水平的全球可持续发展。当今世界正在经历新一轮大发展、大变革、大调整。世界经济增长动能不足、经济治理滞后、发展失衡的矛盾较为突出，但不同的发展阶段和国情导致发达国家和发展中国家、富裕的人和贫穷的人在生存状况、资源拥有等方面的巨大差异这个基本事实没有改变。其一，绝大多数发展中国家面临的首要任务和压倒一切的优先事项仍是“发展经济和消除贫困”。发展中国家的环境问题“在很大程度上是发展不足造成的”，不少国家仍挣扎在温饱边缘，且经常遭受干旱、极端风暴和海平面上升等形式的气候变化的破坏性影响，维持生存、摆脱贫困成为其特定时期的主要矛盾。因此，应对气候变化行动应该有利于照顾各国国情，特别要关注面临着发展经济、消除贫困、改善民生、保护环境、应对气候变化等多重挑战困难的发展中国家。其二，以经济体的发展进程来衡量，世界上大多数发展中国家还处在工业化发展阶段，大量基础设施建设以及对金属材料、建筑材料的高需求，造成生产多倚重于制造业和重化工业，导致这一阶段碳排放强度相对较高。但按照人类社会现代化进程，从农业社会到工业社会再到后工业社会，人均二氧化碳排放量会呈现上升—峰值—下降的总趋势。除此之外，发展中国家多在全球化世界经济体系中扮演制造业中心的角色，不可避免地加剧了高碳排放。在经济全球化背景下，发达国家通过贸易和投资将污染产业跨境转移，将碳排放“外包”给了发展中国家。随后，大量碳密集型产品又销往发达国家市场，而他们则凭借管理、服务、金融、知识产权等低排放的高端产业链获取大量利益。这种市场模式和利润链使发展中国家陷入依赖发达国家造就的高碳发展路径和技术系统。由此引出的问题更引人思索，如果中国等以制造业为中心的国家以高碳排放方式生产的产品出口到美国、欧洲等地区，最终，欧美群体成为这种产品的消费者，那么，究竟谁应当为产品衍生的温室气体承担责任？是中国的生产商，还是欧美的消费者？从逻辑链来看，作为消费方，不应对其中的碳排放完全免责，而是应承担一定的责任。质言之，环境责任的划分与担当不能只看当前，不看历史；不能只看总量，不看人均；不能只看生产，不看消费。即便在这个问题上存有争议，但跨国生产对生产国造成的环境影响是不辩自明的。环境正义揭示了一个不争的共识，维持公平正义不仅意味着人人平等，还应体现对弱者的照顾。

第三，世界各国应在环境保护活动中相互援助和支持，提高合作水平，落实资金、技术转让和能力建设等执行手段，特别是发达经济体有责任支持发展中经济体，使其能够减轻和适应气候变化。综观一系列国际公约，从四个方面对气候变化导致的全球环境问题给出了解答：（1）地球上的一部分人（发达国家）的奢侈排放引起了气候变化，却对另一部分人（发展中国家）造成了伤害；（2）气候变化的后果是灾难性的，它所造成的干旱、洪水、饥荒等都会对人类的权利造成严重的伤害；（3）受气候变化伤害最严重的那些国家技术水平和财政资源、资金等能力不同；（4）对于发达国家而言，鉴于"它们的社会给全球环境带来的压力"，应当正视其历史排放责任并为此负责。秉持"谁受益谁承担"的受益原则，发达国家应当率先承担在全球环境污染的历史责任；秉持"强者对弱者的照顾伦理"，发达国家应遵守公约承诺，依靠经济发展、环境保护等领域拥有的资金和技术等优势，向发展中国家提供资金与技术支持。"发达国家应该落实到2020年每年动员1 000亿美元的承诺，2020年后向发展中国家提供更加强有力的资金支持。此外，还应该向发展中国家转让气候友好型技术，帮助其发展绿色经济。"[①]获取资金技术支持、提高应对能力是发展中国家实施应对气候变化行动的前提。

第四，发展中国家要强化行动，广泛参与到全球绿色化进程中。共同但有区别的责任原则作为国际气候制度的重要基石，着眼于促进世界各国绿色转型的良性竞争而非对抗机制，使绿色发展不仅是国际公约下的要求和承诺，更是提升各国自身可持续发展竞争力的主动行为，从绿色发展中寻找发展的机遇和动力，开创各国积极参与、共同行动、合作共赢的新局面。为此，发达国家要切实加大向发展中国家提供资金、技术、能力建设的支持，帮助发展中国家走出一条绿色发展之路。发展中国家也要根据国情和能力，最大限度地强化行动，广泛参与到全球绿色化进程中，把应对气候变化作为推动技术和产业革命、推动经济可持续发展的重要引擎。

中国等新兴大国一直是国际可持续发展进程的重要参与者、践行者和推动者。

---

① 习近平谈治国理政（第2卷）[M]. 北京：外文出版社，2017：528.

中国提出了“实现公约目标、引领绿色发展，凝聚全球力量、鼓励广泛参与，加大投入、强化行动保障，照顾各国国情、体现务实有效”[①]的气候治理中国方案。中国积极落实创新、协调、绿色、开放、共享的发展理念，努力形成人与自然和谐发展的现代化建设新格局，目前已成为世界节能和利用新能源、可再生能源第一大国；通过“南南合作”的方式对其他发展中国家提供资金、技术和能力建设支持，大力协助发展中国家的减排行动，使包括非洲在内的广大发展中国家更好地应对发展中面临的环境问题。特别是，中国提高国家自主贡献力度，采取更加有力的政策和措施，二氧化碳排放力争于 2030 年前达到峰值，努力争取 2060 年前实现“碳中和”。反观历史进程，多数发达国家在 1990 年实现“碳达峰”，并计划 2050 年实现“碳中和”，时间跨度达 60 年。相比之下，中国给自己设定的时间目标比发达国家整整少了 30 年。中国的“国家自主贡献”为推动全球更好地实现可持续发展注入了动力。

第四节　补偿原则

所有的环境非正义都是环境权利和环境义务的不公平分配问题。如果正义是得其所应得，而怎样矫正不公平的分配结果，恢复每人以应得，涉及的就是补偿正义问题。那么，补偿原则作为实现环境正义的基本原则理应成为逻辑的必然。

一、补偿原则的理论基础：补偿正义

补偿正义（Compensatory Justice）又称矫正正义，了解补偿正义的核心要义是确定和实施补偿原则的前提与基础。

补偿正义或矫正正义是正义的一个重要形态。“矫正正义”这一概念源于亚里士多德。在《尼各马可伦理学》中，把正义分为一般正义和具体正义。一般正义相对于公民与整个城邦和社会的关系而言，要求公民的言行举止必须合乎法律。具体正义相对于社会成员个人之间的关系，要求在公民之间实现公平，包括分配

① 习近平谈治国理政（第 2 卷）[M]. 北京：外文出版社，2017：528.

正义（Distributive Justice）和矫正正义（Corrective Justice）。

分配正义是“表现于荣誉、钱物或其他可析分的共同财富的分配上（这些东西一个人可能分到同等的或不同等的一份）的公正”。[①]言下之意，分配正义强调因人而异的分配：相同的人应得到相同的待遇，不同的人应得到不同的待遇；平等的人应得到平等的待遇，不平等的人应得到不平等的待遇。易言之，得所当得、失所当失即为正义。相反，“得所不当得、失所不当失”就是非正义。“比例的平等”在亚里士多德的分配正义思想中占据重要地位。合比例的才是适度的，而公正就是合比例的。[②]

矫正性的公正就是所得和损失的中间，它生成在交往之中，或者是自愿的，或者是非自愿的。自愿的交往，如买卖、高利贷、抵押、借贷、寄存、出租，等等，这类交往之所以称为自愿，因为它们是自愿开始的。而那些非自愿的交往，则有时在暗中进行，如偷窃、通奸、放毒、撮合、诱骗、暗算、伪证，等等，有时则通过暴力进行，如袭击、关押、杀害、抢劫、残伤、欺凌、侮辱，等等。[③]下面的案例展现了亚里士多德有关矫正正义的具体思想，凸显出矫正正义的内涵。一是对这些违背意愿的交易中出现不好的结果的矫正或纠正而体现出的公平性；二是矫正正义的宗旨就是在发生了的不正义中恢复正义，通过矫正不当所得与所失，恢复双方当事人权利与义务的平衡，实现平等。

案例：亚里士多德论矫正正义[④]

无论好人加害于坏人，还是坏人加害于好人，并无区别。无论是好人犯了通奸罪，还是坏人犯了通奸罪也无区别。法律则一视同仁，所注意的只是造成损害的大小。到底谁做了不公正的事，谁受到不公正的待遇，谁害了人，谁受了害，由于这类不公正是不均等，所以裁判者就尽量让它均等。倘若一个人打人、一个人被打，一个人杀人、一个人被杀，这样承受和行为之间就形成了不均等，于是就通过惩罚使其均等，或者剥夺其所得（这里所说的所得只是笼统地说，对于某

---

① 亚里士多德. 尼各马可伦理学[M]. 廖申白，译. 北京：商务印书馆，2003：134.

② 亚里士多德. 尼各马可伦理学[M]. 廖申白，译. 北京：商务印书馆，2003：136.

③ 苗力田. 亚里士多德全集（第 8 卷）[M]. 北京：中国人民大学出版社，1994：99.

④ 案例来源：苗力田. 亚里士多德全集（第 8 卷）[M]. 北京：中国人民大学出版社，1994：101-103.

> 些情况并不恰当，例如对打人的人说所得，而对被打的人说损失。而仅就一种感受来说，称为损失和所得）。既然均等是多和少的中间，那么所得和损失的对立也就是多和少的对立。好处多坏处少就是所得，反之就是损失。它们的中间就是均等，我们说就是公正，所以矫正性的公正就是所得和损失的中间。
>
> 一个人的所有多于自己原有的，就称为所得，他所有的比开始时少了，就称为损失。例如买进和卖出，以及其他为法律所允许的交易。如果没有增加，也没有减少，而仍然保持其自身，那么人们就说够本，既不损失也没有得利。所以，公正就是在非自愿交往中的所得与损失的中庸，交往以前和交往以后所得相等。

上述表达蕴含以下三项重要内容：其一，矫正正义关涉损害的禁止和补偿的原则。在亚里士多德的公正观中，矫正正义是指对不当行为造成的不公进行补偿和纠正的正义规则。不公正是一种不平等，仲裁者应使用惩罚和其他剥夺其得利的办法加以矫正，实现平等，即达到利得和损失的中道。其二，正义与否以“所得”与“所失”来衡量。在矫正正义的语境下，不当行为人通过牺牲受害人的利益而获得了利益，造成在受损与受益之间这一非正义关系中隐含着一个特定的受害者。恢复公正，就要通过剥夺行为者的“得”来使他受到损失，达到侵权人和受害人交往以前和交往以后所得的相等状态，使侵权人与受害人之间的得与失得到矫正，实现利益平衡。质言之，有所失就有所得，这是正义。矫正正义就是得与失之间的适度。其三，矫正正义的目的在于通过施加责任纠正不当行为的损害，实现平等。矫正正义最主要的功能旨在恢复分配正义下双方当事人原本的权益和地位。作为恢复公平的主要手段，矫正正义鲜明的独特性在于，当一方当事人对另一方当事人实施了不当侵犯时，要求侵害方承担受害方所受损失的赔偿责任，通过剥夺行为者的所得，对不当行为造成的不公进行补偿，矫正不平衡，恢复双方平等地位。

在古代，人们曾把同等报复、同态复仇理解为正义，使矫正正义凸显出某种复仇的特征。例如，以命偿命，以眼还眼，以牙还牙，以手还手，以脚还脚，以烙还烙，以伤还伤，以打还打。从法律发展历程检视矫正正义，也不难寻觅早期侵权法中正义的目标是复仇的踪影，而后才被补偿取代。在希腊法中，一条狗咬了人以后，要把它交出来绑在一根四腕尺长的木棍上；一棵树砸死了人，它要被砍成一段一段的。古罗马《十二铜表法》规定，如果动物造成了损害，所有者要么把动物交出来，要么赔偿损失。[①]甚至直到当代，有学者也认为矫正正义实质是一种复仇的体现，是当自己的权利受到侵犯时自然产生的愤慨和赔偿要求。

另外，在补偿问题上，时常出现赔偿的概念。实际上，“补偿”与“赔偿”的概念既有联系又有区别。从本质上说二者具有一致性，均涉及对利益损失的弥补，实现双方之间利益的平衡。二者的差异在于：一是所指主体有别。补偿是指主体在某一方面有所亏失而在另一方面应有所获得，倾向于受损者这一受偿客体。赔偿是指因主体一方的行为使得另一方遭受损失而给予的补偿，强调施害者这一补偿主体。二是所表达的损害程度不同。二者相比，“赔偿”建立在“破坏者—受害者—牺牲者”的框架下，所指代的影响更重，而补偿则表现在“受益者—受损者”结构中，所指代的影响相对较轻。

二、补偿正义的基本特征

第一，补偿正义的实质是通过对不公正行为的纠正来恢复对正义的追求。分配正义的实质是实现应有权利与义务的统一，表现为一个现有权利与义务的分配过程，所关注的是一群人之间利益的整体性分配。补偿正义仅仅关注双方当事人，即侵权人和受害人之间的关系，并不关注整体的分配方案。如果分配正义的核心是如何“分配”，补偿正义的核心则是怎样“恢复”。从正当性根据上，分配正义与补偿正义，皆强调给予每个人以其所应得的对待，应得的权利得到平等保护，应得的义务得到平等履行，应得的责任得到合理分配。也就是说，它们都强调分配结果的正当性，而不是活动过程的正当性。其区别在于，分配正义居于过程之始，补偿正义位于过程之终。如果分配首先出现不公，补偿正义则通过责任的施加改变这种不公，要求责任方承担损害赔偿责任。实质上，补偿正义维护了分配正义，是对分配正义的补充或延续。假如分配是公正的，那么补偿正义就要求我们保护它，但在保护的过程中，它产生的作用仅限于恢复个体原本的权益。简言之，分配正义与补偿正义都是目标的正义，旨在实现最终分配结果的正当性与合理性。

第二，补偿正义功能的发挥必须以“非正义”或“不公”行为为前提。对于补偿正义存在的依据，亚里士多德指出：“公正只存在于其相互关系可由法律来

① 梅因. 古代法[M]. 沈景一，译. 北京：商务印书馆，1996：208-209.

调节的人们之间。而法律的存在就意味着不公正的存在，因为法律的运作就是以对公正与不公正的区分为基础的。”[①]这一阐释表明，只有因“非正义”或“不公”行为导致了损害，才能通过矫正实现正义的赔偿。补偿正义建立在维持正义的赔偿责任基础之上，而赔偿责任产生的前提条件就是不当行为的发生，那么，只有因不当行为破坏了正义而需要被纠正时，只有在分配正义被违反时，补偿正义的意义与作用才能显示出来。不可否认的是，补偿正义以分配正义为前提，反过来又对分配正义起到保障作用。然而，如果补偿正义要以“非正义”或“不公”行为为前提，那么，“非正义”或“不公”的标准是什么？美国法学家乔治·弗莱彻（George P. Fletch）提出正义的归责原则应当满足三个条件：（1）承认对原告的伤害应当赔偿；（2）存在将被告与损害联系起来的标准；（3）解释为什么把被告与损害相联系，将损害从原告转移到被告是正当的。存在损害就应当承认救济的可能性，这是为原告的正义；设计责难标准并予以充分的法律解释，是为被告的正义。[②]这一表述体现了以下基本立场：因为存在伤害，因此应当赔偿，这对于受害者是正义的；厘清是谁造成了损害、损害标准如何确定，这对于施害者是正义的。

在历史角度来看，20 世纪以后，过错责任和严格责任共同构成法律归责框架中的两大基本原则，同时提供了关于补偿正义赔偿的标准。

一是过错责任原则。过错责任原则坚持“不公”行为的判断标准在于行为人犯下的过错。19 世纪，随着欧洲摆脱封建羁绊、人人生而平等的理念成为时代之风，自由主义、个人主义备受推崇。然而，如何规制由此衍生的自我自由对他人自由可能造成的干涉以维护社会秩序，成为新的时代议题。在这一背景下，过错责任原则获得在侵权法中的勃兴。在传统侵权法理论中，“非正义”或“不公”行为的判断标准就在于行为人的过错，即做了错事的人应当为他犯下的错负责任。犯错的前提是一个理性人对自己在没有尽到合理谨慎义务的情况下，要为产生的后果承担责任。“按照过失责任原则，一个人只有在有过失的情况下才对其造成的损害负责，在不涉及过失范围之内，行为人享有充分的自由。如果个人

---

① 亚里士多德. 尼各马可伦理学[M]. 廖申白，译. 北京：商务印书馆，2003：134.

② George P. Fletcher. Fairness and Utility in Tort Theory[J]. Harvard Law Review, 1972，85(3)：537-573. 转引自：陈皓. 交互性风险理论述评[J]. 北方法学，2010，4（2）：143-152.

已尽其注意，即便造成对他人的损害，也可以被免除责任，这样，个人自由并未受束缚。”[①]过失责任原则针对造成损害行为的原因追究责任，适应了“权利本位”的内在要求。然而，以行为人具有道德上的可非难性作为价值判断标准，不利于保护受害人的权益。

二是严格责任原则。严格责任原则反对单纯以过错作为衡量标准，强调对受害人权益的保护，着眼于损害的合理分配。在这一原则框架下，严格责任的成立只需要受害者受到损害这一个条件，无论是否事出意外，只要造成对无辜者的伤害就构成了承担责任的充分条件。可见，严格责任注重的是现实损害，引起损害的人应当被要求承担赔偿责任。也就是说，对发生的损害在不同主体之间予以纠正，与侵权人过错并没有直接联系。在补偿正义视域下，“究竟好人欺骗了坏人还是坏人欺骗了好人，这无关紧要，通奸者是好人还是坏人也无关紧要；法律所关注的只是伤害本身的特点，并将双方视作同等，是否一方不公而另一方受到了不公，是否一方造成损害而另一方受到了伤害”。[②]由于这一原则倾向于加强对受害人的法律救济和社会救济，因此，真正达到了保护受害者利益的目的。

案例：埃斯科拉案与格林曼案[③]

埃斯科拉是一家餐馆的女招待，当她将一批36小时以前运到的可口可乐瓶装饮料放入冰箱时，其中一瓶突然爆炸，玻璃碎片扎伤了她。于是埃斯科拉起诉可口可乐瓶装公司。诉讼中原告没有提出被告疏忽的证据，但审理该案的著名法官 Trayor 认为，只要被告对导致损害之物具有排他控制权，且事故具有除被告疏忽以外不会发生的可能时，被告应负赔偿责任。

格林曼的妻子购买了被告尤巴电力公司生产的电动刨子。当格林曼按照说明削木机床时，被机器中飞溅的木头砸伤了头部致重伤。加利福尼亚州最高法院判决如下：当一个生产者将一件产品投放市场时，明知它将不经检验缺陷而使用，如果此项产品表明含有致人伤害的缺陷时，那么，该产品的生产者在侵权方面负有严格的责任。美国著名的“格林曼规则”由此诞生。

---

① 王利明. 民法 · 侵权行为法[M]. 北京：中国人民大学出版社，1993： 88.

② 理查德 · A. 波斯纳. 法理学问题[M]. 苏力，译. 北京：中国政法大学出版社，2002：392.

③ 案例来源：程迪. 从美国产品责任归责原则的演进看矫正正义在侵权法中的发展[D]. 北京：对外经济贸易大学，2004.

1944 年“埃斯科拉诉可口可乐瓶装公司案”与 1963 年“格林曼诉尤巴电力公司案”的判决结果凸显了严格责任原则的适用对受损者的保护达到了前所未有的阶段。客观地说，过错责任原则与严格责任原则在实现侵权赔偿和惩罚功能时，都从不同角度体现了正义价值目标。过错责任原则注重有过错则有担当，更多关注侵权人的主观状态。严格责任原则强调有伤害则有赔偿，在责任归属上更具客观性。如果说前者的道德基础在于加害人行为的瑕疵性，那么，后者的道德基础则是受害人权利的绝对性或不可侵犯性，而不是加害人行为的可责难性。据此，任何人只要造成他人权利的损害就应对此负责。从而，“有损害即有补偿”构成补偿正义的基本准则。相比较，严格责任原则凸显出保护弱者的强逻辑。补偿正义中一切问题的起点重在受害人权利所失。如果侵权责任的中心是“损害”，侵权人理应承担责任。它证明了这样一种逻辑：受损害与施害者的活动存在因果关系。没有出自施害者之手的伤害，就不存在施害者要承担的受害者，也不存在按照补偿正义而获得赔偿的对象。无论如何，受害者蒙受的利益损害最终在更加严格的意义上获得矫正。严格责任原则更有利于关注受害者及其利益得失。

三是补偿正义具有双极性特征。补偿正义连接着不公正的所得与不公正的所失，双方主体及其得失构成一个两极封闭结构。加拿大法学家欧内斯特·J.温里布（Ernest J. Weinrib）指出：“以相关所得和所失来表达这种双极性，矫正正义突出了特定的原告和特定的被告，使一个人的义务对应于另外一个人的权利。”[①]补偿正义核心内涵在于消除不当损益。那么，在不当行为发生之后，如何通过赔偿达成平等、构成补偿正义的价值目标。所以，补偿正义必须在损益双方之间规定解决这一问题的权责框架，厘清施害人的道德责任或法律责任，架设对受害人所失权益予以恢复的桥梁。正因为分配正义出现了一方所得等于一方所失的不公正，即“所得等于所失”，决定了矫正总是处于施害人与受害人、行为与损害、诉求与补偿的两极关系结构中。由于“所得”表现为一方超出其应得，“所失”表现为少于其应得。那么，对此，必须要做“加减法”——减去不公正的所得以补偿不公正的所失，使之重新达到平等状态。换言之，解决损害结果的承担问题，必须将施害人与受害人

① 欧内斯特·J. 温里布. 私法的理念[M]. 徐爱国，译. 北京：北京大学出版社，2007：79.

双方相互结合来完成。最终，通过对不当行为进行惩罚，实现受损者有权求偿，施害人有责赔付的目标。

综上所述，作为正义的重要形态，补偿正义的宗旨是从发生的不正义中恢复正义。针对不公正或者受到损害的公平回应，补偿正义主张一方因对另一方造成的损失和伤害做出充分赔偿后所取得的公平性。补偿正义的重要性表现为两个方面：一方面，发挥对历史过错行为的纠偏补正作用。通过对受害人遭受损失的补偿，实现“事后的正义”或“迟到的正义”。另一方面，通过惩罚对当事人所施加伤害的有过失的行为主体，实现“惩罚公正”。据此，当因某人不当行为而伤害另一人，受害人有权向加害人要求赔偿，且赔偿应该与受害者的损失相当。同样，作为施害者应勇于承担损害责任。因此，补偿正义“以不当所得，偿还不当所失”这一核心原理至少需要两个基础支撑。一是基于受害者对自身权益受到侵害之后而产生的个人正义诉求，表现为作为受偿主体强烈的补偿愿望。二是以规则为基础，以仲裁为手段。补偿正义要达至矫正不公和修复伤害的目标，需要取代古代血腥复仇而代之以文明的正义方式。不仅需要从根本上遵循保障人权和维护人的尊严等现代正义的理念，而且需要诸多程序性规则，需要判断不公和伤害的主客体、性质、程度、原因以及矫正方式、赔偿标准等技术性规则。概括地讲，围绕补偿正义展开的核心议题包括：（1）受害人应该得到多少赔偿；（2）应该在什么情况下给予补偿；（3）对谁补偿及由谁补偿。总之，要建立一套权衡补偿内容公平与否，体现诉诸平等要求的规则与实现机制。

在环境问题上，补偿正义主要是针对权利保障与义务担当上有失公平、环境决策过程有失公正，对其进行再调整以达到新的平衡状态的终端保障。修复环境侵权损害是其核心，通过追溯性矫正达到正义效果是其基本原则，补偿与惩罚是其基本实践环节。总之，补偿正义通过对承担环境风险与伤害的群体提供相应的补偿，对实施侵害的主体进行应有的处罚，修复环境不公。

三、补偿原则的基本内涵

基于补偿正义致力于消除不当损益这一核心精神，在生态问题上，补偿原则主张利用一定的损失增益机制，由国家或其他受益的组织和个人对生态环境保护中利益受损者所受损失进行价值补偿。

首先，补偿原则的历史演进。20 世纪 70 年代初，西方环境污染和环境破坏直接导致环境质量的损害，且带来不可逆的人身危害和巨大的经济损失。针对治理污染、环境恢复和预防问题上的主体责任，由各国政府对环境保护实行财政援助政策是一贯做法。但是，这种做法逐渐遭到质疑，原因在于政府支付大量财政援助，无异于把污染者应该承担的经济责任转嫁给了全体纳税人。这既不合理，也不公平，更不利于保护环境和资源。对此，经济合作与发展组织（OECD）环境委员会首先提出“污染者负担原则”（Polluter Pays Principle，PPP 原则），规定污染排放者为污染物所造成的全部社会损害支付费用，以促进合理利用资源，防止并减轻环境损害，实现社会公平。这一原则把环境责任归于造成污染的最初主体，污染者必须为因其行为而引起的环境破坏以某种形式支付污染的代价，既有对个体受害人支付损失赔偿的义务，也有恢复受损生态系统的责任。最终，这一原则得到广泛的国际承认，并在各国实践中不断发展深化，逐渐由“污染者负担原则”扩展为“污染者和使用者支付原则”（Polluter and User Pays Principle）。这一演变说明，在污染治理之外，资源利用也要纳入原则之中，不仅要求污染企业的生产者支付环境保护费用，而且生态资源的使用者也应实行“使用者付费”原则。这样，生产者和消费者都要为自己所“消费”的资源付费，既支付污染治理成本，也支付由于污染所造成的损害成本。

在我国，2005 年首次提出要按照“谁开发谁保护、谁受益谁补偿”原则，加快建立生态补偿机制[①]；2007 年将生态补偿机制上升为制度要求，强调建立健全资源有偿使用制度和生态环境补偿机制[②]，同年，国家环境保护总局印发了《关于开展生态补偿试点工作的指导意见》，提出生态补偿的基本原则是“谁开发、谁保护，谁破坏、谁恢复，谁受益、谁补偿，谁污染、谁付费”；2012 年将生态补偿制度作为建设生态文明的重要保障，提出要建立反映市场供求和资源稀缺程度、体现生态价值和代际补偿的资源有偿使用制度和生态补偿制度[③]；2016 年明

---

① 中共中央文献研究室. 十六大以来重要文献选编（中）[M]. 北京：中央文献出版社，2006：1074.

② 胡锦涛文选[M]. 北京：人民出版社，2016：633.

③ 中共中央文献研究室. 十八大以来重要文献选编（上）[M]. 北京：中央文献出版社，2014：32.

确提出“权责统一、合理补偿。谁受益、谁补偿”的生态补偿基本原则①；2017年提出要建立市场化、多元化的生态补偿机制②；2019年进一步要求落实生态补偿和生态环境损害赔偿制度，实行生态环境损害责任终身追究制③。2021年要求“加快健全有效市场和有为政府更好结合、分类补偿与综合补偿统筹兼顾、纵向补偿与横向补偿协调推进、强化激励与硬化约束协同发力的生态保护补偿制度……到2025年，与经济社会发展状况相适应的生态保护补偿制度基本完备。到2035年，适应新时代生态文明建设要求的生态保护补偿制度基本定型”。④在国家政策之外，相关法律对此也做了明确规定。《中华人民共和国环境保护法》（2014年修订）第五条明确规定了损害担责的原则，第六条进一步明确损害责任，“企业事业单位和其他生产经营者应当防止、减少环境污染和生态破坏，对所造成的损害依法承担责任”。⑤第三十一条提出国家要建立健全生态保护补偿制度，“国家指导受益地区和生态保护地区人民政府通过协商或者按照市场规则进行生态保护补偿”。⑥上述规定强化了保护者受益、利用者补偿、污染者担责的生态补偿精神。此外，学界关于生态补偿内涵的思考多围绕对自然生态系统的破坏、对环境的污染以及因环境保护而利益受损的群体补偿而展开。

其次，生态补偿性质的确定。生态补偿到底是对权利人的补偿，还是对生态系统的补偿？这是一个容易产生纠纷的问题。从历史逻辑来看，自20世纪80年代以来，生态补偿经历了自然补偿说—损害赔偿说—受益补偿说—双向补偿说的演变，核心变化在于赔偿重心由生态环境破坏者对生态环境付出赔偿，对遭到破坏的生态环境要素进行补偿和恢复，发展到由生态服务受益者支付费用，对生态环境保护者和建设者进行补偿。至21世纪初，进一步拓展为“损害者付费赔

---

① 国务院办公厅. 关于健全生态保护补偿机制的意见[EB/OL]. [2016-05-13]. http：//www. gov. cn/zhengce/content/ 2016-05/13/content_5073049. htm.

② 习近平谈治国理政（第3卷）[M]. 北京：外文出版社，2020：41.

③ 中共中央关于坚持和完善中国特色社会主义制度推进国家治理体系和治理能力现代化若干重大问题的决定[M]. 北京：人民出版社，2019：33.

④ 中办国办印发. 关于深化生态保护补偿制度改革的意见[N]. 人民日报，2021-09-13.

⑤ 中国法制出版社. 中华人民共和国环境保护法：实用版[M]. 北京：中国法制出版社，2014：8.

⑥ 中国法制出版社. 中华人民共和国环境保护法：实用版[M]. 北京：中国法制出版社，2014：26.

偿”和“受益者补偿”两个方面，构成负向惩罚与正向激励的双向补偿。这一演变划分出生态补偿两大发展阶段：赔偿型阶段与权益型阶段。前者注重人与自然之间所发生的生态正义关系，后者强调人与自然关系背后人与人之间的环境正义关系，要求对生态权益受损者和受益者之间的补偿问题给予高度重视。现实中，生态补偿范围往往包括对生态环境的补偿。实际上，生态补偿虽因生态问题而起，但补偿的接受对象不可能是生态环境，而是与特定生态环境相关的利益主体。本质上是通过“人”的受偿，一方面完成对受损生态系统的功能恢复，另一方面实现环境保护者的公平获利。所以，补偿是在明确的权利主体之间进行的，是人对他人受损的生态利益进行补偿，而不是对自然对象实施补偿。广义上，补偿包括对特定受损的利益群体的补偿，对保护生态系统和自然资源做出贡献群体的补偿，以及对生态环境造成损害的赔偿。将“贡献者受偿”置于受损者得偿范畴，因为其中隐含所得与所失矛盾关系的失衡，权利义务关系产生扭曲，付出大于获利的非正义。基于“谁保护谁得偿”的正当性，应对贡献者进行补偿。根本上，“受益者补偿，受损者得偿”反映了生态补偿基本要求。在这一框架下，“获益”与“受损”成为确定与实施补偿的基本根据。质言之，生态补偿原则要求，对于在生态资源利用过程中利益受损群体，要通过调整与受益者的矛盾，矫正受益者的不当所得，赔付受损者的不公正所失。它彰显了通过补偿、矫正促进社会公平的价值；重塑、复兴各方主体之间利益平衡关系的意义；维护环境正义，促进人与自然和谐共生的价值目标。

“墨西哥湾原油泄漏事件”反映了补偿实施的英美视角。在赔偿主体英国石油公司与受偿主体美国之间，围绕原油泄漏灾难对当地居民、墨西哥湾及海洋生物的污染损害，展开了利益的博弈。不难看出，无论是针对人的巨额利好补偿，还是对生态环境的赔偿，实质上都是围绕当地相关主体利益受损这一核心展开。

案例：墨西哥湾原油泄漏事件[①]

2010 年 4 月 20 日夜间，英国石油公司租赁的位于墨西哥湾的“深水地平线”

① 案例来源：肯尼斯· R. 范伯格. 补偿的正义——美国如何应对灾难[M]. 孙伟，等，译. 北京：法律出版社，2014：113-162.

海上石油钻井平台发生爆炸并引发大火，大约 36 小时后沉入墨西哥湾。

灾难造成 11 名工作人员死亡，7 人重伤，造成 1 500 米深海持续 87 天漏油灾难。这是历史上首次发生在超过 500 米以上深海的原油泄漏，与海面航行的大油轮漏油相比，危害更大、更隐蔽。这口油井位于海面下 1 525 米处。漏油事发后，英国石油公司连续尝试多种紧急补漏方式甚至尝试用水下机器人启动止漏闸门，但均以失败告终。据估计，平均每天有 12 000 到 10 万桶原油泄漏到墨西哥湾，导致至少 2 500 平方千米的海水被石油所覆盖，直接威胁到了海湾水域和海岸环境。美国路易斯安那州、亚拉巴马州、佛罗里达州的部分地区以及密西西比州先后宣布进入紧急状态。在路易斯安那州新奥尔良，有数百群众冒雨示威抗议政府与石油公司截油不力。为避免浮油漂至美国海岸，美国救灾部门"圈油"焚烧，烧掉数千升原油。在墨西哥湾漏油事件发生近 3 个月后，英国石油公司高级副总裁肯特·韦尔斯在新闻发布会上宣布，工程人员已经关闭了新控油罩三个阀门中的最后一个，再没发现原油泄漏的迹象。

事故带来严重的环境破坏。美国政府证实，此次漏油事故是美国历史上最严重的一次漏油事故，最严重的生态灾难。路易斯安那州超过 160 千米的海岸受到泄漏原油的污染。墨西哥湾沿岸生态环境遭遇灭顶之灾，污染可能导致墨西哥湾沿岸 1 000 英里[①]长的湿地和海滩被毁，渔业受损，脆弱的物种灭绝。美国一家资产管理公司投资顾问大卫·科托克估计，墨西哥湾在长达 10 年的时间里将成为一片废海，造成的经济损失将以数千亿美元计。空前的环境污染对当地经济造成影响，对沿岸旅游业、渔业构成危机。另外，随着原油污染的持续恶化，出海清理石油的工作人员和沿岸居民均出现头晕、恶心等症状。

事故赔偿。英国石油公司代表承认公司在此次灾难中的责任。2010 年 6 月 16 日，英国石油公司权衡利弊，公开表示同意设立 200 亿美元的综合性基金，专门用于赔偿漏油事件的受害者，其对象包括因墨西哥湾漏油事件而受损害的个人和企业。时任美国总统奥巴马在声明中说，这笔基金的金额不是赔付的上限，而且这笔钱有别于英国石油公司应支付的环境破坏赔偿费用。英国石油公司没有采取旷日持久的司法诉讼策略，而是以 200 亿美元担负起了赔偿责任。

赔偿对象。就索赔者而言，有数百万在墨西哥湾地区居住和经营的个人及企

① 1 英里≈1.61 千米。

业，包括远离受石油侵蚀海滩的宾馆，距离海岸数英里的饭店、高尔夫球场管理员、啤酒经销商、零售商店，距离漏油点超过 50 英里、在新奥尔良市工作的服务员和餐馆员工。赔偿的内容涉及因漏油而损失的工资和收入，无法工作或经营的个人损失，其关注焦点是经济损失，而不是罹难和人身损害。为了精简理赔程序并确保连贯和公平，全体索赔者的信息被输入中央数据库，由法律专业团队通过其提交的证据材料对其工资损失和收入损失进行审核分析。其中，有一些不切实际的索赔意愿，如有一名索赔者提出了 110 亿美元的紧急偿付请求，还有一名索赔者则要求 200 亿美元赔偿金全部赔给他一人。还有一些申请隐藏着欺诈，如变造或伪造纳税申请单甚至通过加零的方法篡改纳税申报单，提供雇佣的虚假材料、谎报其收入和受抚养人数量，编造一些不存在的损害等。一些索赔者声称自己是企业主，但企业根本不存在。在理赔存续期间，共调查了 17 000 件可疑索赔案件，其中 4 000 件移送司法部进一步调查，定性后将对索赔者进行起诉。

赔偿原则。赔付坚持损失与补偿互为因果的原则，实事求是地进行补偿。最好的结果是赔偿金能够得其所应得，让那些有资格获得赔偿的人得到赔偿。对全体索赔者同等对待、不顾具体个人情况一律给予相等赔偿，这种做法并不公正，将会导致对大量索赔者超额付款，而同时对其他人赔付不足的后果。在这一原则下，仅仅声称有损失是不够的，个人和企业需要提供一些证据以证明损害的发生，如纳税申报单、公司营业记录和损益表、支票簿、工资存根。

理赔程序。基于 200 亿美元赔偿基金，英国石油公司和司法部签署了一项托管协议，创设一项私人理赔机制，作为独立主体代替英国石油公司对受害者进行足额赔付。这一私人理赔机制要求英国石油公司和政府部门要与索赔保持距离，均不参与对每一项索赔的评估。设立独立的主体首先要确定新的墨西哥湾海岸理赔机制（GCCF）的理赔主事人，并负责设计和实施赔偿程序。负责人由曾主持“9·11”赔偿的美国著名律师肯尼斯·R.范伯格（Kenneth R. Feinberg）教授担任。这一理赔机制绕开了传统的诉讼程序，通过专项补偿基金的管理体系，针对每个受害者，高效迅速地进行补偿。同时，赋予每一个索赔者单独表达的机会，设置正式的程序倾听他们的呼声和意见。被倾听的权利是参与决策程序的实质性权利，它使接受补偿的人感受到决策赔偿过程中的民主或程序正义。范伯格教授在理赔程序开启的最初 6 个月里，每两周要前往墨西哥湾，在受灾的阿拉巴马州、佛罗里达州等州的市政厅与灾民见面，在村、镇、教区之间巡回演说，向公众呼吁并讲解申请赔偿、如何申请、预期的证明方式是什么。

赔偿方式。GCCF 提供了三种可供选择的菜单，供索赔者自行选择。

第一，快速赔偿。理赔的重中之重在于及时赔付。索赔人可通过提交一份简单的表格进行申请，无须再提供其他任何受损的证明材料。个人两周内就会收到一张 5 000 美元的支票，企业会收到 25 000 美元的赔付。超过 13 万名个人和企业索赔者接受了这一方式，得到了 13 亿美元的赔偿金。但快速赔偿附带了索赔者彻底的弃权声明，承诺不再起诉英国石油公司或任何其他被认为对事故负有责任的企业。英国石油公司对不得起诉的义务拍手叫绝。

第二，临时赔付。主要针对未来财务状况不确定且不想签署任何形式的诉讼弃权声明的索赔者。例如，漏油对鱼虾和牡蛎捕捞业、旅游业、零售类企业的影响可能是长期的，此类行业的索赔者更倾向于临时赔付。选择这一赔付形式，可以在证明上一季度损失的同时，保持下一季度如果有损失可以向法院起诉或寻求更多赔偿的权利。这些索赔者被要求提供材料，以证明其每季度持续发生的损失。超过 35 000 名个人和企业索赔者选择临时赔付，获得了 49.5 亿美元赔偿。

第三，最终赔付。这一形式主要针对那些希望一劳永逸地解决赔偿的索赔者。如果索赔者能证明过去、现在、未来的相关损失，就能获得一张一次性支票，以偿付其所有的损失。作为代价，他们需要放弃再次寻求赔偿的权利，并签署一份承诺不会起诉的彻底弃权声明。问题的关键在于，如何评估墨西哥湾未来经济复苏的发展情况以及由此决定的索赔者未来的损失。所有的最终赔付都需要包括一项“未来复苏风险因素”系数，作为对墨西哥湾渔场、虾和牡蛎捕捞恢复正常以及游客重返这里度假将会耗费的时间的赔偿。经过专家权衡斟酌，认为墨西哥湾自然资源和当地海湾经济会在 2013 年年底恢复正常。相应地，得出最终赔付的计算公式：由有证明材料的索赔者 2010 年损失数额乘以“未来复苏风险因素”系数 2，以弥补直到 2013 年的所有损失。在赔付的第一年，超过 73 000 名个人和企业索赔者选择了最终赔付。

截至 2012 年 3 月 9 日，基金会共受理索赔案件 1 061 405 件，最终，来自美国 50 个州和 38 个其他国家的 574 881 名索赔者获得赔偿，420 430 名索赔者被拒绝赔付或被认定为不符合条件。上述四种赔偿方式累计赔偿额共计 61.39 亿美元，其中，紧急赔付 25 亿美元，快速、临时、最终赔付共 35 亿美元。

最终，赔偿对象由经济损失扩大至人身损害。2012 年 3 月，新奥尔良市的原告律师们与英国石油公司达成了一项综合性集体诉讼和解，要求由另一名法官巴比耶主持新的理赔程序，并对理赔规则提出实质性变更，增加对有关健康的索赔，特别是在漏油后吸入石油烟气的清理工人和有呼吸道疾病的海岸居民，忍受英国石油公司和海岸警卫队清理工作噪声的房主们，不能在墨西哥湾享受周末航游之乐的船主们，将可获得此类补偿。

总体来看，墨西哥湾原油泄漏事件是一个因生态灾难而起的典型赔偿案例。案例"诉说"了对补偿主体、补偿对象、补偿标准、补偿原则等重大生态补偿议题的理解，展现了施害者对受害者的补偿，对自身所犯重大过错进行的弥补与矫正。案例蕴含的基本理念与实施模式，有助于扩充并深化我们对于补偿原则所涉复杂问题的理解视域。第一，法律意义上的生态补偿仅涉及人与人之间的关系。生态补偿本质上是对利益的补偿，通过补偿抵消受损者业已产生的损失，保证所失得到公平兑付。补偿范围不仅包括治理污染、财产损失的直接费用，更应考量环境破坏对当地生态及居民所带来的各种隐性危害，不仅包括当下也通达未来可预见的环境风险、经济损失及人身损害影响。第二，补偿者要正视而不回避受害者所受之害。补偿是合理处理"受益者"与"受损者"之间关系的常规方案。在正义的视角下，补偿本身是一个关于谁有义务做出补偿、谁有资格获得补偿、以何种标准获得补偿的公平正义问题，决定了补偿主体应客观公正对待所造成的损害，满足受害者的合理补偿要求。第三，生态补偿是生态环境治理体系中具有基础性意义的制度。减少当今全球范围的环境不正义现象，就要在生态环境服务供给者与受益者之间建立一种公平有效的利益均衡机制，以此减缓甚至消除强者对弱者权利的侵蚀。

四、补偿原则的基本要求

依据补偿正义理论以及补偿实践经验，补偿原则大致表现为"五化"：补偿主体明确化、补偿对象具体化、补偿标准科学化、补偿程序合理化、补偿类型多元化。

第一，补偿主体明确化。

生态补偿首先必须明确谁补偿谁？谁应当做出补偿？谁应当获得补偿？这是生态补偿理论与实践的出发点和归宿。补偿主体是指支付补偿资金、实施补偿的个人、组织或国家，包括资源开发利用者、生态环境破坏者、环境保护上的获益者以及统领、实施和组织生态补偿的政府组织。由于补偿涉及不同主体之间利益让渡或利益的再分配，显然，这一议题既涉及生态补偿的主体，也直接关涉生态补偿的对象或客体，实际上是“给付主体”和“接受主体”之间的正义关系问题，二者构成生态补偿矛盾的两个方面，双方互以对方为存在前提。但是，大量事实表明，由于环境资源的公共属性，权属界定是一个比较复杂的问题，在确定补偿问题上的权利义务关系时常常遇到障碍。墨西哥湾原油泄漏事件中，英国石油公司、瑞士越洋钻探公司、美国哈利伯顿公司，在补偿主体身份确认上互相推脱便是明证。确切地说，“破坏者付费、使用者付费、受益者付费、保护者得偿、受损者得偿”等具体原则提供了解决问题的基本方向：以相关利益方在生态保护中的责任和地位为导向，以相关主体权利与义务的明确界定为前提。

首先，受益者补偿。以受益必须担责的受益原则为理论依据，运用生态补偿机制，突出责任界定，坚持权责统一，解决环境受益与受害事实上的不公，实现受益者付费、受损者得到合理补偿的公平正义。受益者补偿坚持以受益大小为基本准则，补偿大小应与当事人从环境资源中的获利大小成正比，获利越大补偿责任越多，根本体现“谁受益谁负担，多受益多负担，不受益不负担，相同受益相同负担，不同受益不同负担”的原则。以受益大小为基本准则，不仅表达了“受益者担责”所代表的含义，也抓住了正义的意义，通过补偿，弥补并强化参与环境活动各方当事人所享权利与所担义务之间的均衡与对等，平衡受益与担责之间的关系，从而杜绝从不公平中受益的情况。

其次，污染者补偿。污染者补偿以“污染者负担原则”为理论基础，它是环境污染与市场原则相结合的产物，核心为“谁污染谁负责”，目的是以一种公平的机制限制环境污染和人身损害。污染损害的发生及损害的程度是适用污染者补偿责任界定的客观前提。

（1）污染者负担费用的范围。目前国际上有两种不同主张。一是污染者应支付其污染活动所造成的全部环境费用。在日本，有人主张这种费用包括防止公害费用、环境恢复费用、预防费用和被害者救济费用。理由在于，作为良好环境和公民健康的加害者，理应承担所造成后果的全部责任是社会道德和法理上的一般概念。二是反对把一切环境费用都加给污染者。污染者负担范围应限于消除污染和损害赔偿两项费用，这将避免生产者因负担过重而影响企业发展。这一立场为多数国家所确认。英国石油公司的巨额损害赔偿也是限定在谁污染谁治理、谁损害谁赔偿这一关系中。然而，在实践中一个充满挑战的议题是横向环境主体间责任界定的量化解决方案问题。比如，如何测算污染损害程度以及由此决定的污染者所应负担的污染治理费用，如何对受害者的受害源做出清晰科学的界定，对受害程度做出精确计算。确切地说，环境损害和受害者的损失，往往是多种污染源共同排放的污染物长期积累和联合作用的结果，所以，在统计方法上要达到精确化不是一件轻而易举之事。应当说，墨西哥湾原油泄漏事件展现了对这一问题处理的难度与弹性。

（2）污染者补偿的方式。当今，污染者补偿一般表现为三种方式：排污收费制度、各种形式的损害赔偿费用（如污染税和赔偿损失）、具有赔偿和惩罚双重性质的罚款。生活垃圾处理收费属于排污收费制度。国际上主要有三种收费方式。一是税收方式。将垃圾费收缴附征于一些税收中，如财产税、营业税、人口税和产品税等。二是附征于公用事业的收费。将垃圾处理费附征于水费、电费或有线电视费中。三是直接收费。一般分为定额制和计量制。计量制主张“谁产生谁付费、多产生多付费”，作为垃圾减量化的重要经济手段，在世界范围内得到了较广泛的应用并成为一种趋势，而且，能否科学进行垃圾分类已日渐成为评判国家生态环境治理现代化水平以及公民道德和责任感的重要标准。

长期以来，我国垃圾收费制广泛采用定额制。定额征收是指以住户或个人为收费单位，按统一的费率每年或每月征收垃圾处理费用的一种收费方式。在定额征收的方式下，同一地方的所有住户或居民都按当地统一规定的标准缴纳同样数额的垃圾费用，每个缴费主体应承担垃圾费的多少与其产生的垃圾数量和种类并无直接关系。相比较，定额制计费成本低、管理难度小，但对垃圾减量化的作用有限。一是它忽略了居民在垃圾排放量上的差异，不利于自觉式的垃圾减量效应。二是忽略了公平。定额计征方式并不符合污染者付费所揭示的权利与义务相统一的公平原则，垃圾排放量与所缴费用缺少对应性，直接导致同一地方居民垃圾费用负担的平均主义。2020 年，新修订的《中华人民共和国固体废物污染环境防治法》出台，标志着生活垃圾分类制度明确入法，我国生活垃圾分类制度有了法律保障。第五条、第六条、第四十九条分别规定：“固体废物污染环境防治坚持污染担责的原则”，“国家推行生活垃圾分类制度”，“产生生活垃圾的单位、家庭和个人应当依法履行生活垃圾源头减量和分类投放义务，承担生活垃圾产生者责任。”[①]这一根本法律制度的确立，不仅有利于垃圾分类制度由理念到实践的转化，推进垃圾减量化、资源化、无害化，构建废旧物资循环利用体系迈上新台阶，而且助推垃圾收费制由平均化到公平化、由粗放化向精细化的革命。

总体上看，污染者补偿强调把净化责任归之于造成污染的最初主体，旨在内化污染代价，表明污染者必须为其行为而引起的损害做出补偿。实施“污染者买单”，既制约了污染排放，又有利于提升公民环境素养。

最后，政府主导的补偿。生态公共产品供给呈现出区域间、群体间发展的不充分、不平衡性，共享、共赢及普遍受益长期以来面临严峻挑战。例如，在一国之内，公共财政资金投资于上游生态建设，却使下游受益；对重要自然生态系统的保护以及划定为重点生态功能区、自然保护地等，限制或禁止了部分地区的开发与发展，衍生甚至加剧了相关利益主体的矛盾。良好生态环境是最公平的公共产品，是最普惠的民生福祉。这一性质，凸显政府通过生态环境保护和修复来改善和增加优质生态产品供给的重要性及其主体责任和地位。生态环境治理已成为各国政府提供基本公共服务体系的重要组成部分。扭转上述利益扭曲，对所面临的公平问题予以有效回应，迫切需要政府给出协调多元利益关系的解决方案。以下三种生态补偿理论为政府补偿决策提供了可能的参考。

（1）外部性治理说。外部性（Extemality）也称外部成本、外部效应或溢出效应。斯蒂格利茨在《经济学》一书中指出：“当个人或厂商的一种行为直接影响到他人，却没有给予支付或得到补偿时，经济学家就说存在外部性（Externality）。”[②]言下之意，外部性是企业或个人向市场之外的其他人所强加的成本或利益，实质上就是社会责任与权利的不对称。外部性有两种类型：一是成本的负外部性，表现为个人成本负担的外部转嫁，从而使某些人承担了不应该承担的成本。例如，上游造纸厂排放废水，给下游公众造成了灾难性损害，但却没有进行相关损失赔偿，从而导致负外部性产生。二是利益的正外部性，表现为个人利益的外溢，不能获得与付出相等的全部报酬。例如，如果要求有原始森林的国家或地区具有不开发（砍伐）原始森林的义务，就意味着这些国家为了保护

① 中华人民共和国固体废物污染环境防治法[M]. 北京：人民出版社，2020：4-5，20-21.

② 约瑟夫·E. 斯蒂格里茨，卡尔·E. 沃尔什. 经济学（上）[M]. 黄险峰，张帆，译. 北京：中国人民大学出版社，2013：249.

全人类的公共环境牺牲了自己的经济利益。那么，享受这个公共环境的其他国家和地区，就应该对此给予经济或其他补偿。否则，为了保护公共环境而使自身利益受损甚至牺牲的国家、地区和个人的利益产生了不合理的外溢。

在外部性视角下，生态补偿就是对生态资源外部效应进行矫正。外部性效应违反了成本与收益的对等性，导致当一方对另一方提供某项生态资源服务或造成损害时，既不能从受益的一方获得支付，也不可能对受害的一方施以补偿。其结果，生态资源供给者的收益小于成本而导致供给动力不足，污染制造者的收益大于成本而催生更多污染产生，从而加剧了生态环境问题。消除外部性，使外部性内部化是破解这一困境的关键。对此，对应两种解决思路：科斯概念下的自愿性交易与庇古概念下的政府经济激励。诺贝尔经济学奖得主罗纳德·科斯（Ronald Coase）认为，外部性问题的实质在于双方产权界定不清，出现了权利和利益边界不确定的现象。要解决此问题，必须明确产权，确定人们是否有利用自己的财产采取某种行动并造成相应后果的权利。按照这一思路，应注重生态产品与服务的自由市场机制，从生态系统服务提供者那里购买产权清晰的生态系统服务。而作为后者，政府要充分发挥激励作用，通过经济手段调整资源利用上的扭曲现象，向收益大于成本的负外部性征税，或者补偿受损者的损失。简言之，外部性治理坚持通过调整与矫正改善相关方权利与义务配置，消除不平等，一是遵循等价原则对生态资源及服务提供者给予对等补偿，二是对生态污染制造者给予对等惩罚。

（2）公共物品供给说。公共物品所具有的公益性、非排他性，易使受益主体把“搭便车”作为行为的优选以回避支付，造成生态产品提供者难以获得相应收益，付出与所得出现严重背离与失衡。从而导致公共物品提供者内驱力不足，削弱甚至侵犯了公共物品优化供给上的公平正义。因此，需要公共权力来维护、管理和分配公共物品。公共物品有效供给的主体问题如何确定，事关成本与收益的公平分配。在政府供给、政府与市场混合供给以及公用事业的市场化这些广受关注的治理模式中，政府如何以公平的理念、恰当的政策、有效的激励，调整个体或社会的环境保护行为，实现环境保护与经济发展的最优均衡、利益得失之间的最大平等，这是所有国家生态环境治理所面对的共同议题，也折射出生态补偿中的国家主体责任。

（3）生态资产价值说。本质上是自然资产资本论，主张把自然资源如土地、水、森林、石油、煤炭、金属及其他矿产视为一种自然资本，通过生态资源资本化，达到节约资源和减少污染的双重效应。长久以来，资源无限、环境无价不仅成为人类根深蒂固的理念，也成为社会和经济建制的价值依托。随着生态危机的加剧和生态系统服务属性的突起，这一理念日渐式微。人类在进行生态环境治理决策时，既要考虑人类福祉，同时也要考虑生态系统的内在价值成为新的价值共识。据此，自然资产的生态价值越来越得到重视，成为反映自然资产市场价值、建立生态补偿机制的重要基础。相应地，自然资源有偿使用制度为自然资源使用向自然资本管理、生态价值向经济价值转化提供了制度支撑。通过这一制度，引导和鼓励生态环境保护者和受益者之间通过自愿协商实现等价生态补偿，货币支付就是自然生态资产价值的实现过程。理论上，如果生态资产的初始价值得以顺利实现，就不存在生态补偿的必要。但正是由于生态产品以及服务存在权责界定、公平交易上的困难，所以需要政府在生态价值实现遇到障碍时予以政策干预，发挥其不可替代的作用。例如，政府可通过财政补贴的方式对生态服务功能进行购买性支付。至于生态补偿额度，大多数国外学者认为，应介于生态服务提供者提供服务所付出的机会成本与服务使用者的收益之间。①

综上所述，上述三种治理视角实际上涉及一个共同问题，那就是厘清政府和市场的边界问题。从可持续性出发，政府要围绕促进自然资源开发利用的可持续性发挥主导作用，制定政策、法规、规划等，不仅要满足当代人的需求，而且要为子孙后代留有足够的资源和发展空间；从权益属性出发，自然生态系统既有公共物品属性，也有资源资本属性。在公共物品属性方面，应当更好地发挥政府作用；在资源资本属性方面，可以充分运用市场机制，提高资源、生态环境的配置效率；从分配公平出发，政府应扩大资源税征收范围，以解决自然资源资产产权收益分配不公平、贫富差距扩大的现象。

易言之，政府在生态补偿中是最主要也是最常见的主体。根据国际经验，政府在生态补偿中的核心地位是各国生态补偿制度设计的重点。作为国家公权主体以及公共利益的代表，决定了国家生态补偿制度的政府主导性。这一主导作用，表现为相互贯通的“五个主体性”。（1）生态补偿管理主体。政府在建立生态补

① Engel S，Pagiola S，Wunder S. Designing Payments for Enviromental Services in Theory and Practice：An Overview of the Issues[J]. Ecological Economics，2008，65（4）：663-674.

偿机制、加强生态补偿立法工作、建立环境财政、为建立健全生态补偿机制提供科学依据以及探索市场化模式、引导社会各方积极参与生态文明建设方面，从全局和战略高度发挥顶层设计作用。（2）生态补偿基金供款主体。以征收生态税费、提供财政转移支付等形式为生态补偿提供资金支持。（3）生态补偿调控主体。生态环境的公共属性决定了全民共享与全民共担的权利义务属性。其中，涉及多地域、多主体、多维度的复杂利益关系，衍生出保护与发展之间的矛盾，付出与所得之间的矛盾。本质上，这些矛盾都违背了公平。有些地区或企业破坏了环境，获取了经济利益，却没有付出相应的环境保护成本；有些地区付出了保护生态环境的成本，失去了发展经济的机会，却没有得到合理补偿。解决这些覆盖面广的问题，政府需要统揽生态环境治理全局，通过科学有效的制度调控，协调相关生态功能区、江河源头区、饮用水水源涵养区和生态敏感地区的保护和建设的矛盾。（4）生态补偿监管主体。在政府重要职能框架下，补偿形式具有个人主体补偿所不具有的多元化特点。一是政策补偿。利用制度资源和政策资源提供优惠待遇，助力补偿资金筹集。二是资金补偿。这既是最常规、最灵活、最便利的补偿形式，也是最迫切的补偿需求。包括补偿金、赠款、减免税收、退税、信用担保的贷款、补贴、财政转移支付、贴息和加速折旧等。三是实物补偿。以物质、劳动力和土地等生产要素和生活要素进行补偿。改善受偿者的生活状况，增强生产能力。四是产业补偿。引导发展特色优势产业、扩大绿色产品生产。五是智力补偿。开展智力服务，支持生态功能重要地区开展生态环保教育培训，提升受偿者的生态意识、生产技能和管理组织能力。补偿形式由单一资金补偿向实物、技术、产业、政策等多元形式拓展业已成为国际潮流。（5）市场机制推动主体。在政府主导之外，还要发挥市场作用，丰富补偿主体，建立多元化补偿机制。要按照受益者付费原则，通过市场化、多元化方式，促进生态保护者利益得到有效补偿，促进更多主体参与生态环境保护。

第二，补偿对象具体化。

生态补偿对象即接受补偿的人，也称受偿主体，具体包括生态环境破坏中的受害者和生态环境治理中的利益受损者，后者涵盖因履行生态保护责任而增加支出和付出成本的生态保护者。我国 2020 年《生态保护补偿条例（公开征求意见稿）》第二条对此有所规定："本条例所指生态保护补偿是指采取财政转移支付或市场交易等方式，对生态保护者因履行生态保护责任所增加的支出和付出的成本，予以适当补偿的激励性制度安排。”[①]规定凸显了对贡献者、保护者的补偿倾斜。

案例：新安江治理模式[②]

新安江流域生态环境治理是中国生态补偿机制实施中效果最显著、最具典型示范意义的案例。新安江发源于安徽省黄山市境内，流经浙江境内最后入海，水利资源与航运资源极为丰富。上游的安徽省处于对下游浙江省提供安全清洁水源的重要位置。2005 年到 2010 年，新安江及千岛湖水质遭到严重破坏，江水治理迫在眉睫。2012 年，安徽省与浙江省开启了被称为“水质对赌”的新安江跨省生态补偿机制试点工作。前期模式为每年设置 5 亿元资金用于新安江治理，中央财政支出 3 亿元，安徽省、浙江省各出 1 亿元。如果水质达到既定标准，则浙江省拨款 1 亿元给上游安徽省，相反，如达不到要求，上游安徽省还款 1 亿元给浙江省。随后，2015 年以及 2018 年加大了资金投入并对于水质标准进行调整。新安江治理模式发展至今，水质连年达标，生态效益显著，生态补偿产生积极效应。对于“输出方”安徽省，因整个水域质量提升而获得相应财政补偿；对于“输入方”浙江省，水质优化改善了生活质量，为经济发展夯实了垫脚石。新安江治理模式的标志性意义，在于摆脱了受益与受损的零和博弈，实现了双方共享共赢。

受损者得偿，究其本质，在于矫正两个不统一以及由此引发的公平倾斜。一方面，治理主体与受益主体不统一。表现为治理主体所失大于所得，受益主体所得大于所失，导致治理方与受益方在生态保护成本、发展机会成本和生态服务上违背得失之间因果关系，共担治理成本、共享治理成果的均等性遭到侵蚀。新安江治理模式证明了流域上下游之间、生态服务供给区与受益区之间、资源产品输出地和输入地之间、治理主体与受益主体之间的利益统一，揭示了“受益者补偿，受损者受偿”的公正效应。另一方面，污染主体与受害主体不统一。污染的制造者与污染的受害者分离，使受害群体被动受害，经济、健康、

① 中华人民共和国国家发展和改革委员会. 生态保护补偿条例（公开征求意见稿）[EB/OL]. [2020-11-27]. https://www. ndrc. gov. cn/yjzxDownload/20201127stbhbctl1. pdf.

② 案例来源：陈立平，陈抒怡. 新安江再探路[N]. 解放日报，2019-07-24（009）.

环境质量和资产价值等面临诸多不利影响，一些邻避项目（垃圾厂污染、核电厂泄漏、石油钻井平台爆炸）所带来的危害也显现出同样的问题。新安江治理模式为应对这类难题与挑战提供了广阔的思路与答案。如果生态补偿调节的是生态保护者和受益者之间的利益关系，那么最好的做法就是在生态保护者和受益者之间建立一杆“公平秤”，让保护者不再吃亏，让受益者付出合理成本，进而让保护者和受益者实现良性互动。

第三，补偿标准科学化。

补偿标准是生态补偿的重要指标。科学的补偿标准是确保补偿主体承担补偿责任的前提，是维护补偿对象权利的补偿依据。补偿标准虽因时、因地而具有明显差异，但从底线考虑，补偿标准至少要与损失人的实际损失相当，保障当事人恢复到损失前的生活水准。总体来看，确立补偿标准大致要考虑以下几个因素：（1）补偿标准应结合各地具体情况而定。补偿水平应与经济社会发展状况相适应。各项机会成本损益的地域化差异决定了地区间补偿标准的差异。只有正视不同地区自然条件与经济条件的空间化差异，根据各地所产生的不同机会成本实施差别补偿，才能避免“一刀切”的两个极端：部分地区的补偿不足与另一些地区的补偿过量。（2）受损程度是确定补偿标准的重要依据。在补偿标准制定方面，主要根据机会成本损失进行补偿。机会成本法是公认的可行性较高的确定补偿标准的方法。机会成本不仅包括当下受损者的直接损失，还包括对未来生活、工作持续负面影响所衍生的潜在损失。但从实践来看，这一维度还未受到足够重视。可以说，补偿不足的不公正现象一般源于机会成本统计的遗漏，即损失程度被低估。但是，为避免补偿标准与支付能力脱节，补偿既要充分考虑补偿主体所受之益、所施之害，又要兼顾其赔偿能力，坚持生态保护补偿力度与经济能力相匹配。不可否认的是，补偿标准的明确计量方法至今仍充满挑战，到底应该支付多少才算公平，仍是生态补偿实践中的一个难题。（3）有利于环境保护者和受损主体权利保障。尽管补偿涉及受损、受益以外的要素衡量，但如何实现对利益受损群体所失利益的矫正或偿还，确保达到科学、公正、合理的补偿目的，是鉴别补偿标准科学化的关键与核心。（4）政府干预和市场规则相结合。以美国退耕补偿制度为例，政府作为补偿主体提供补偿金，但并不统一规定补偿标准，而是遵循因地制宜、农户自愿原则进行补偿。（5）通过竞标确定补偿标准。

第四，补偿程序合理化。

补偿程序合理化与否事关补偿对象能否获得基本的公正对待或权益保障。现实中，补偿事件具体情况虽存在差异，但围绕补偿程序设计和实施应致力于使那些利益受损者获得公正对待、得到合理补偿这一根本目标，补偿程序应遵循程序正义基本精神，坚持程序对等与程序中立原则，确保不同受损主体受到平等对待，如参与机会的同等性、诉求表达的对等性、利益赔偿的无歧视性。（1）要以客观性为基础，以损害事实为根据，尽量精确评估事件的影响，避免以主观好恶和偏见影响补偿公正。（2）要以参与性为导向，充分保障所涉利益方程序性权利。知情权、参与权和监督权作为公民程序性权利，揭示了补偿程序要有效保障那些受结果直接影响或间接影响的主体合理表达补偿诉求与意见，及时了解程序进程。对此，要建立利益相关人双向或多向沟通和协商对话机制。（3）要以实践性为检验，经过综判整体与充分论证，向相关方以及社会公开方案，验证合理性。（4）要以人道为依归，兑付当事者所受损失，维护当事者人格尊严，尤其确保处于弱者地位的群体获得公正对待。质言之，解决利益争端的程序具有正当性，对引导生态受益者履行补偿义务，监督生态肇事者承担补偿责任，保障利益受损者恢复所失，激励生态保护者保护环境，构建相关利益方良性互动关系具有重要意义。补偿程序要充分体现“看得见的正义”这一特质，还应从系统性出发，构建由多个环节构成的全程补偿程序链，包括如何提交申请与核实、补偿协议签订、违约责任约定、异议前提下的行政复议与法律诉讼，等等，这些方面均可以在墨西哥湾原油泄漏事件案例中得到启迪。

第五，补偿类型多元化。

立足重塑生态受益者和生态保护者权利义务关系这一基点，补偿类型可分为以下四类：（1）区域生态补偿。主要解决跨界环境公平问题，促进生态受益地区与保护地区利益的共享。一是纵向补偿。应根据生态效益外溢性、生态功能重要性、生态环境敏感性和脆弱性等特点，在重点生态功能区转移支付中实施差异化补偿。例如，我国对重点生态功能区和国家级自然保护区进行补偿，对青藏高原、南水北调水源地等生态功能重要性突出地区、对生态脆弱脱贫地区给予生态保护补偿。二是横向补偿。主要针对跨区域、跨流域生态保护补偿。例如，天津市对河北境内海河、滦河流域水污染治理的资金投入；推进建立长江、黄河全流域横向生态保护补偿机制，沿线省、自治区、直辖市在干流及重要支流自主建立省际和省内横向生态保护补偿机制，通过开展跨区域联防联治，平衡生态收益与发展机会成本的地区“剪刀差”，促进受益地区与生态保护地区的良性互动。（2）要素生态补偿。主要以森林、草原、湿地、农业、江河海洋为对象。针对江河源头、重要水源地、水土流失重点防治区、蓄滞洪区、受损河湖等重点区域开展水流生态保护补偿。实施近海生态保护补偿制度，整治修复海洋保护区和生态脆弱区。对公益林、天然林保护、退耕还林还湿、退牧还草，结合当地实际实施差异化补偿。对以绿色生态为导向的农业生态环境治理实施补贴。（3）资源开发利用生态补偿。对开发利用自然资源而引起的资源损耗或生态破坏进行补偿，如石油、煤炭等矿产资源开发、水电站等水能资源开发、旅游资源开发等，这些活动对周边生态环境及当地居民生活造成了不利影响，理应进行补偿。（4）国际生态补偿。国际生态补偿是地域生态补偿的特殊形式。主要解决跨国补偿问题，解决发达国家与发展中国家权利与义务分配上的不平等。易言之，无论是何种补偿类型，均在于通过实施综合补偿制度，促进生态受益地区与保护地区利益共享。

总体来看，补偿原则涉及不同主体之间利益二次让渡和财富再分配问题。它以责任、权利相统一为基础原则，以政府有力主导、社会有序参与、市场有效调节为补偿机制，以破坏者补偿、污染者补偿、受益者补偿为基本根据，以清晰界定各方权利义务，实现受益与补偿相对应、享受补偿权利与履行保护义务相匹配为基本内容，对于实现人与人、人与自然之间和谐共生的终极目标具有重要意义。应当指出的是，与补偿正义通过赔偿实现事后追加性正义一致，补偿原则也属于事后补救原则，从而使原则呈现出被动性特点。针对这一局限，预防原则受到国际社会的普遍关注。同时也表明，构建环境正义原则，完整、准确、全面、系统地践行环境正义理念，需要根据不断发展变化的环境和条件赋予人类共同行动“适度的尺度”新内涵。

主要参考文献

[1] 马克思恩格斯文集（第 1 卷）[M]. 北京：人民出版社，2009.
[2] 马克思恩格斯文集（第 2 卷）[M]. 北京：人民出版社，2009.
[3] 马克思恩格斯文集（第 3 卷）[M]. 北京：人民出版社，2009.
[4] 马克思恩格斯文集（第 4 卷）[M]. 北京：人民出版社，2009.
[5] 马克思恩格斯文集（第 7 卷）[M]. 北京：人民出版社，2009.
[6] 马克思恩格斯文集（第 8 卷）[M]. 北京：人民出版社，2009.
[7] 马克思恩格斯选集（第 1 卷）[M]. 北京：人民出版社，1995.
[8] 马克思恩格斯选集（第 2 卷）[M]. 北京：人民出版社，1995.
[9] 马克思恩格斯选集（第 3 卷）[M]. 北京：人民出版社，2012.
[10] 马克思恩格斯全集（第 2 卷）[M]. 北京：人民出版社，1957.
[11] 马克思恩格斯全集（第 3 卷）[M]. 北京：人民出版社，2002.
[12] 马克思恩格斯全集（第 12 卷）[M]. 北京：人民出版社，1965.
[13] 马克思恩格斯全集（第 18 卷）[M]. 北京：人民出版社，1964.
[14] 马克思恩格斯全集（第 19 卷）[M]. 北京：人民出版社，1963.
[15] 马克思恩格斯全集（第 23 卷）[M]. 北京：人民出版社，1972.
[16] 马克思恩格斯全集（第 25 卷）下册[M]. 北京：人民出版社，1974.
[17] 马克思恩格斯全集（第 27 卷）[M]. 北京：人民出版社，1995.
[18] 马克思恩格斯全集（第 28 卷）[M]. 北京：人民出版社，2018.
[19] 马克思恩格斯全集（第 30 卷）[M]. 北京：人民出版社，1995.
[20] 马克思恩格斯全集（第 42 卷）[M]. 北京：人民出版社，1979.
[21] 马克思恩格斯全集（第 46 卷）上册[M]. 北京：人民出版社，1979.
[22] 列宁全集（第 27 卷）[M]. 北京：人民出版社，1984.
[23] 列宁全集（第 37 卷）[M]. 北京：人民出版社，2017.

[24] 列宁选集（第 2 卷）[M]. 北京：人民出版社，2012.
[25] 毛泽东选集（第 5 卷）[M]. 北京：人民出版社，1977.
[26] 胡锦涛文选[M]. 北京：人民出版社，2016.
[27] 习近平谈治国理政（第 2 卷）[M]. 北京：外文出版社，2017.
[28] 习近平谈治国理政（第 3 卷）[M]. 北京：外文出版社，2020.
[29] 习近平谈治国理政（第 4 卷）[M]. 北京：外文出版社，2022.
[30] 习近平关于“三农”工作论述摘编[M]. 北京：中央文献出版社，2019.
[31] 习近平关于社会主义生态文明建设论述摘编[M]. 北京：中央文献出版社，2017.
[32] 中共中央关于坚持和完善中国特色社会主义制度推进国家治理体系和治理能力现代化若干重大问题的决定[M]. 北京：人民出版社，2019.
[33] 中共中央文献研究室. 十六大以来重要文献选编（中）[M]. 北京：中央文献出版社，2006.
[34] 中共中央文献研究室. 十八大以来重要文献选编（上）[M]. 北京：中央文献出版社，2014.
[35] 国家环境保护局. 21 世纪议程[M]. 北京：中国环境科学出版社，1993.
[36] 国家环保总局宣教中心. 环境教育教师指南——中学环境教育活动案例篇[M]. 北京：气象出版社，2000.
[37] 中共中央宣传部理论局. 理性看 齐心办[M]. 北京：学习出版社，人民出版社，2013.
[38] 国务院新闻办公室. 国家人权行动计划（2021—2025 年）[M]. 北京：人民出版社，2021.
[39] 国务院新闻办公室. 国家人权行动计划（2009—2010 年）[M]. 北京：外文出版社，2009.
[40] 国务院新闻办公室. 为人民谋幸福：新中国人权事业发展 70 年[M]. 北京：人民出版社，2019.
[41] 田青，胡津畅，刘健，等. 环境教育与可持续发展的教育 联合国会议文件汇编[M]. 北京：中国环境科学出版社，2011.
[42] 张乃根. 西方法哲学史纲[M]. 北京：中国政法大学出版社，2002.
[43] 曾建平. 环境正义——发展中国家环境伦理问题探究[M]. 济南：山东人民出版社，2007.
[44] 王韬洋. 环境正义的双重维度：分配与承认[M]. 上海：华东师范大学出版社，2015.
[45] 陆学艺. 当代中国社会阶层研究报告[M]. 北京：中国社会科学文献出版社，2002.
[46] 晋海. 城乡环境正义的追求与实现[M]. 北京：中国方正出版社，2008.
[47] 朱福惠，王建学. 世界各国宪法文本汇编. 亚洲卷[M]. 厦门：厦门大学出版社，2012.
[48] 朱福惠，绍自红. 世界各国宪法文本汇编. 欧洲卷[M]. 厦门：厦门大学出版社，2013.
[49] 赵国青. 外国环境法选编（第一辑）[M]. 北京：中国政法大学出版社，2000.
[50] 程味秋. 联合国人权公约和刑事司法文献汇编[M]. 北京：中国法制出版社，2000.
[51] 董云虎，刘武萍. 世界人权约法总览[M]. 成都：四川人民出版社，1990.
[52] 国际人权法教程项目组. 国际人权法教程第二卷（文件集）[M]. 北京：中国政法大学出版社，2002.
[53] 董云虎. 人权基本文献要览[M]. 沈阳：辽宁人民出版社，1994.

[54] 中华人民共和国宪法[M]. 北京：人民出版社，2018.
[55] 中国法制出版社. 中华人民共和国环境保护法：实用版[M]. 北京：中国法制出版社，2014.
[56] 应奇，刘训练. 公民身份与阶级社会[M]. 南京：江苏人民出版社，2007.
[57] 陈瑞华. 程序正义理论[M]. 北京：中国法制出版社，2010.
[58] 崔建霞. 六堂公开课：案例中的哲学沉思[M]. 石家庄：河北教育出版社，2020.
[59] 吴浩. 国外行政立法的公众参与制度[M]. 北京：中国法制出版社，2008.
[60] 郭振华. 全国人民代表大会年鉴 2016 年卷（公开发行版）[M]. 北京：中国民主法制出版社，2017.
[61] 胡代光，高鸿业. 西方经济学大辞典[M]. 北京：经济科学出版社，2000.
[62] 中共中央文献研究室. 毛泽东年谱（1893—1949）：中卷（修订本）[M]. 北京：中央文献出版社，2013.
[63] 王利明. 民法・侵权行为法[M]. 北京：中国人民大学出版社，1993.
[64] 中华人民共和国固体废物污染环境防治法[M]. 北京：人民出版社，2020.
[65] 中国社会科学院语言研究所词典编辑室. 现代汉语词典[S]. 北京：商务印书馆，2007.
[66] 裴晓军. 马克思《哥达纲领批判》研究读本[M]. 北京：中央编译出版社，2013.
[67] 林进平. 马克思的"正义"解读[M]. 北京：社会科学文献出版社，2009.
[68] 吴忠民. 社会公正论[M]. 济南：山东人民出版社，2004.
[69] 李惠斌，李义天. 马克思与正义理论[M]. 北京：中国人民大学出版社，2010.
[70] 段忠桥. 重释历史唯物主义[M]. 南京：江苏人民出版社，2009.
[71] 马克・史密斯，皮亚・庞萨帕. 环境与公民权：整合正义、责任与公民参与[M]. 侯艳芳，杨晓燕，译. 济南：山东大学出版社，2012.
[72] 杰弗里・博尔顿. 破坏和破坏者：澳大利亚环境史[M]. 杨长云，译. 北京：中国环境科学出版社，2012.
[73] 拉马钱德拉・古哈，马德哈夫・加吉尔. 这片开裂的土地：印度生态史[M]. 滕海键，译. 北京：中国环境科学出版社，2012.
[74] 彼得・S. 温茨. 环境正义论[M]. 朱丹琼，宋玉波，译. 上海：上海人民出版社，2007.
[75] 阿克塞尔・霍耐特. 为承认而斗争[M]. 胡继华，译. 上海：上海人民出版社，2005.
[76] 南茜・弗雷泽，阿克塞尔・霍耐特. 再分配，还是承认？一个政治哲学对话[M]. 周穗明，译. 上海：上海人民出版社，2009.
[77] 戴斯・贾丁斯. 环境伦理学：环境哲学导论[M]. 林官明，杨爱民，译. 北京：北京大学出版社，2002.
[78] 蒂姆・海沃德. 宪法环境权[M]. 周尚君，杨天江，译. 北京：法律出版社，2014.
[79] 戴维・哈维. 正义、自然和差异地理学[M]. 胡大平，译. 上海：上海人民出版社，2010.
[80] 托马斯・海贝勒，迪特格・鲁诺，李惠斌. 比较的视角 中国与德国的环境治理[M]. 北京：中央编译出版社，2012.

[81]康德. 实践理性批判[M]. 北京：商务印书馆，1961.
[82] 罗尔斯. 正义论[M]. 何怀宏，等，译. 北京：中国社会科学出版社，2009.
[83] 柏拉图. 理想国[M]. 郭斌和，张竹明，译. 北京：商务印书馆，1986.
[84] 柏拉图. 柏拉图全集（第 3 卷）[M]. 王晓朝，译. 北京：人民出版社，2003.
[85] 穆勒. 功利主义[M]. 徐大建，译. 上海：上海人民出版社，2008.
[86] 亚里士多德. 尼可马各伦理学[M]. 廖申白，译. 北京：商务印书馆，2006.
[87] 洛克. 政府论（下篇）[M]. 叶启芳，等，译. 北京：商务印书馆，1996.
[88] 洛克. 教育漫话[M]. 徐大建，译. 上海：上海人民出版社，2011.
[89] 休谟. 道德原则研究[M]. 曾晓平，译. 北京：商务印书馆，2017.
[90] 阿马蒂亚・森. 以自由看待发展[M]. 北京：中国人民大学出版社，2002.
[91] 乌尔里希・贝克. 风险社会[M]. 何博闻，译. 南京：译林出版社，2004.
[92] L. H. 牛顿. C. K. 迪林汉姆. 分水岭——环境伦理学的 10 个案例[M]. 吴晓东，翁端，译. 北京：清华大学出版社，2005.
[93] 休谟. 人性论[M]. 关文运，译. 北京：商务印书馆，1980.
[94] 世界环境与发展委员会. 我们共同的未来[M]. 王之佳，柯金良，等，译. 长春：吉林人民出版社，1997.
[95] 亚里士多德. 政治学[M]. 颜一，秦典华，译. 北京：中国人民大学出版社，2003.
[96] 斐迪南・滕尼斯. 共同体与社会[M]. 林荣远，译. 北京：商务印书馆，1999.
[97] 德沃金. 认真对待权力[M]. 信春鹰，等，译，北京：中国大百科全书出版社，1998.
[98] 米尔恩. 人的权利与人的多样性——人权哲学[M]. 夏勇，等，译. 北京：中国大百科全书出版社，1995.
[99] 塞缪尔・普芬道夫. 人和公民的自然法义务[M]. 鞠成伟，译. 北京：商务印书馆，2010.
[100] 艾德勒. 六大观念[M]. 郗庆华，薛金，译. 北京：生活・读书・新知三联书店，1991.
[101] 培根. 培根论说文集[M]. 水天同，译. 北京：商务印书馆，2017.
[102] 托马斯・安德森. 环境与贸易：生态、经济、体制和政策[M]. 黄晶，等，译. 北京：清华大学出版社，1998.
[103] 威谦・P. 坎宁安. 美国环境百科全书[M]. 张坤民，等，译. 长沙：湖南科学技术出版社，2003.
[104] 霍尔姆斯・罗尔斯顿：哲学走向荒野[M]. 刘耳，叶平，译. 长春：吉林人民出版社，2000.
[105] 维西林，冈恩. 工程、伦理与环境[M]. 吴晓东，翁端，译. 北京：清华大学出版社，2003.
[106] 罗尔斯. 作为公平的正义[M]. 姚大志，译. 上海：上海生活・读书・新知三联书店，2002.
[107] 阿玛蒂亚・森. 正义的理念[M]. 王磊，李航，译. 北京：中国人民大学出版社，2012.
[108] 贝勒斯. 法律的原则[M]. 北京：中国大百科全书出版社，1996.
[109] 博登海默. 法理学——法哲学及其方法[M]. 邓正来，等，译. 北京：华夏出版社，1987.
[110] 埃里克・波斯纳，戴维・韦斯巴赫. 气候变化的正义[M]. 李智，张键，译. 北京：社会

科学文献出版社，2011.
[111] 迈克尔・H. 莱斯诺夫. 二十世纪的政治哲学家[M]. 冯克利，译. 北京：商务印书馆，2001.
[112] 亚里士多德全集（第八卷）[M]. 苗力田，译. 北京：中国人民大学出版社，1994.
[113] 梅因. 古代法[M]. 沈景一，译. 北京：商务印书馆，1996.
[114] 亚里士多德. 尼各马可伦理学[M]. 廖申白，译. 北京：商务印书馆，2003.
[115] 欧内斯特・J. 温里布. 私法的理念[M]. 徐爱国，译. 北京：北京大学出版社，2007.
[116] 理查德・A. 波斯纳. 法理学问题[M]. 苏力，译. 北京：中国政法大学出版社，2002.
[117] 肯尼斯・R. 范伯格. 补偿的正义——美国如何应对灾难[M]. 孙伟，等，译，北京：法律出版社，2014.
[118] 约瑟夫・E. 斯蒂格里茨，卡尔・E. 沃尔什. 经济学（上）[M]. 黄险峰，张帆，译. 北京：中国人民大学出版社，2013.
[119] 戴维・米勒. 社会正义原则[M]. 应奇，译. 南京：江苏人民出版社，2005.
[120] 宇都宫深志. 城市的环境质量与阿美尼梯行政的开展. 民法和环境法的诸问题[M]. 加藤一郎，王家福，译，北京：中国人民大学出版社，1995.
[121] 宫本宪一. 环境经济学[M]. 朴玉，译. 北京：生活・读书・新知三联书店，2004.
[122] Mallick K. Environmental Movements of India：Chipko，Narmada Bachao Andolan，Navdanya[M]. Amsterdam：Amsterdam University Press，2021.
[123] Guha，Ramachandra. The Unquiet Woods：Ecological Change and Peasant Resistance in the Himalaya[M]. Delhi：Oxford University Press，1989.
[124] United Church of Christ Commission for Racial Justice (UCCCRJ). Toxic Wastes and Race in the United States：A National Report on the Racial and Socio-Economic Characteristics of Communities with Hazardous Waste Sites[M]. New York：United Church of Christ，1987.
[125] Gerald R. Visgilio，Diana M. Whitelaw. Our Backyard：A Quest for Environmental Justice[M]. Lanham：Rowman &Littlefield Publishers，2003.
[126] Andrew Dobson. Justice and the Environment ：Conceptions of Environmental Sustainability and Dimensions of Distributive Justice[M]. Oxford：Oxford University Press，1998.
[127] Mark Dowie. Losing Ground：American Environmentalism at the Close of the Twentieth Century [M]. Cambridge，Mass：MIT Press，1995.
[128] Avner de-Shalit. Why Posterity Matters：Environmental Policies and Future Generations[M]. London：Routledge，1995.
[129] Robert D. Bullard. Environmental Justice Challenges at Home and Abroad [M]. Nicholas. Global Ethics and Envieonment. London; New York：Routledge，1999.
[130] K. R. Seherer. Justice：Interdisciplinary Perspectives[M]. Cambridge University Press，1992.
[131] G. M. Pops, T. J. Pavlak. The Case for Justice[M]. Jossery-Bass Publishers，1991.

[132] Leroy P, Van Tatenhove J P M. Environment and Participation[M]. Greening Society. Springer, Dordrecht，2002.

[133] Pojman L. P. Environmental Ethics：Reading in the Theory and Application[M]. Boston：Jones and Bartlett Publishers，1994.

[134] Joel Feinberg. The Rights of Animals and Unborn Generations. in E. Partridge , ed. Responsibilities to Future Generations[M]. New York：Prometheus Books，1981.

[135] Webster's New World Dictionary of American English (3th college edition)[S]. New York. 1988.

[136] 黄之栋，黄瑞祺. 环境正义的“正解”：一个形而下的探究途径[J]. 鄱阳湖学刊，2012（1）：80-91.

[137] 韩立新. 环境问题上的代内正义原则[J]. 江汉大学学报，2004（5）：21-27.

[138] 黄之栋，黄瑞祺. 环境正义论争：一种科学史的视角——环境正义面面观之一[J]. 鄱阳湖学刊，2012（4）：27-42.

[139] 黄之栋，黄瑞祺. 全球暖化与气候正义：一项科技与社会的分析——环境正义面面观之二[J]. 鄱阳湖学刊，2012（5）：27-39.

[140] 黄之栋，黄瑞祺. 光说不正义是不够的：环境正义的政治经济分析——环境正义面面观之三[J]. 鄱阳湖学刊，2012（6）：17-32.

[141] 南开大学人权研究中心课题组，常健. 当代中国人权的实践基础与理论创新——迈向发展主义的人权结构学说[J]. 人权，2021（1）：22-48.

[142] 杨通进. 生态公民论纲[J]. 南京林业大学学报（人文社会科学版），2008（3）：13-19.

[143] 徐显明. 生存权论[J]. 中国社会科学，1992（5）：39-56.

[144] 马原，常健. 生存权与发展权之间良性循环研究[J]. 人权，2021（3）：24-37.

[145] 何慧丽，小约翰·柯布. 后现代的希望在中国——柯布博士访谈录[J]. 当代中国马克思主义哲学研究，2014：249-264.

[146] 王全权. 加勒特·哈丁的生态思想及其启示[J]. 合肥工业大学学报（社会科学版），2013，27（5）：47-50.

[147] 陈皓. 交互性风险理论述评[J]. 北方法学，2010，4（2）：143-152.

[148] 王文臣. 印度博帕尔毒气泄漏事故[J]. 生命与灾害，2012（3）：28-31.

[149] 陈新岗. “公地悲剧”与“反公地悲剧”理论在中国的应用研究[J]. 山东社会科学，2005（3）：75-78.

[150] 艾君·森古布达. 作为人权的发展[J]. 王燕燕，译. 经济社会体制比较，2005（1）：13-23.

[151] 皮尔·加尔顿. 绿党观点：一种对绿党政纲的分析[J]. 贾雷，译. 南京林业大学学报（人文社科版），2014（3）：56-65.

[152] 帕麦拉·菲利浦. 妇女的作用——印度的妇女和环境保护[J]. 吴蓓，译. 森林与人类，1998（6）：17-19.

[153] Costas Panayotakis. 环境运动中正义的多维度含义——读《对环境正义的界定理论、运动和自然》[J]. 郭辉，译. 南京林业大学学报（人文社科版），2010（9）：36-37.

[154] 保罗 · M. 伍德，劳瑞尔 · 沃特曼. 可持续发展的障碍：越权的环境事件[J]. 李亮，译. 南京林业大学学报（人文社科版），2010，10（3）：26-35.

[155] Weinberg A.S. The Environmental Justice Debate：A Commentary on Methodological Issues and Practical Concerns[J]. Sociological Forum，1998，13（1）：25-32.

[156] Vicki Been，Locally undesirable land uses in Minority Neighborhoods：Disproportionate sitting or Market Dynamics?[J]. The Yale Law Journal，1994，103（6）：844.

[157] Stella. M. Capek. The Environmental Justice' Frame：A conceptual Discussion and an Application [J]. Social Problems，1993，40（1）：5-24 .

[158] David N. Pellow. Environmental Inequality Formation：Toward a Theory of Environmental Injustice[J]. American Behavioral Scientist，2000，43（4）：581.

[159] Derek Bell，Environmental Justice and Rawls' Difference Principle[J]. Environmental Ethics，2004，26（3）：287-306.

[160] Fung A. Varieties of Participation in Complex Governance[J]. Public Administration Review，2006（66）：66-75.

[161] Van Tatenhove J P M，Leroy P. Environment and Participation in a Context of Political Modernisation[J]. Environmental Values，2003，12（2）：155-174.

[162] R. S. Summers. Evaluating and Improving Legal Process—A Plea For "ProcessValues" [J]. In Cornell Law Review，1974，60（1）：25-26.

[163] Engel S，Pagiola S，Wunder S. Designing Payments for Enviromental Services in Theory and Practice：An Overview of the Issues[J]. Ecological Economics，2008，65（4）：663-674.

[164] P. G. Harris. Common but Differentiated Responsibility：The Kyoto Protocol and United States Policy[J]. New York University Environmental Law Journal，1999（7）：27.

[165] George P. Fletcher. Fairness and Utility in Tort Theory[J]. Harvard Law Review，1972，85（3）：537-573.

[166] Christopher D. Stone. Common but Differentiated Responsibilities in International Law[J]. American Journal of International Law，2004（98）：292.

[167] Duncan French. Developing States and International Environmental Law：The Importance of Differentiated Responsibilities[J]. International & Comparative Law Quarterly，2000（49）：51.

[168] 中共中央国务院关于加快推进生态文明建设的意见[N]. 人民日报，2015-05-06.

[169] 于海生. 程序正义理念：法治精神的重要内涵[N]. 人民日报，2008-11-17.

[170] 李金惠，郑莉霞. 挡住洋垃圾惠及全世界[N]. 人民日报，2018-07-14.

[171] 陈立平，陈抒怡. 新安江再探路[N]. 解放日报，2019-07-24.

[172] 中办国办. 关于深化生态保护补偿制度改革的意见[N]. 人民日报，2021-09-13.

[173] Modi，Narendra. The Rich World Must Take Greater Responsibility for Climate Change [N]. Financial Times，2015-11-29.

[174] 大卫·格里芬. 怀特海式建设性后现代主义与生态思维[C]. The Place of Harmony in Ecological Civilization—Sixth International Forum on Ecological Civilization . Claremont，CA，U.S.A，2012：27-28.

[175] David G. Owen，"On the Relationship between Corrective and Distributive Justice"，Essays in Jurisprudence，J. Horder（ed.），Fourth Series，Oxford：Clarendon Press（2000）.

[176] 程迪. 从美国产品责任归责原则的演进看矫正正义在侵权法中的发展[D]. 北京：对外经济贸易大学，2004.

[177] 国务院办公厅. 关于健全生态保护补偿机制的意见[EB/OL]. [2016-05-13]. http：//www. gov. cn/zhengce/ ontent/2016-05/13/content_5073049. htm.

[178] 中华人民共和国环境保护部. 环境保护公众参与办法[EB/OL]. [2015-07-13]. https：//www. mee. gov. cn/ kml/hbb/bl/201507/t20150720_306928. htm.

[179] 中华人民共和国国家发展和改革委员会. 生态保护补偿条例（公开征求意见稿）[EB/OL]. [2020-11-27]. https：//www. ndrc. gov. cn/yjzxDownload/20201127stbhbctl1. pdf.

[180] U.S. Environmental Protection Agency. Public Participation Guide：Internet Resources on Public Participation[EB/OL]. [2022-07-05]. https://www. epa. gov/international-cooperation/public-participation-guide-glossary-guide-terms.

[181] U. K. Environment Agency. Evaluating Methods for Public Participation: Literature Review [EB/OL]. [2000-01-01]. https://www.gov.uk/government/publications/evaluating-methods-for-public- par- ticipation-literature-review.

[182] Natural Resources Defense Council (NRDC). The Principles of Environmental Justice. [EB/OL]. [2016-03-16]. http://www. ejnet. org/ej/principles. pdf.

[183] Pennsylvania Constitution[DB/OL]. https://www. paconstitution. org/texts-of-the-constitution/.

[184] Office U S G A . Siting of Hazardous Waste Landfills and Their Correlation with Racial and Economic Status of Surrounding Communities, 1983.

后 记

2023 年初春，一场降雪为生活带来了清新浪漫之气，远处的西山在夕阳的映照下越发风姿绰约。天地俱生，万物以荣，值此美好季节，我的《环境正义研究》一书历经多次修订完善终于要出版了。

面对环境正义这一选题，研究之路不断生发出做自己喜欢之事的喜悦与探索的渴望。"写一本好书"不仅是师长常常给予的告诫，也是自己历经多年外在考量之后内心的沉淀与发愿。然而，在这一前沿而又充满歧见的学术领域跋涉，所立之论不但要求对当代西方政治哲学正义理论的发展有全面深入的了解，而且要求对马克思主义经典作家有关自由、平等、正义等问题的论述有全面的了解和正确的把握，以及如何以马克思主义的观点看待环境正义问题，分析环境正义的各种主张，从而加快构建中国特色环境正义话语体系和理论亮点，提升中国话语体系影响力，这些都需要下很大功夫。挑战与应对挑战，完成似乎又尚未完成，成为我几年来审视、检视甚至自我批判的研究样态。

本书脱胎于我所主持的国家社会科学基金项目"环境正义研究"。在此，感谢国家社会科学基金资助出版，感谢学术界前辈与同仁富有创建的研究成果给予我的帮助与启迪，感谢生态环境部以及中国环境出版集团相关领导的大力支持，感谢编辑王琳以及所有工作人员为本书出版付出的心血！书中还有很多缺憾与不足，敬请广大读者批评指正。

崔建霞

2023 年 2 月于北京